QUANNENGXING GONGDIANSUO RENYUAN
（TAIQU JINGLI）GONGZUO SHIWU

全能型供电所人员
（台区经理）
#

国网浙江省电力有限公司　组编

中国电力出版社
CHINA ELECTRIC POWER PRESS

内 容 提 要

本书以国网浙江省电力有限公司供电所台区经理典型工作任务为基础，介绍了市场开拓与业扩报装、用电检查、抄表催费、装表接电、电能信息采集与监控、配电台区运行维护、配电台区综合管理等业务内容。

本书可供全能型乡镇供电所台区经理及其他岗位人员阅读、使用。

图书在版编目（CIP）数据

全能型供电所人员（台区经理）工作实务 / 国网浙江省电力有限公司组编 . —北京：中国电力出版社，2019.12（2022.10 重印）

ISBN 978-7-5198-4134-8

Ⅰ . ①全… Ⅱ . ①国… Ⅲ . ①供电–基本知识 Ⅳ . ①TM72

中国版本图书馆 CIP 数据核字（2020）第 014784 号

出版发行：中国电力出版社
地　　址：北京市东城区北京站西街 19 号（邮政编码 100005）
网　　址：http://www.cepp.sgcc.com.cn
责任编辑：刘丽平（010-63412342）
责任校对：黄　蓓　马　宁
装帧设计：张俊霞
责任印制：石　雷

印　　刷：三河市万龙印装有限公司
版　　次：2020 年 2 月第一版
印　　次：2022 年 10 月北京第四次印刷
开　　本：787 毫米×1092 毫米　16 开本
印　　张：14.5
字　　数：357 千字
印　　数：3301—4300 册
定　　价：60.00 元

前言

乡镇供电所是国家电网有限公司服务国家乡村振兴战略、服务新时代"三农"的前沿阵地。2017 年，国家电网有限公司党组决策开展"全能型"乡镇供电所建设，公司系统因地制宜推进营配业务融合，构建网格化、片区化的服务前端，"全能型"乡镇供电所建设实现全覆盖，农村供电服务质效得到提升。

"全能型"乡镇供电所是指依托信息技术应用，推进营配业务末端融合，建立网格化供电服务模式，优化班组设置，培养复合型员工，支撑新型业务推广，构建快速响应的服务前端，建设业务协同运行、人员一专多能、服务一次到位的乡镇供电所。

台区经理作为全能型供电所业务开展的重要支撑人员，其业务能力目标是一专多能，但目前台区经理的岗位能力距离这一要求还有较大差距，需要梳理一个相对完整的业务项目体系。

通过对专业主管部门领导及生产现场工作人员的充分调研，以"干什么、学什么、缺什么、补什么"的原则，以台区经理具体工作事项为编制颗粒，以满足乡镇全能型供电所台区经理培训需要为导向，国网浙江省电力有限公司组织编写《全能型供电所人员（台区经理）工作实务》一书。本书涵盖市场开拓与业扩报装、用电检查、抄表催费、装表接电、电能信息采集与监控、配电台区运行维护、配电台区综合管理等业务内容，可为全能型乡镇供电所台区经理及其他岗位人员提供学习参考。

本书由国网浙江电力培训中心、国网杭州供电公司、国网嘉兴供电公司、国网宁波供电公司、国网台州供电公司相关人员编写。限于编写团队的知识水平，本书所描述的内容仍有不少粗陋之处，请各位批评指正。

编　者
2019 年 12 月

目录

前言

第一章　市场开拓与业扩报装 ·· 1

 第一节　低压用户业扩报装工作流程 ······························ 1

 第二节　低压用户用电业务咨询 ···································· 2

 第三节　低压新装、增容用户现场勘查（居民及非居民）······ 6

 第四节　低压用户供用电合同的签订 ······························ 7

 第五节　业扩报装安全风险分析及防范预控 ···················· 10

 第六节　分布式电源报装 ·· 12

 第七节　充换电设施报装 ·· 17

第二章　用电检查 ·· 20

 第一节　低压电力用户的窃电检查与处理 ························ 20

 第二节　低压电力用户优化用电业务咨询 ························ 23

 第三节　低压电力用户计量异常及事故处理 ···················· 24

 第四节　低压电力用户的违约用电检查与处理 ·················· 28

 第五节　低压电力用户的下厂检查 ······························ 29

 第六节　低压用户现场停复电 ···································· 32

 第七节　低压用户供用电合同的变更、续签、终止 ············ 34

 第八节　低压电力用户常用变更业务 ···························· 36

第三章　抄表催费 ·· 39

 第一节　低压抄表段管理 ·· 39

 第二节　低压现场抄表（补抄）·································· 40

 第三节　低压现场抄表（周期核抄）···························· 42

 第四节　低压用户差异化催费 ···································· 43

 第五节　低压现场催费 ·· 49

 第六节　低压欠费停电 ·· 50

 第七节　低压电量电费退补 ·· 52

 第八节　智能交费模式推广与应用 ································ 53

 第九节　电子发票 ··· 55

第四章　装表接电 ··· 67

第一节　单相电能计量装置和采集设备安装 ······················ 67

第二节　三相四线电能计量装置（直接接入式）和采集设备安装 ········ 79

第三节　经电流互感器接入式三相四线电能计量装置和采集设备安装 ···· 83

第四节　智能公用配变终端的安装及更换 ·························· 87

第五节　经互感器接入式三相四线电能计量装置和负控终端的安装 ··· 93

第六节　直接式、间接式电能表的带电调换 ······················ 104

第七节　低压电能计量装置的接线故障检查与分析处理 ········· 109

第八节　低压分布式电源光伏用户计量装置安装 ················ 123

第九节　电能计量装置封印管理 ··································· 134

第五章　电能信息采集与监控 ·· 138

第一节　采集终端的识读 ··· 138

第二节　公变终端安装与调试 ····································· 140

第三节　载波采集设备的安装与调试 ······························ 141

第四节　无线采集设备的安装与调试 ······························ 144

第五节　信号放大器的安装、调试与维护 ·························· 146

第六节　电能采集数据监控 ······································· 147

第七节　自动抄表与数据核对 ····································· 148

第八节　分布式电源用户采集安装、调试、方案制定 ············· 150

第九节　公变终端的维护与消缺 ··································· 152

第十节　无线采集设备的维护与消缺 ······························ 154

第十一节　载波采集设备的维护与消缺 ···························· 157

第十二节　专变终端设备的安装与调试 ···························· 159

第十三节　专变终端设备的维护与消缺 ···························· 160

第六章　配电台区运行维护 ·· 162

第一节　柱上变压器倒闸操作 ····································· 162

第二节　箱变倒闸操作 ··· 164

第三节　配电所倒闸操作 ··· 166

第四节　环网单元倒闸操作 ······································· 172

第五节　柱上开关设备倒闸操作 ··································· 173

第六节　架空配电线路倒闸操作票的填写 ·························· 174

第七节　柱上断路器的操作 ······································· 175

第八节　跌开式熔断器的操作 ····································· 177

第九节　剩余电流动作保护器的运行和维护及调试 ··············· 177

第十节　台区线路及设备巡视检查 ································· 180

第十一节　低压设备运行标准及维护方法 ·························· 183

第十二节　低压配电线路及设备缺陷管理 ·························· 185

第七章　配电台区综合管理 ···191

　第一节　台区经理制 ··191

　第二节　台区配电线路施工现场安全管理 ·······················192

　第三节　低压配网工程施工质量管理与验收 ···················192

　第四节　低压线路事故抢修 ·······································195

　第五节　主动抢修 ··196

　第六节　低压台区指标管理 ·······································202

　第七节　低压电能质量管理 ·······································215

　第八节　台区经理用户关系维护 ································220

参考文献 ···222

第一章

市场开拓与业扩报装

第一节　低压用户业扩报装工作流程

一、作业流程环节介绍

低压用户业扩报装包括低压居民新装、低压居民增容、低压非居民新装、低压非居民增容、装表临时用电、低压批量新装等业务。本节以低压非居民新装为例进行讲解。

本项目作业流程包括业务受理、勘查派工、勘查确定方案（配表）、配套工程进度跟踪、合同签订、竣工报验、竣工验收、配表、领表、安装信息录入、空间信息维护、信息归档、合同归档、资料归档，如图1-1所示。

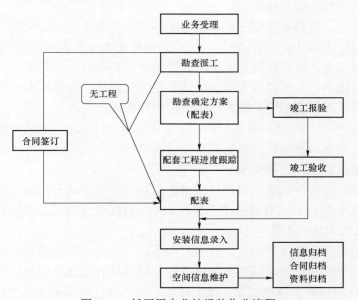

图1-1　低压用户业扩报装作业流程

（1）业务受理：用户需要新装、增容用电等用电业务，通过"网上国网"App、营业厅等途径向供电企业提出书面申请，并提供申请材料，供电企业的用电营业机构统一归口办理用电申请受理工作。

（2）查勘派工：供电服务调度中心根据业扩受理流程信息，与用户核实信息并约定现场勘查时间，将业务派工至供电所。供电所供电服务班长在乡镇供电所管理平台（简称乡供平台）向指定的台区经理进行现场勘查二次派工。

（3）勘查确定方案（配表）：台区经理收到派工信息后，根据用户用电申请资料到现场进行现场勘查。如用户为"一证受理"用户，台区经理现场收集齐备用电申请资料并进行核对。根据现场情况确定具备供电条件后，制定用户接入系统方案和用户受电系统方案。如现场勘查确定该用户无配套工程和受电工程（接户线工程），完成配表作业。在营销移动作业终端完成查勘信息录入。

现场勘查作业内容包括确定用户接入点方案和用户受电系统方案。其中，用户接入点方案包括供电电压等级、供电容量、供电电源位置、供电电源数（单电源或多电源）、路径、出线方式、供电线路敷设等；用户受电系统方案包括进线方式、受电装置容量、主接线、运行方式、保护方式、电能计量装置及接线方式、安装位置、产权及维护责任分界点、主要电气设备技术参数等。

（4）配套工程进度跟踪：如现场勘查确定该用户需要配套工程建设，将低压配套工程内容报送生产班组，需要单独立项的由服务站报送到运维检修部，简单配套工程在 5 个工作日内完成。配套工程完成后，由台区经理完成现场验收，该环节结束。

（5）合同签订：台区经理完成现场勘查后，确定用户具备供电条件，制定低压供用电合同，并在送电前完成合同签订工作。

（6）竣工报验—竣工验收：如现场勘查确定该用户需要受电工程（接户线工程）建设，由用户负责施工，用户工程完工后向供电公司申请报验，台区经理收到报验申请信息后完成现场受电工程（接户线工程）验收。

（7）配表—领表：现场有配套工程和受电工程（接户线工程）的情况下，在验收通过后根据供电方案完成待安装计量装置的配对工作，并根据配表信息到表库领取对应的计量装置。

（8）安装信息录入：台区经理完成现场计量装置安装作业，并完成接电作业。

（9）空间信息维护：台区经理完成现场计量装置安装后，将接入点信息录入 PMS 系统，同时在营销系统业扩流程空间信息维护环节维护用户的拓扑关系。

（10）信息归档—合同归档—资料归档：空间信息维护结束后，完成营销系统用户信息核对及归档、合同信息核对及归档、纸质资料核对及存档。

二、低压业扩报装工作流程要求

低压居民新装、低压居民增容自用户申请之日起算，如现场无配套工程和受电工程（接户线工程），2 个工作日内完成装表接电工作；如现场有配套工程或受电工程（接户线工程），5 个工作日内完成装表接电工作。

低压非居民新装、低压非居民增容自用户申请之日起算，如现场无配套工程和受电工程（接户线工程），4 个工作日内完成装表接电工作；如现场有配套工程或受电工程（接户线工程），7 个工作日内完成装表接电工作（竣工报验、合同签订环节不计入考核时间）。

三、台区经理的工作内容

台区经理按照作业要求负责完成业扩报装工作中勘查确定方案（配表）、配套工程进度跟踪、合同签订、竣工验收、配表、领表、安装信息录入 7 项工作内容。

第二节 低压用户用电业务咨询

一、低压用户用电业务类型

低压用户用电按类型分低压居民生活用电、低压非居民用电、低压临时用电三种；按用电申请业务分为低压居民新装、低压居民增容、低压非居民新装、低压非居民增容、低压装表临时用电五种。

二、低压业扩业务中用户知识点

（一）低压居民生活用电

1. 低压居民生活用电定义

低压居民生活用电是指居民在日常生活中照明及家用电器的用电。当用户没有低压三相家用电器及用电容量较小时，给予安装低压单相居民生活用电；当用户有低压三相家用电器或生活用电容量较大，给予安装低压三相居民生活用电。

2. 低压居民生活用电电价

低压居民生活用电执行居民生活（一户一表）电价或低压居民（合表）电价。当家庭人口少于 5 人时，电价执行居民生活（一户一表）电价，按照一个日历年执行阶梯电价，其中第一阶梯额度 2760kWh，第二阶梯额度 2040kWh，其余列入第三阶梯（各阶梯电价见电价表）；当家庭人口大于等于 5 人且少于 7 人时，可申请第一阶梯每月增加 100kWh 额度；当家庭人口 7 人以上，低压居民生活用电可申请执行低压居民（合表）电价，没有阶梯电价限制。家庭人口以户口本为准。用户可以根据用电特征决定是否开通峰谷电价，其中，8～22 时为峰时段，每千瓦时较普通电价上涨 0.03 元；22 时～次日 8 时为谷时段，每千瓦时较普通电价下降 0.3 元。

3. 低压居民用电申请

低压居民生活用电申请业务分低压居民新装和低压居民增容两类。其中，低压居民新装为申请地址原来没有生活电源，需要新接入生活电源；低压居民增容为原来有生活用电，因用电负荷增加需要加大用电容量。用户可到供电部门的营业厅办理申请业务，通过手机终端"网上国网"App 业务申请业务，并提供相关申请资料，如表 1-1 所示。

表 1-1　　　　　　　　　　　　低压居民用电申请资料

业务环节	资料名称	资料说明	备注
申请受理	1. 用户有效身份证明	身份证、军人证、护照、户口簿或公安机关户籍证明等	必备
	2. 房屋产权证明或其他证明文件	（1）房屋所有权证、国有土地使用证、集体土地使用证、不动产权证； （2）购房合同； （3）含有明确房屋权判词且发生法律效力的法院法律文书（判决书、裁定书、调解书、执行书等）； （4）若属农村用房等无房证或土地证的，须由所在镇（街道、乡）及以上政府或房管、城建、国土管理部门根据所辖权限开具房产合法证明	低压居民新装必备左栏所列四项之一
	3. 经办人有效身份证明	身份证、军人证、护照、户口簿或公安机关户籍证明等	委托代理人办理用电业务时必备

如无特殊说明，用户申请所需资料均指资料原件。低压居民用电必须以房屋所有权人名义办理业扩报装，不得以租赁户名义办理。一处房产只能安装一处居民生活电源。

低压居民业扩申请后，台区经理联系用户进行现场勘查、配套工程施工、装表接电作业。

4. 用户电费支付方式

供电公司完成装表接电后，用户即可正常用电，并支付电费。支付方式有：通过"网上国网"App 支付电费；通过支付宝、微信等网上支付渠道支付电费；通过办理银行存折代扣电费；购买供电公司电费充值卡支付。

（二）低压非居民用电

1. 低压非居民用电定义

低压非居民用电是指除了低压居民生活用电以外的其他各种永久性用电，包括工业、商业、农业、公共事业等各类用电。

2. 低压非居民用电电价

因低压非居民用电分类较多，相应执行电价类型较多。其中，农业生产用电及农产品初加工执行农业生产电价；农业排灌、农村自来水设施执行农排电价；村自治组织、低压路灯、学校、宿舍、非纳入污水主网的农村污水处理、电动汽车充电桩等执行居民生活（合表）电价；其余的全部执行一般工商业及其他电价。

3. 低压非居民用电申请

低压非居民用电申请业务分低压非居民新装和低压非居民增容两类。其中，低压非居民新装为申请地址原来没有非居民电源，需要新接入生活电源；低压非居民增容为原来有非居民用电，因用电负荷增加需要加大用电容量。用户可到供电部门的营业厅办理申请业务，通过手机终端"网上国网"App 业务申请业务，并提供相关申请资料，如表 1-2 所示。

表 1-2　　　　　　　　　低压非居民用电申请资料

业务环节	资料名称	资料说明	备注
申请受理	1. 用户有效身份证明	身份证、军人证、护照、户口簿或公安机关户籍证明等	
	2. 法人代表（或负责人）有效身份证明复印件	同自然人	以法人或其他组织名义办理
	3. 其他法人或其他组织有效身份证明	营业执照、组织机构代码证或统一社会信用代码证书，宗教活动场所登记证，社会团体法人登记证书，军队、武警出具的办理用电业务的证明	
	4. 房屋产权证明或其他证明文件	（1）房屋所有权证、国有土地使用证、集体土地使用证、不动产权证； （2）购房合同； （3）含有明确房屋权判词且发生法律效力的法院法律文书（判决书、裁定书、调解书、执行书等）； （4）若属农村用房等无房产或土地证的，须由所在镇（街道、乡）及以上政府或房管、城建、国土管理部门根据所辖权限开具房产合法证明	申请永久用电需左栏所列四项之一
	5. 经办人有效身份证明	身份证、军人证、护照、户口簿或公安机关户籍证明等	委托代理人办理提供
	6. 授权委托书	自然人用户办理不需要提供	
	7. 房产租赁合同		租赁户办理提供
	8. 承租人有效身份证明	同自然人	
	9. 银行开户信息	开户行名称、银行账号	

用户申请低压非居业扩业务后，用户经理联系用户现场勘查、配套工程施工、装表接电、合同签订作业。

4. 用户电费支付方式

供电公司完成装表接电后，用户即可正常用电，并支付电费。支付方式有：通过"网上国网"App 软件支付电费；通过支付宝、微信等晚上支付渠道支付电费；通过办理银行存折代扣电费；购买供电公司电费充值卡支付。

（三）低压装表临时用电

1. 低压装表临时用电定义

低压装表临时用电是指低压非永久性用电，如抢险救灾、市政建设、基础建设、农田水利等临时性用电。由于为非永久性用电，临时用电的用电期限原则上为六个月，必要时可以为三年。三年期限到期后可以续签，续签时间不得大于六个月。

2. 低压装表临时用电电价

执行一般工商业及其他电价。

3. 低压装表临时用电申请

低压装表临时用电为新装用电。用户可到供电部门的营业厅办理申请业务，通过手机终端"网上国网"App 业务申请业务，并提供相关申请资料，如表 1-3 所示。

表 1-3　　　　　　　　　　　低压装表临时用电申请资料

业务环节	资料名称	资料说明	备注
申请受理	1. 用户有效身份证明	身份证、军人证、护照、户口簿或公安机关户籍证明等	
	2. 法人代表（或负责人）有效身份证明复印件	同自然人	以法人或其他组织名义办理
	3. 其他法人或其他组织有效身份证明	营业执照、组织机构代码证或统一社会信用代码证书，宗教活动场所登记证，社会团体法人登记证书，军队、武警出具的办理用电业务的证明	
	4. 房屋产权证明或其他证明文书	（1）私人自建房：提供用电地址产权权属证明资料；（2）基建施工项目：土地开发证明、规划开发证明或用电批准等；（3）市政建设：工程中标通知书、施工合同或政府有关证明；（4）农田水利：由所在镇（街道、乡）及以上政府或房管、城建、国土管理部门根据所辖权限开具产权合法证明	申请临时用电需左栏所列四项之一
	5. 经办人有效身份证明	身份证、军人证、护照、户口簿或公安机关户籍证明等	委托代理人办理提供
	6. 授权委托书	自然人用户办理不需要提供	
	7. 房产租赁合同		租赁户办理提供
	8. 承租人有效身份证明	同自然人	
	9. 银行开户信息	开户行名称、银行账号	

4. 低压装表临时用电勘查

供电部门在收到用户用电申请后，初步核实申请资料后，即开展现场勘查工作。现场核实用户资料与用电现场情况是否一致，确定现场装表接电条件及施工作业内容。从业务受理后 7 个工作日内答复供电方案。

5. 低压装表临时用电业扩配套工程及受电工程

现场勘查后确定该用户工程是否存在业扩配套工程或受电工程。其中，业扩配套工程由供电公司负责完成施工安装；受电工程由用户负责设备采购和施工安装，包括进户线安装及表箱安装。安装完毕后向供电部门竣工报验，供电部门验收通过后进入装表接电环节。

6. 低压装表临时用电竣工验收

供电部门在收到用户竣工报验申请后，3 个工作日内完成竣工验收作业。

7. 低压装表临时用电装表接电

供电部门完成竣工验收合格后，5 个工作日内完成装表接电及送电工作。

8. 用户电费支付方式

供电公司完成装表接电后，用户即可正常用电，并支付电费。支付方式有：通过"网上国网"App 软件支付电费；通过支付宝、微信等晚上支付渠道支付电费；通过办理银行存折代扣电费；购买供电公司电费充值卡支付。

第三节　低压新装、增容用户现场勘查（居民及非居民）

现场勘查是指台区经理在接收业扩申请业务后，到现场核实申请情况，并根据现场用电供电等条件制定供电方案的过程。

一、勘查任务接收

用户业扩申请受理后，供电服务调度中心审核申请信息后与用户预约现场勘查时间，并派发现场勘查工作任务至供电所。供电所供电服务班长通过乡供平台将工作任务派工至对应的台区经理。台区经理通过乡供平台接收勘查任务。

二、现场勘查前准备

台区经理接受现场勘查任务后，在移动作业终端中下载工作任务，并了解业扩申请信息。联系用户确认现场勘查地点、时间、应提供资料（一证受理用户）。准备验电器、手电筒、移动作业终端等工器具。

三、现场勘查作业

台区经理按要求着工作服、绝缘鞋，戴安全帽，根据约定时间到达现场勘查作业。

1. 安全确认

进入带电设备区的现场勘查工作至少两人共同进行，实行现场监护；勘查人员应注意带电设备的位置，与带电设备保持足够安全距离，注意不要误碰、误动、误登运行设备；应了解清楚现场危险点、安全措施等情况。

2. 核对用户的档案信息

现场核对用户的申请信息，包括用电申请人居民信息、联系人信息、申请用电地址、申请用电容量、电力用途、用电性质、用电设备清单、用电负荷性质、保安电力、用电规划。

3. 现场勘查制定低压供电方案

（1）制定方案的基本原则和基本要求：在满足供电质量的前提下，方案要经济合理；符合电网发展规划，避免重复建设，方案的实施应注意与改善电网运行的可靠性和灵活性结合起来；施工建设和运行维护方便；考虑用户发展的前景；对于特殊用户，要求考虑用电后对电网和其他用户的影响。

（2）低压供电方式及适用范围：低压供电方式是指采用单相220V或三相380V电压等级的供电。

根据《国家电网公司业扩供电方案编制导则》规定，低压供电方式的适用范围为：用户单相用电设备总容量在10kW及以下时可采用低压220V供电。在经济发达地区用电设备总容量可扩大到16kW；用户用电设备总容量在100kW及以下或受电容量在50kW及以下者，可采用户低压供电；在用电负荷密度较高的地区，经过技术经济比较，采用低压供电的技术经济型明显优于高压供电时，低压供电的容量可适当提高。

（3）现场勘查内容。根据全能型供电所工作要求，未来现场勘查作业需要台区经理在营销移动作业终端现场操作，以下现场勘查内容按照营销移动作业中现场勘查顺序介绍：

1）电源勘查确认：包括现场是否具备供电条件，是否有配套工程及接户线工程，现场供电条件是否能够满足报装用电容量。

2）确定电源方案内容：包括受电台区，电源类型（公变供电、转供电）、敷设方式及路径（架空线路、电缆线路、架空电缆混合线路）、保护方式［低压用户开关保护（用户侧）］、进线杆号、产权分界点（电能表出线20cm）、现场接电点情况描述。

3）用户电价方案：包括申请用户执行电价（居民生活电价、一般工商业及其他电价、农业生产价、农业排灌电价、狱政电价），电价行业类别，是否执行峰谷电价，功率因数考核方式（针对合同容量大于100kW的低压用户）。

4）计量点方案：包括接线方式（单相、三相），电压等级（220V、380V），电能计量装置分类［Ⅴ类计量装置（220V居民单相表）、Ⅳ类计量装置（220V居民单相表除外）］，是否具备装表，电量计量方式［实抄（装表计量）］，计量点增下级等信息确认（存在多种电价需要设置二级计量点的用户）。

5）电能表方案：包括电能表类别（有功+无功表），电能表类型［电子式－多功能单方向多功能电能表（有功无功组合表）］，电压（220V、380V），电流［5（60）A、10（100）A、1.5（6）A（该表计与电流互感器配合使用）］，接电方式（直接接入、经互感器接入），是否参考表，计量点用户（售电侧结算）。

6）互感器方案：电流互感器变比选择。

4. 表箱信息

对是否新增表箱，表位信息，表箱资源编号，表箱类型（单体表箱），采集终端，安装位置等信息进行确认。

5. 供电简图绘制（多种类型可选择）

6. 现场勘查单生成确认

四、工作终结

台区经理最终确定生成供电方案，并答复用户。

第四节 低压用户供用电合同的签订

一、供用电合同的意义

供用电合同对保护供用电双方的合法权益、维护正常的供用电秩序，明确双方的权利义务和经济、法律责任，促进经济发展有着重要的作用。正式供电前供电企业应与用户签订供用电合同，是国家法律和行政法规的规定和要求。签订供用电合同，不仅是社会主义市场经济体制的需要，也是改变依靠行政手段管理供用电工作，运用法律手段进行供用电管理的一项重要措施。

它在电力经营经济中的作用表现在：保证有关用电政策的落实；维护正常的供用电秩序；促进双方改善经营管理；维护供用电双方的合法权益；加强安全管理，推动安全用电工作。

二、低压用户供用电合同的分类及适用范围

根据供电方式和用电需求的不同，低压用户的供用电合同分为居民供用电合同、低压供用电合同、临时供用电合同、居民光伏发电项目发用电合同、光伏项目购售电合同。

居民供用电合同适用于居民生活用电性质的用电人。由于居民生活用电供电及计量方式简单，执行的电价单一，该类用电人数众多，其供用电合同采用统一格式。用电人申请用电时，供电人应提请申请人阅读后，由申请人签字（盖章）后合同成立。

低压供用电合同适用于供电电压为 220/380V 的低压电力用户。

临时供用电合同适用于《供电营业规则》第十二条规定的非永久性用电的用户，如抢险救灾、市政建设、基础建设、农田水利等临时性用电。

居民光伏发电项目发用电合同适用于居民光伏发电，向公用电网供电项目。

光伏电站购售电合同适用于按照国家能源主管部门相关规定完成光伏电站备案，向公用电网供电的非居民光伏电站项目。

三、供用电合同的签订

供用电合同签订工作的主要内容包括：根据合同范本与用户协商拟订供用电合同文本、送交领导审核、审批通过后的合同由供电企业签章、送交用户审核、用户签章、供电企业核对。收集相关资料并检查，资料齐全并合格后录入信息系统，将资料按规定存放。

（一）签订前准备

供用电合同正式签订前，作业人员应核查有关资料是否齐备。检查的主要资料一般包括：用电申请人的书面用电申请及用电申请人的身份证明材料；经双方协商确认的供电方案；电能计量装置安装完工报告；双方事先约定的其他文件资料。签订供用电合同前必须对对方进行严格的资质审查，防止产生无效合同及合同风险。

（二）拟订合同文本

作业人员在检查资料并取得完整资料后，开始合同的拟订工作。根据用户申请的用电业务、电压等级、用电类别的不同，选择供用电合同范本的类型。

将所选合同范本的条文交用户仔细阅读，并与用户协商确定合同初稿及其附件。在信息系统内录入合同文本及其附件等信息。合同起草人员在收集齐全所需资料后，将所需要的信息录入信息系统。

属于低压供用电合同的，需填入以下信息：① 合同编号、供电人、用电人、签订日期、签订地点；② 用电地址；③ 用电性质，主要包括行业分类、用电分类；④ 合同约定容量；⑤ 供电方式，主要包括供电电压、供电变压器、用电人自备发电机容量及闭锁方式、UPS容量；⑥ 产权分界点及责任划分；⑦ 用电计量，主要包括计量点、计量方式、计量设备、综合倍率、变损计算方式、线损计算方式、定量定比情况；⑧ 电价及电费结算，主要包括功率因数考核标准、抄表周期、抄表例日、抄表方式、支付方式、违约金起算日；⑨ 合同有效期；⑩ 争议解决的方式，主要包括仲裁机构、诉讼地；⑪ 附则，主要包括合同正副本数量和供用电双方持有情况、合同附件情况；⑫ 特别约定；⑬ 供电接线及产权分界示意图。

属于临时供用电合同的，需填入临时用电地址、用电期限信息。

属于居民光伏发电项目发用电合同的，需填入以下信息：用电容量、并网容量、并网电压、频率、产权分界点、发用电电价、计量方式、结算方式、乙方开户行信息、双方的权利义务、争议处理原则及其他。

属于光伏电站购售电合同的，需填入以下信息：双方的权利义务、并网容量、并网地址、并网方式、产权分界点、电能质量要求、关口计量要求、电量购销条款、电费与补贴的结算及支付条款、违约责任及赔偿说明。

（三）合同的审核（仅适用于低压临时用电新装、光伏新装业务）

审核人员应该审核合同文本是否正确、合理；审核合同的刚性条款是否存在变动的情况，合同的约定条款是否正确、合法；根据专业的特点和要求，提出增删合同相关的约定条款；审核合同的所有附件是否正确、合法，并提出审核意见，做到合同内容与实际情况相符合。

作业人员认为需要对合同条款进行修改的，应提出修改意见，并将合同退回起草人。对审核通过的供用电合同，签注好审核意见，将合同退回合同起草人，起草人送审批人审批。

（四）合同的签订

供电企业将供用电合同签字盖章并加盖"骑缝章"后，送交用户。应记录用户接收供用电合同的日期，与用户约定合同的签约时间。

在签订现场应核实用户方签约人资格。当签约方为委托代理人时，应确认委托代理人身份，并收录委托代理文书。

用户在合同文本的指定位置签章、加盖"骑缝章"，并填写签约日期及签约地点。按合同约定的文本数量，双方收执合同。

单方签订后，如果合同文本有修改（二次修改），对于错别字内容，可直接在文本上修改，双方盖章确认；对于重要条款的修改，仍需重制文本。合同宜由供电企业先签。

在营销业务系统中录入用户签收人、签收日期、答复日期、答复方式、用户意见、委托授权代理人资质、供用电双方签约人、合同签署时间、签约地点，并发送至合同归档环节。

四、合同归档

综合班归档人员接收已生效的供用电合同文本、附件等资料及签订人的相关资料。检查供用电合同相关资料、签章是否齐全，签署后的文本内容是否与电子文本内容一致。若有问题，则按要求重新签订。如资料无问题，履行交接手续，签收交接单。将正式签署的供用电合同文本、附件等资料及签订人的相关资料入盒上架。在营销业务系统合同归档界面中录入档案号、档案盒号、档案架号，保存并发送。

五、注意事项

在签订供用电合同时，供电企业应注意履行《电力法》第26条规定的强制缔约义务，对本营业区内的用户有按照国家规定供电的义务，没有正当的法定理由，不得拒绝用户用电合理的请求。还应真实地向用电方陈述与合同有关的情况。

避免出现合同条款无效情况，即不能以欺诈、胁迫的手段订立合同，损害国家利益；不得恶意串通，损害国家、集体或者第三人利益；不得以合法形式掩盖非法目的；不得损害社会公共利益，违反法律、行政法规的强制性规定；同时还要避免出现造成对方人身伤害及因故意或重大过失给对方造成财产损失的免责条款，避免出现违法免除供电方责任、加重用电方责任、排除用电方主要权利的条款。

要确保合同每一条款的含义的明确肯定，避免出现对格式条款存在两种以上解释，否则，对条款的理解发生争议时，供电方将处于不利地位。另外，在签订合同时，应注意审核用电方主体资格，其必须具备签约的民事权利能力和民事行为能力，如当一个企业和公司处于筹建阶段，则只能以筹建主体为合同当事人，在企业和公司办理工商注册登记后，可由筹建主体将原合同所有权利和义务转让给注册成立的法人，也可终止原合同，重新签订新合同。对于一些租赁场地和设备经营的企业用电，为防止出现租赁人与承租人互相推诿缴纳电费责任的情况，要注重审核用电方的履约能力，对有确切证据证明用电方商业信誉和履约能力存在问题的，可要求其提供担保。

对于非独立法人用户，需确认其签约资格及授权委托的有效性。在营销业务系统内录入的合同及其附件信息必须与机外合同文本中的内容保持一致。合同签订要有时限控制。如果有法律法规和公司规定的时限，必须按规定的时限办理。

第五节 业扩报装安全风险分析及防范预控

一、现场查勘、竣工验收阶段

（一）存在的风险

（1）查看带电设备时，安全措施不到位，安全距离不满足，误碰带电设备。

（2）误入运行设备区域、用户生产危险区域。

（3）对用户的特殊负荷识别不准确进而影响电网安全稳定运行和用户的正常用电，影响公用电网的电能质量。

（二）预控措施

（1）进入带电设备区的现场勘查工作至少两人共同进行，实行现场监护；应掌握带电设备的位置，与带电设备保持足够安全距离，注意不要误碰、误动、误登运行设备。

（2）应在用户电气工作人员的带领下进入工作现场，并在规定的工作范围内工作，应清楚了解现场风险、安全措施等情况。

（3）不得代替用户进行现场设备操作；确需操作的，必须由用户专业人员进行。

（4）严格审核用户用电需求、负荷特性、负荷重要性、生产特性、用电设备类型等，掌握用户用电规划；全面、详细了解用户的生产过程和工艺，掌握用户的负荷特性。

二、装表接电作业前准备阶段

（一）存在的风险

（1）电能计量装置装拆工作前未与电能计量装接单核对用户的相关信息，造成电能计量装置错位而引发纠纷。

（2）电能表运输过程中未采取有效防震、防潮措施而引起电能表失准、故障。

（3）带电表计装接作业未带（戴）护目镜，电弧灼伤眼睛。

（4）现场查勘未发现表箱漏水、接地线缺失等缺陷，或发现后未及时处理，造成作业人员触电伤害或设备损坏。

（二）预控措施

（1）电能计量装置装拆工作前应仔细核对用户的户号、户名、地址、局号、类型，应与电能计量装接单的数据是否一致。若存在票面和现场的户号、电能表参数等不相符的，应暂时中止作业，调查清楚再行处置。

（2）按规定搬运存放电能表，小心轻放；确保电能表远离潮湿环境、化学物品。

（3）进行带电作业必须带（戴）护目镜。

（4）发现表箱漏水、接地线缺失等缺陷，应立即登记，并及时向相关人员反馈和汇报。设备主人接到信息后，必须第一时间到现场核实，并及时处置。缺陷消除之前，不得开展现场作业。

三、装表接电作业阶段

（一）存在的风险

（1）误碰带电设备，造成人员触电伤亡，系统运行设备损坏。

（2）打开金属计量箱体前未验电，若箱体漏电会造成作业人员触电伤害。

（3）接户线搭接作业防护措施不到位；攀登不稳固的杆塔，杆塔倒杆导致高处坠落；在停电线路的杆上作业时发生触电导致高处坠落；在带电线路的杆上作业或高空作业时发生触电导致高处坠落；高空坠物误伤他人；高空作业使用电动工具，发生触电导致高处坠落。

（4）登高作业梯子使用不规范。

（5）接线螺丝未拧紧，线头有松动，造成计量失准，引起设备损坏或电气火灾。

（6）计量用二次回路或电能表接线错误，造成电量损失或差错。

（7）表计安装后，计量箱未关门及未加封而增大窃电风险，可能导致误碰带电设备造成人员伤害。

（8）电能表底度（电能计量装置故障）未经用户确认。

（二）预控措施

（1）工作负责人、专职监护人应始终在现场，认真监护工作班人员的安全，及时纠正不安全行为。

（2）根据现场的安全条件、施工范围、工作需要等具体情况，增设专职监护人。

（3）专职监护人不得兼做其他工作，专职监护人临时离开时，应通知被监护人员停止工作或离开工作现场，待专职监护人回来后方可恢复工作。

（4）开启金属表箱（柜）门前应先用合格的验电笔进行验电。

（5）确认金属表箱（柜）有效接地后开始工作，若未接地或接地不良，必须采取临时接地措施。

（6）上杆作业前应先检查杆根、基础和拉线是否牢固，遇有冲刷、起土、拉线松动的杆塔，在未采取有效防倒杆措施前，不得强行攀登。

（7）上杆前应确认各项安全措施是否到位，严禁触碰未经验电并接地的电力导线。

（8）杆上作业宜使用登高板，登高工具应进行承力检验；梯子应选择有限高线的绝缘梯并正确使用；安全带应系在牢固的构件上；使用绝缘工器具，应采取防止作业时相间或相对地短路的措施；选择合适的攀登线路，先断相线，后断中性线，搭接导线时顺序相反，人体不得同时接触两个线头；应在有经验的人员指导和专人监护下作业；作业过程中严禁使用锉刀、金属尺和带有金属物的毛刷、毛掸等工具。

（9）正确佩戴安全帽；高处作业应使用工具袋，用绳索传递物件，严禁上下抛掷；严禁人员站在作业处的垂直下方；作业点下方应设置围栏，非工作人员严禁进入。

（10）电动工具应完好，使用时应接好剩余电流动作保护器；在高空使用电动工具时，应做好防止感电坠落的安全措施，不能提着电动工具的导线或转动部分。

（11）梯子使用应符合 Q/GDW 1799.2—2013《国家电网公司电力安全工作规程　线路部分》要求，宜选择有限高线的绝缘梯。工作时梯子牢固平稳的摆放，并有人扶持，单梯工作时，其与地面的斜角度约为 60°。

（12）监护人必须时刻注意梯子上作业人员与带电体的安全距离。

（13）登高 2.0m 以上的高处作业，应系好安全带，安全带应系在牢固的构件上。

（14）工作人员将螺丝进行逐个整固；安排其他人员进行逐个拧紧检查。

（15）工作中认清设备接线标识，严格按照规程进行安装；一人操作，一人监护；工作完毕接电后进行检查核验，确保接线正确。

（16）计量用二次回路的导线宜采用铜质分色（黄、绿、红、黑色线，接地线为黄绿双色线）单芯绝缘线，以方便接线复核。

（17）相关人员要严格按照装表接电工作标准的要求，在计量箱作业完毕后，及时关闭计量箱门并加封。

（18）换表工作完成后，应请用户检查确认电能表的封印、换上及换下电能表的电能示数与需量指示数，并请用户在电能计量装接单上签字。

（19）当着用户的面对计量箱加封印。

第六节　分布式电源报装

一、分布式光伏发电定义及方式

分布式光伏发电是指利用分散式资源，装机规模较小的、布置在用户附近的太阳能光伏发电系统。其中，居民光伏也称为自然人光伏，是指自然人利用自有房屋（建筑物）及附属非农耕土地等场所，建设以 380（220）V 电压等级接入电网的光伏发电系统。

对于利用建筑屋顶及附属场地建设的分布式光伏发电项目，项目业主可在自发自用剩余电量上网、全额上网两种发电量消纳方式中自行选择。

二、分布式光伏发电并网服务作业

低压分布式光伏发电项目并网服务工作主要包括：受理并网申请、现场查勘、接入系统方案的制定与答复、出具接网意见函、受理并网验收和调试申请、安装电能计量装置并签订发送电/购售电合同、并网验收及调试、资料归档等。低压光伏流程图如图 1-2 所示。

接入系统一般原则如下：

分布式电源并网电压等级可根据装机容量进行初步选择，参考标准如下：8kW 及以下可接入 220V；8~400kW 可接入 380V；400~6000kW 可接入 10kV。最终并网电压等级应根据电网条件，通过技术经济比选论证确定。若高低两级电压均具备接入条件，优先采用低电压等级接入。

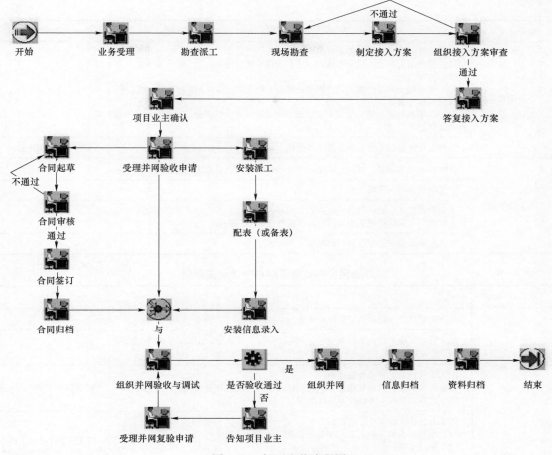

图 1-2　低压光伏流程图

　　并网申请：光伏项目业主可通过项目所在地的营业窗口、95598 用户服务电话和 95598 智能互动服务网站等多种渠道提出并网申请。受理人员受理并网申请时，应主动为用户提供并网咨询服务，履行"一次性告知"义务，接受并查验用户并网申请资料，审核合格后方可正式受理，并在当日录入营销业务系统。对于申请资料欠缺或不完整的，应一次性书面告知用户需补充完善的相关资料。居民分布式光伏用户申请所需资料清单如表 1-4 所示，非居民分布式电源用户申请所需资料清单如表 1-5 所示，房屋归属证明（模版）如表 1-6 所示。

表 1-4　　　　　　　　　　　居民分布式光伏用户并网申请所需资料

业务环节	资料名称	备注
业务受理	并网申请单： （1）居民家庭分布式光伏发电项目并网申请表。 （2）若项目建设在公寓等住宅小区的共有屋顶或场所的，还应提供： ① 关于同意××居民家庭申请安装分布式光伏发电的项目同意书； ② 关于同意××居民家庭申请分布式光伏发电的项目开工的同意书； ③ 居民光伏项目的项目同意书	
	自然人有效身份证明：身份证、军人证、护照、户口簿或公安机关户籍证明	

业务环节	资料名称	备注
业务受理	房屋产权证明或其他证明文书： （1）房屋所有权证、国有土地使用证、集体土地使用证； （2）购房合同； （3）含有明确房屋产权判词且发生法律效力的法院法律文书（判决书、裁定书、调解书、执行书等）； （4）若属农村用房等无房屋产权证或土地证的，可由村委会或居委会出具房屋归属证明	
	经办人有效身份证明文件及委托书原件	委托代理人办理
并网验收申请	验收和调试申请表：居民光伏项目并网验收和调试申请表（浙电营 45－2015）	
	主要电气设备一览表	
	主要设备技术参数和型式认证报告（包括光伏电池、逆变器、断路器、刀闸等设备以及逆变器的检测认证报告、低压电气设备 3C 证书）	
	光伏发电系统安装验收和调试报告	

表 1－5　　　　　　　　　**非居民分布式电源用户申请所需资料**

业务环节	资料名称	备注
	并网申请单：分布式电源并网申请表	
	法人代表（或负责人）有效身份证明：身份证、军人证、护照、户口簿或公安机关户籍证明	提供其中 1 项
	法人或其他组织有效身份证明： 营业执照或组织机构代码证；宗教活动场所登记证；社会团体法人登记证书；军队、武警后勤财务部门核发的核准通知书或开户许可证	提供其中 1 项
	土地合法性支持文件，包括： （1）房屋所有权证、国有土地使用证或集体土地使用证； （2）购房合同； （3）含有明确土地使用权判词且发生法律效力的法院法律文书（判决书、裁定书、调解书、执行书等）； （4）租赁协议或土地权利人出具的场地使用证明	第1至第3项提供第1项；租赁第三方屋顶时还需提供第4项
业务受理	经办人有效身份证明文件及委托书原件	委托代理人办理
	政府主管部门同意项目开展前期工作的批复	需核准项目
	发电项目前期工作及接入系统设计所需资料	多并网点 380/220V 接入项目提供
	建筑物及设施使用或租用协议	合同能源管理项目或公共屋顶光伏项目提供
	物业、业主委员会或居民委员会的同意建设证明	住宅小区居民使用公共区域建设分布式电源提供
并网验收及调试	并网验收申请单： （1）分布式电源并网调试和验收申请表； （2）联系人资料表	
	施工单位资质，包括承装（修、试）电力设施许可证、建筑企业资质证书、安全生产许可证	
	光伏组件、逆变器的由国家认可资质机构出具的检测认证证书及产品技术参数；低压配电箱柜、断路器、刀闸、电缆等低压电气设备 3C 认证证书；升压变压器、高压开关柜、断路器、刀闸等高压电气设备的型式试验报告	

续表

业务环节	资料名称	备注
并网验收及调试	并网前单位工程调试报告（记录）	220V项目不提供
	并网前单位工程验收报告（记录）	
	并网前设备电气试验、继电保护整定、通信联调、远动信息、电能量信息采集调试记录	

表1-6　　　　　　　　　　　房屋归属证明（模版）

_____供电公司：

　　位于浙江省_____市_____县（市、区）_____乡（镇、街道）_____村（或小区）的___幢___号房屋，其土地性质是/否 集体土地是/否 宅基地，房屋依法合规建设，但无该房屋产权证明。依据《浙江省人民政府办公厅关于推进浙江省百万家庭屋顶光伏工程建设的实施意见》（浙政办发〔2016〕109号）产权归属证明材料的有关规定，特证明该房屋归属居民（身份证号：_____）所有，房屋归属无争议。

　　此致

敬礼

　　　　　　　　　　　　　　　　　　　　　　　_____村委会（居委会）：公章
　　　　　　　　　　　　　　　　　　　　　　　　　　　　　　年　月　日

　　现场勘查：供电所台区经理应与光伏项目业主提前约定现场查勘各项事宜，现场勘查工作应在受理并网申请后2个工作日内完成。380（220）V接入电网的光伏项目，接入方案由供电所进行审查，出具评审意见。供电所负责在20个工作日内将380（220）V接入电网的光伏项目接入方案确认单（附接入方案）、接入电网意见函告知项目业主。

　　接入方案：380（220）V接入电网的光伏项目，接入方案由供电所进行审查，出具评审意见。接入公共电网的光伏项目，接入工程以及接入引起的公共电网改造部分由电网公司投资建设。接入用户内部电网的光伏项目，接入工程由项目业主投资建设，接入引起的公共电网改造部分由电网公司投资建设。产权投资分界点详见图1-3～图1-6。

　　签订发送电/购售电合同：并网验收及并网调试申请受理后，供电所台区合同授权人负责与项目业主办理380（220）V接入项目的发用电合同/购售电合同签订工作，工作时限为5个工作日。

　　安装电能计量装置：光伏项目所有的并网点以及与公共电网的连接点均应安装具有电能信息采集功能的计量装置，以分别准确计量光伏项目的发电量和用户的上、下网电量。自受理并网验收与调试申请之日起，地市公司或县公司用户服务中心负责安装关口电能计量装置。380（220）V接入光伏项目为5个工作日。

　　验收和调试申请：低压光伏项目并网工程施工完成后，项目业主向供电部门提出并网验收与调试申请，受理人员接受并查验项目业主提交的相关资料，审查合格后方可正式受理。

　　并网验收及调试：自关口电能计量装置安装完成之日起，地市公司或县公司用户服务中心在规定时间内组织完成并网验收与调试，出具并网验收意见，完成组织并网作业。380（220）V接入光伏项目为5个工作日。

　　资料归档：光伏项目并网后，地市公司或县公司用户服务中心应将用户并网申请、接入方案、接入电网意见函、并网验收意见、发送电/购售电合同等并网服务流程产生的资料整理归档。光伏项目的档案应单独放置，按照一户一档的原则进行归档和保存。所有档案纳入智能用户档案管理系统进行管理。

　　分布式光伏接入220/380V配电网典型接线示意图如图1-3和图1-4所示。

全能型供电所人员（台区经理）工作实务

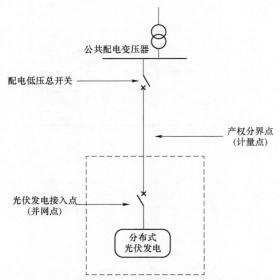

图 1-3　分布式光伏专线接入 380V 配电网
注：分界点在光伏发电项目与电网开断
设备明显断开点的电网侧。

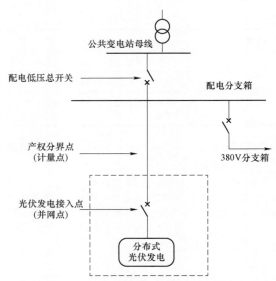

图 1-4　分布式光伏 T 接接入 380V 配电网
注：分界点在光伏发电项目与电网开断
设备明显断开点的电网侧。

分布式光伏接入 220/380V 配电网典型接线示意图如图 1-5 和图 1-6 所示。

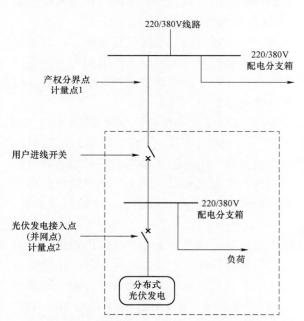

计量点 1：是指用户下网电量计量点及光伏发电项目余电上网
计量点，适用于用户选择自发自用多余电量上网的方式。
计量点 2：为光伏发电项目全部上网的计量点，适用于全部
电量上网的方式，也用于统计光伏的发电量。

图 1-5　分布式光伏经公用低压线路接入非居民
用户内部电网后接入 220/380V 配电网
（自发自用、余量上网）

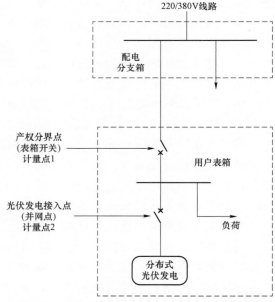

计量点 1：是指用户下网电量计量点及光伏发电项目余电上
网计量点，适用于用户选择自发自用多余电量上网的方式。
计量点 2：为光伏发电项目全部上网的计量点，适用于
全部电量上网的方式，也用于统计光伏的发电量。

图 1-6　分布式光伏经配电分支箱接入居民
用户内部电网后接入 220/380V 配电网
（自发自用、余量上网）

第七节　充换电设施报装

一、充换电设施报装申请要求

用户携带相关资料到供电部门申请充换电报装业务，用户申请所需资料清单如表 1-7 所示。

表 1-7　　　　　　　　　　　充换电设施报装申请资料

业务环节	资料名称	资料说明	备注
申请受理	1. 自然人有效身份证明	身份证、军人证、护照、户口簿或公安机关户籍证明等	以法人或其他组织名义办理
	2. 法人代表（或负责人）有效身份证明复印件	同自然人	
	3. 其他法人或其他组织有效身份证明	营业执照，组织机构代码证或统一社会信用代码证书，宗教活动场所登记证，社会团体法人登记证书，军队、武警后勤财务部门核发的核准通知书或开户许可证	
	4. 固定车位产权证明或产权单位许可证明		
	5. 用户停车位（库）平面图		
	6. 政府职能部门有关立项的批复文件		
	7. 物业出具同意使用充换电设施的证明材料		
	8. 授权委托书		非户主办理提供
	9. 经办人有效身份证明		

申请报装要求说明交流充换电设施安装位置详细描述、充电设备电气参数及其他特别说明。

用户在申请用电时，与供电部门签订电动汽车充换电桩供用电协议。协议应明确用电电价、用电容量、电费支付方式及结算周期、供电设置维护管理责任、双方的权利义务、违约责任及争议解决方式。

二、充换电设施报装现场勘查要求

台区经理在充换电设施报装现场勘查中，需要现场核实的内容有：

（1）必须认真核对用户现场停车位位置、产权等信息是否与报装材料一致；

（2）确认物业出具的同意使用的证明材料的真实性；

（3）确认申请人信息与现场使用人一致；

（4）现场核实充电设备电气参数及其他特性说明是否与报装申请表一致。

三、充换电设施报装业扩流程说明

充换电设施报装作为低压非居民业扩报装的一类，具体操作与低压非居民业扩作业一致，作业进程在此不做专门说明。

四、充电设备简介

充电设备一般包括非车载充电机（直流充电桩）、交流充电桩、车载充电机等，如图 1-7 所示。

车载充电机：固定安装在电动汽车上运行，将交流电能变换为直流电能，采用传导方式为电动汽车动力蓄电池充电。

| (a) 直流充电桩
（非车载充电机） | (b) 交流充电桩 | (c) 车载充电机 |

图 1-7　充电设备

1. 交流充电（交流充电桩）

额定电压为单相 220V 和三相 380V，电流优选值为 10、16、32、63A。交流充电桩结构如图 1-8 所示。

2. 直流充电（直流充电桩）

按照功率单元部分的分布可分为一体式和分体式两大类。直流充电桩结构如图 1-9 所示。

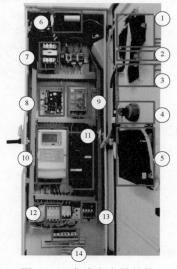

图 1-8　交流充电桩结构

①—液晶屏；②—喇叭；③—读卡器；④—急停按钮；⑤—TCU；
⑥—风机；⑦—输出接触器；⑧—控制器；⑨—辅助电源；
⑩—电能表；⑪—进线开关；⑫—避雷器；
⑬—进线端子；⑭—接地排

图 1-9　直流充电桩结构

①—液晶屏；②—喇叭；③—读卡器；④—急停按钮；
⑤—控制器；⑥—电能表；⑦—TCU；
⑧—控制电源开关；⑨—辅助电源；
⑩—交流进线单元

3. 感应式充电

感应式充电又称为非接触式感应充电,是基于电磁感应原理的空间范围内的电能无线传输技术。其工作原理如图 1-10 所示。

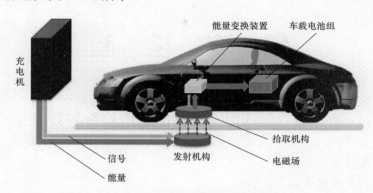

图 1-10 感应式充电工作原理

第二章

用 电 检 查

第一节 低压电力用户的窃电检查与处理

一、低压窃电行为

低压窃电行为主要分为以下六种：

（1）在供电企业的供电设施上擅自接线用电；

（2）绕越供电企业用电计量装置用电；

（3）伪造或者开启供电企业加封的用电计量装置封印用电；

（4）故意损坏供电企业用电计量装置；

（5）故意使供电企业用电计量装置不准或者失效；

（6）采用其他方法窃电。

低压窃电的典型表现形式有以下七种：

（1）在进户线某部位隐蔽切开绝缘层，将窃电线路在破皮处引出，接至窃电设备中。

（2）在电能表进线桩头引出窃电线路窃电。

（3）直接在供电线路上搭接窃电线路窃电。

（4）改造电能表、接线盒或电流互感器，达到减少电量计量或不计量的效果。主要手段有：表计开盖，表计内部电流检测电路短接或进线桩短接；表计电压连接片断开；接线盒连接片断开或内部连接桩头开断改造；互感器二次短接或分流改造。

（5）通过计量接线改接达到不计量或少计量效果。主要手段有：电能表进出线对换，达到反向计量目的；带互感器计量装置的二次接线断开或松动，达到计量缺相断流。

（6）通过外力等手段致使电能表故障不计量进行窃电。

（7）其他技术窃电，如通过电磁波干扰等高科技手段影响电能表计量。

二、低压窃电现场检查作业

用电检查人员发现用户有窃电行为时，应注意保护现场。查获窃电后，应及时收集与计算窃电量有关的证据资料，对现场进行拍照、录像等以保留证据，并要有窃电户电工和负责人的签名。必要时，应通知公安部门赴现场提取证据。根据调查取证的结果，按照窃电处理的有关规定和不同的窃电行为，确定处理方案。按照拟订的处理意见填写用户窃电（违约用电）处理通知单，详细描述窃电事实、处理依据及意见，复述告知用户，听取用户的陈述意见，进行全过程录音。填写的窃电通知书一式两份，交给窃电用户本人或法定代理人签章。完成签章后，将用户窃电（违约用电）处理通知单一份交用户签收，一份由作业人员带回存档备查。对确认窃电行为的用户，应立即中止供电或通知相关部门中止供电，并向本单位领导汇报。

现场检查（提取证据）确认有窃电行为的，在现场予以制止，并可当场中止供电，并依法追补电费和收取 3 倍电费的违约使用电费。用户拒绝接受处理的，供电企业及时报请电力管理部门处理。电力管理部门根据供电企业的报请受理，符合立案条件的，予以立案并及时指派承办人调查。对违法事实清楚、证据确凿的，应责令停止违法行为，并处以交 5 倍以下电费的罚款，制发违反电力法规行政处罚通知书并送达当事人。对妨碍、阻碍、抗拒查处窃电的行为，违反治安管理规定，情节严重的，报请公安机关予以治安处罚。对构成犯罪的，供电企业提请司法机关依法追究刑事责任。供电企业根据查获的证据材料，认定构成犯罪的，可向管辖地的公安机关报案。公安机关对供电企业报案应予接受、立案，对已立案的刑事案件应当进行侦查，收集证据。侦查终结，移送人民检察院审查决定。人民检察院审查决定提起公诉的案件，移送人民法院审理，并作出判决。

三、窃电检查的组织与方法

1. 反窃电检查的组织

供电企业通过组织定期检查、专项检查，或通过用电信息采集系统数据异常、台区线损异常、举报等相关线索，组织用电检查人员依法对用户用电情况进行检查。用电检查人员在执行检查时，不得少于 2 人。窃电查处应按程序进行。在查处窃电行为过程中，供电企业应取得当地政府有关部门的支持，加大对窃电行为的打击力度。对于有重大窃电嫌疑的用户可会同当地公安部门联合查处。窃电查处的程序如图 2−1 所示。

2. 反窃电检查的方法

窃电行为的查明是供电企业用电检查人员的重要任务之一，是指供电企业的用电检查人员在执行用电检查任务时，发现用户窃电行为并查获证据的行为。窃电检查的主要方法有：

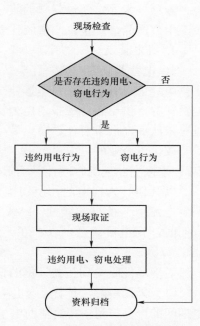

图 2−1　窃电查处的程序图

（1）直观检查法。通过人的感官，采用口问、眼看、鼻闻、耳听、手摸等手段，检查计量装置，从中发现窃电的蛛丝马迹。直观检查电能表外壳是否完好；安装是否正确与牢固；运转是否正常；铅封是否完好；检查有无改接、错接或绕越电能表接线；检查连接线有无开路、短路或接触不良；检查互感器的变比是否与用户档案一致。

（2）电量检查法。通过核实用户用电设备的实际容量、运行工况、使用时间等对照容量查电量；通过实测用户负荷情况，计量用电量，然后与电能表的计量电能数对照检查；将用户当月电量与上月电量或前几个月电量对照检查，分析用电量增加或减小的原因。

（3）仪表检查法。采用普通的电流表、电压表、相位表、电能表及其他专用仪器等进行现场定量检测。用电流表检查电能计量装置的电流回路是否正常，检查电流互感器有无开路、短路或极性接错等；将标准电能表与被测电能表同时接入被测电路，在同一时间段共同计量电能，比较检查。

（4）经济分析法。通过管理线损异常分析，通过线损率的差异，发现窃电目标；通过了解用户的单位产品耗电量，对用户产量用电量进行分析检查，发现窃电情况。

3. 窃电行为的取证

证据是能够证明案件真实情况的事实，是行为人在一定的时空里，通过一定的行为，遗留在现场的痕迹、印象。同其他证据一样，用来定案的窃电证据必须同时具备合法性、客观性和关联性，缺一不可。

窃电取证的手段和方法很多，证据的取得必须合法，只有通过合法途径取得的证据才能作为定案的依据。收集、提取证据要主动及时，主要包括以下内容：拍照，摄像，录音（需征得当事人同意），损坏的用电计量装置的提取，伪造或者开启加封的用电计量装置封印收集，使用电计量装置不准或者失效的窃电装置，窃电工具的收缴，在用电计量装置上遗留的窃电痕迹的提取及保全，制作用电检查的现场勘验笔录，经当事人签名的询问笔录，用户用电量显著异常变化的电费清单的收集，当事人、知情人、举报人的书面陈述材料的收集，专业试验、专项技术鉴定结论材料的收集，违章用电、窃电通知书，供电企业的线损资料，值班记录，用户产品，产量，产值统计表，该产品平均耗电量数据表等。

4. 窃电量及金额的计算

《供电营业规则》第一百零二条规定：供电企业对查获的窃电者，应予制止，并可当场中止供电。窃电者应按所窃电量补交电费，并承担补交 3 倍电费的窃电使用电费。拒绝承担窃电责任的，供电企业应报请电力管理部门依法处理。窃电数额较大的，供电企业应提请司法机关依法追究刑事责任。窃电量可按以下方法确定：

在供电企业的供电设施上，擅自接线用电的，所窃电量按私接设备额定容量（kVA 视同 kW）乘以实际使用时间计算确定。

以其他行为窃电的，所窃电量按计费电能表标定电流值（对装有限流器的，按限流器整定电流值）所指的容量（kVA 视同 kW）乘以实际用电的时间计算确定。窃电时间无法查明时，窃电日数至少以 180 天计算，每日窃电时间：电力用户按 12h 计算；照明用户按 6h 计算。

对现场能收集到相关证据的窃电行为，还可以按以下原则进行计算：

（1）采用单耗法计算：窃电量＝选取同类型单位正常用电的产品单耗（或实测单耗）×窃电期间的产品产量＋其他辅助电量－已抄见电量。

（2）在总表上窃电的：窃电量＝分表电量总和－总表的已抄见电量。

（3）有关计算数据难以确定的：窃电量＝历史上正常的相应月份的用电量×用电增长系数－窃电期间的抄见电量。

（4）致使表计失准的：窃电量＝抄见电量×（更正系数－1）。

（5）执行峰谷电价的：窃电量按峰谷比分开计算。

（6）窃电金额＝窃电量×窃电期间的电度价格。

5. 窃电行为的处理

窃电行为的处理是指供电企业对有充分证据证明的窃电行为人，依法自行处理或提请电力管理部门或司法机关处理的过程。供电企业用电检查人员在赴用户现场进行日常检查工作时，应收集用户与用电量相关的资料，对有窃电嫌疑的可以与同类型单位进行产品单耗、用电量、产品销售价格及生产情况等方面的比对，从相关数据来综合判断该用户是否有窃电行为。

第二节 低压电力用户优化用电业务咨询

一、低压电力用户优化用电业务的意义

实施优化用电服务是积极倡导用户安全用电、合理用电，健全用户优化用电服务工作机制，树立供电企业服务形象和创建供电企业服务品牌的有效途径。实施优化用电，能降低用电成本，提高电力资源利用效率。推广社会用电优化模式，优化用电方案，可以有效引导用户改变落后的用电方式，在降低用户用电成本的同时，优化电力资源配置，提高终端用电效率，促进节能减排。同时台区经理作为属地化管理的主角，做好属地优质服务有利于工作的开展。

二、低压用电优化业务种类解析

由于电价种类繁多，很多用户对于电价的组成了解不多。用户一般关注的是每月的平均电价。如何通过对影响平均电价的因素进行分析，寻求降低平均电价的办法，是优化用电研究的重点。

平均电价是用户在一个计算周期内，总电费金额与总电量的比值。通过对实际用电情况的分析，一些用户用电性质虽然相同，但平均电价往往相差很大。即便是同一个用户，其在不同月份其平均电价也存在较大的波动。以用户的用电信息为基础，通过分析用户电价构成，对影响平均电价的要素进行分析，帮助用户降低生产用电成本，提高电力资源利用效率。

（一）电度电价与峰谷电价分析

通过居民用户的峰谷时段电量占比及非居民用户的尖峰谷时段电量占比分析，根据用户的用电习惯，判断其是否适合开通峰谷电价，以便降低用户电费支出。

例如，低压居民用户的年用电量在 4800kWh 以下，峰谷电量比例大于 1∶10，开通峰谷电价可有效降低平均电价，减少电费开支。

（二）峰谷比分析

根据用户的用电设备特性，在谷时段依托低电价因素，增开用电设备或增加用电设备功率，在尖峰时段减少用电设备或降低设备功率，达到峰谷电量比例向低谷时段增多的趋势。

而对于低压非居民用电来说，如执行三费率六时段电价，其中尖峰时段为 2h，高峰时段为 10h，低谷时段为 12h。尖峰时段和低谷时段的电价差较大，如果用户将生产用电集中在尖峰、高峰电费时段，其电费成本将大幅度增加，导致平均电价上升。如果将大功率负载的用电时间安排到用电低谷时段，不让负荷曲线形成过高的"峰顶"和过低的"谷底"，可有效降低平均电价。以冷库用电为例，可在谷时段降低冷库温度，增加制冷设备功率和开机时间；在尖峰时段提高冷库温度，减少开机时间，达到多用谷电少用峰电的效果。

（三）低压供电与高压供电的电费分析

由于低压电价与高压电价存在每千瓦时 0.038 元的差价，低压非居民用户如果长时间高负荷运转，月电量较大，则低压电费要比高压电费高。如果改为高压供电方式，每年能有效降低固定电费支出，相比于首期高压供电设备的固定资产投入，远期经济效益较好，并且方便用户未来增加用电容量，用电可靠性也得到提高。

（四）多电价并举

部分低压用户现场存在工商业用电、宿舍用电、充电桩用电等多种形式的用电。但由于

全能型供电所人员（台区经理）工作实务

对电价政策了解不足，可能只单一执行一般工商业电价。针对这种情况，台区经理可以向用户解释电价构成，协助用户合理规划区域用电。不同性质用电采用不同电价的方式，避免低价高接的情况，降低用电成本。

（五）节能设备应用

低压用户一般对节能设备改造的关注度较低，有效降低用电量的潜力较大。台区经理可根据用户现场用电设备建议采取节能设备改造，长期有效降低电量，提高电力资源利用率。例如，照明设备可采用高效、节能、实用的 LED 灯等节能照明设备替代白炽灯、日光灯等传统照明灯具；对电机设备，采用变频电机或在电机前端装设变频装置，提高电机效率，降低用电量。

三、低压用电优化业务实施方法

在前期沟通阶段，以调阅营销系统用户档案和现场管理系统用户信息为基础，通过电话问询、上门服务等方式访问用户，充分了解用户的用电需求，找准用户优化用电服务的切入点。

在现场服务阶段，在充分了解用户生产流程、用电特点的基础上，进行现场检查，对用电企业运行参数进行收集、核实，获取第一手现场资料。

在优化分析阶段，专家团队依照现场资料、现场管理系统、营销系统三种渠道获得的数据，进行优化用电评估，提出诊断意见。

在跟踪服务阶段，供电企业对用电企业按照诊断意见进行整改后的用电情况进行再评估，跟踪了解诊断意见在用户实际生产、经营中所产生的实效以及存在的不足，提出进一步改进的措施。

第三节　低压电力用户计量异常及事故处理

一、计量装置运行维护及故障处理

（1）安装在用户处的电能计量装置，由用户负责保护封印完好，装置本身不受损坏或丢失。当发现电能计量装置故障时，用户应及时通知供电部门进行处理。

（2）台区经理对计量故障应及时处理，对造成的电量差错，应认真、调查、认定、分清责任，提出防范措施，并根据有关规定计算差错电量。

（3）对于因窃电行为造成的计量装置故障或电量差错，台区经理应对窃电事实依法取证，应当场对窃电事实写出书面认定材料，由窃电方责任人签字认可。

二、电能计量装置故障类型及电量退补处理方法

如发生电能计量装置故障，除需及时处理外，还应对电量电费进行退补。营业中经常涉及的电量退补包括以下几种。

1. 误差超差

《电力供应与使用条例》和《供电营业规则》的规定，当贸易结算用电能计量装置的电能表、互感器超差，电能计量装置二次回路压降超出允许范围，或其他非人为因素造成计量不准时，供电企业应按下列规定计算退补电量。

（1）电能表或互感器误差超过允许值时，以"0"误差为基准，对低压三相供电的用户，一般应按实际用电负荷确定电能表的误差。实际负荷难以确定时，应以正常月份的平均负荷

确定误差，即

平均负荷＝正常月份用电量（kWh）/正常月份用电小时数（h）

对照明用户一般应按平均负荷确定电能表误差，即

平均负荷＝上次抄表期内的月平均用电量（kWh）/30×5（h）

照明用户的平均负荷难以确定时，可按下列方法确定电能表误差，即

误差＝（I_{max} 时的误差＋3I_b 时的误差＋0.2I_b 时的误差）/5

式中：I_{max} 为电能表的额定最大电流；I_b 为电能表的标定电流。

注：各种负荷电流时的误差，按负荷功率因数为 1.0 时的测定值计算。

（2）对互感器还应根据比差、角差计算综合误差，然后以"0"误差为基准，按验证后的误差值计算退补电量。退补时间从上次检定换装投入运行之日起至误差超差被发现之日止的 1/2 时间计算。

应退补用电量＝抄见用电量×实际误差/（1±实际误差）

2. 电能表飞走

当月总用电量按最近正常 6 个月用电量的平均值估算。上月已实行峰谷电价的用户，峰谷电量比按上月估算；上月未实行峰谷电价的用户，峰谷电量比协商确定。

3. 表计潜动（空走）

应检测潜动 1 转或输出 1 个脉冲所需的时间，按以下情况分别计算退补。

（1）对低压三相用户，按下式计算退补。难以确定时，以用户正常月份用电量为基准，按正常月份与故障月的差额退补电量。退补时间按抄表记录确定。

$$\Delta W_h＝（3600×24×T）/（C_n×t）$$

式中：ΔW_h 为退电量数；T 为退补天数；C_n 为电能表脉冲常数，P/kWh；t 为电表空载状态（没有负荷）下，发出 1 个脉冲或潜动 1 转所需要的时间，s。

（2）对照明用户，规定用电时间一天按 5h 计算，再根据检测的潜动时间，按下式计算退补电量。退补时间从上次校验或换装后投入之日起至误差更正之日止的 1/2 时间计算。

4. 电能表启动试验不合格

退补电量以用户正常月份用电量为基准，按正常月份与故障月的差额退补电量。补收时间按抄表记录确定。

5. 电子式电能表主芯片故障

主要包括 CPU 死机、程序混乱、数据丢失等，退补方法如下：

（1）总电量正常，谷电量不正常，峰谷电量比按上月估算。如运行时间不满一个月，峰谷电量比协商确定。

（2）总电量、谷电量都不正常，当月总用电量按最近正常 6 个月份用电量的平均值估算。上月已实行峰谷电价的用户，峰谷电量比按上月估算；上月未实行峰谷电价的用户，峰谷电量比协商确定。

6. 二次回路压降超差

以允许的电压降为基准，按检验的实际值和基准值之差计算追补电量。

7. 计量接线故障

电能计量装置因接线错误、熔断器熔断、电流回路短路、倍率不符等造成电能计量装置故障时，应通过计算公式先求出更正系数，然后再计算退补电量。

$$更正系数 = 正确用电量/错误用电量$$
$$更正率 = （正确用电量/错误用电量 - 1）× 100\%$$
$$退补用电量 = 更正率 × 抄见用电量$$

8. 其他非人为原因致使电能计量不准时，应以用户正常月份的用电量为基准，与用户协商确定退补电量。

三、用户电气事故定义

用户所辖产权的电气设备在运行中，发生因供电系统供电中断造成的用户停电事故，或因电气设备本身绝缘老化、误操作、特殊气候条件使电气绝缘损坏发生短路、过电压等造成绝缘击穿、设备烧毁，导致供电中断、人身电击伤亡、电气火灾等称为用户电气事故。

发生用户电气事故后，在弄清事故原因的基础上，应立即组织事故调查与处理。调查与处理事故必须实事求是、严肃认真，绝不能草率从事，更不能大事化小、小事化了，严禁隐瞒事故。要做到"三不放过"，即：事故原因不清不放过；事故责任者和应受教育者没有受到教育不放过；没有制订防范措施不放过。

根据电力事故发生的电力设备产权归属或管理归属关系划分，可以分为两类：① 供电企业所属电力设备或供电企业负责维护管理的电力设备发生的电力事故；② 不属供电企业所属电力设备或供电企业负责维护管理的电力设备发生的电力事故。前者是供电企业应当避免的，或在事故发生后应积极采取措施，尽快修复故障设备，恢复送电，并采取措施杜绝类似事故重复发生；而对于后者，事故责任单位为相关设备产权单位，供电企业仅仅参与事故调查与处理。

四、用户电气事故处理的程序

1. 事故现场的保护

保护现场是取得客观准确证据的前提，有利于准确查找事故原因和认定事故责任，并保证事故调查工作的顺利开展。

除了事故现场物理环境、受损设备应保持事故发生后的原有状态和相对位置外，现场保护工作还包括妥善保护工作日志、工作票、操作票等相关材料，及时保存采集数据。这些材料和资料记录了事故发生前后电力系统或电力设施、设备运行的状况，是查明事故和事故责任认定的重要依据。

因抢救人员、防止事故扩大以及疏通交通等的需要，需要移动事故现场电力设备或其他物品的，应当经过事故单位负责人、事故调查组组长或者组织事故调查的部门同意。移动电力设备或其他物件应当尽量减少对现场的破坏，并采取作出标志、绘制现场简图、拍摄现场照片或录制现场视频等手段以保留事故现场原始资料。被移动的物件应当贴上标签，并作出书面记录。

2. 原始资料的收集

台区经理要注意保存事故原始资料，并及时将收集到的所有资料进行汇总整理，应立即组织现场作业人员和其他人员在离开事故现场前如实提供现场情况，并写出事故的原始材料。根据事故情况查阅有关现场值班记录、运行、检修、试验、验收的记录文件和事故发生时的录音、计算机打印记录等，及时整理出说明事故情况的图表和分析事故所需的各种资料和数据。

3. 事故情况的调查

（1）对于人身事故，应查明伤亡人员和有关人员的单位、姓名、性别、年龄、文化程度、技术等级、工龄、本工种工龄等。对于设备事故，应查明发生的时间、地点、气象情况，查明事故发生前设备和系统的运行情况。

（2）查明设备事故发生经过、扩大及处理情况。对于人身事故，应查明事故发生前工作内容、开始时间、许可情况、作业程序、作业时的行为及位置、事故发生的经过、现场救护情况。

（3）检查事故现场的保护装置动作指示情况，包括保护装置的动作情况。检查事故设备的损坏部位和损坏程度。

（4）查明事故造成的损失，包括波及范围、减供负荷、损失电量、用户性质，查明事故造成的损坏程度及经济损失。

（5）了解现场规程制度是否健全，规程制度本身及其执行中暴露的问题，了解事故单位管理、安全生产责任制和技术培训等方面存在的问题。事故涉及两个及以上单位时，应了解相关合同或协议。

4. 事故原因的分析

供电企业应参与用户事故调查分析会，会同有关专业技术人员，及时准确地查清事故原因和性质，总结事故教训，提出整改措施。如果发生人身触电死亡事故和电气火灾事故，应配合相关部门共同调查处理。

（1）分析事故发生、扩大的直接原因和间接原因。必要时，可委托专业技术部门进行相关计算、试验和分析。

（2）分析是否有人员违章、过失、违反劳动纪律、失职、渎职，安全措施是否得当，事故处理是否正确等。

（3）凡事故原因分析中存在下列与事故有关的问题，确定为领导责任：企业安全生产责任制不落实；规程制度不健全；对职工教育培训不力；现场安全防护装置、个人防护用品、安全工器具不全或不合格；反事故措施和安全技术劳动保护措施计划不落实；同类事故重复发生；违章指挥。

5. 防范措施的落实

台区经理应协助用户根据事故分析的结论作出责任分析。根据事故调查结果制定的防范措施，指导用户消除故障，并监督实施。在确认现场已消除安全隐患后，指导用户恢复用电。电气事故防范措施应从设备维护、运行管理、人员配备等方面加强落实。

6. 事故报告的内容

事故调查报告是事故调查工作成果的集中体现，是事故处理的直接依据。所有事故均应填写事故报告，事故报告应由发生事故单位的电气负责人填写，经事故单位主管领导和安全部门审核后，上报政府相关主管部门。

事故调查报告主要包括：

（1）事故发生的单位概况。

（2）事故发生的经过。

（3）事故发生的原因。

（4）事故种类，包括经济损失、人员伤亡、影响电网。

（5）事故类型，包括人身触电死亡、导致电力系统停电或全厂停电、电气火灾、重要或大型电气设备损坏、生产设备损坏等。

（6）事故性质和责任认定，包括一般责任事故、较严重责任事故、严重责任事故、重大责任事故。

（7）事故防范和整改措施以及处理建议。

第四节 低压电力用户的违约用电检查与处理

一、低压违约用电类型

违约用电是指违反供用电合同的规定和有关安全规程，危害供用电安全，扰乱正常供用电秩序的行为。低压违约用电主要包括：

（1）在电价低的供电线路上，擅自接用电价高的用电设备或私自改变用电类别，即：用户未按国家规定的程序办理手续，未经供电企业同意或允许而自行进行违反电价分类属性的用电行为。例如，把属于较高电价类别的用电私自按较低电价类别用电，以达到少交电费的目的，就是改变了用电类别。

（2）私自超过合同约定的容量用电。合同约定容量是供电企业依据供电的可能性，认可的用户接用的最大用电容量，是供用电双方协商一致、以合同方式确认的容量。擅自超过合同约定的容量，增大公用变压器负荷可能造成重载、超载，危害用电安全。

（3）私自迁移、更动和擅自操作供电企业的用电计量装置、电力负荷管理装置、供电设施以及约定由供电企业调度的用户受电设备。迁移是指用户把用电计量装置移动，使其离开原来的位置而另换地点的行为。尽管迁移、更动、擅自操作供电企业的计量装置，没有损坏封印、接线、计量装置本体，但可能引起计量装置产生误差，所以应禁止。

（4）未经供电企业同意，擅自引入（供出）电源或将备用电源和其他电源私自并网，包括：① 用户把第三者的电源引入，供本用户使用，或者私自送出，将电供给其他用户；② 用户不经电网企业允许，也未签订并网协议而私自把自备电源接到电网中运行的行为。

二、违约用电及窃电的检查

违约用电行为的查明是供电企业用电检查人员的重要任务之一，是指供电企业的用电检查人员在执行用电检查任务时，发现用户违约用电行为并查获证据的行为。

供电企业通过组织定期检查、专项检查，或通过相关线索组织用电检查人员依法对用户用电情况进行检查。用电检查人员在执行检查时，不得少于2个，并主动向被动检查的用户出示用电检查证。违约用电查处应按程序进行，如图2-2所示。

违约用电行为的处理是指供电企业对有充分证据证明的违约用电行为人，依法自行处理的过程。供电企业用电检查人员在赴用户现场进行日常检查工作时，应收集用户与用电量相关的资料。

用电检查人员发现用户有违约用电行为时，应注

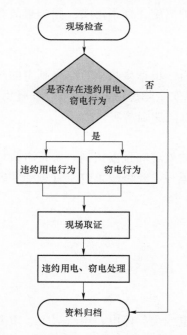

图2-2 违约用电及窃电查处的程序图

意保护现场。查获违约用电后,应及时收集与计算违约用电有关的证据资料,对现场采用拍照、录像等以保留证据,并要有电工和负责人的签名。根据调查取证的结果,按照违约用电处理的有关规定,确定处理方案。按照拟定的处理意见填写用户窃电(违约用电)处理通知单,详细描述窃电事实、处理依据及意见,复述告知用户,听取用户的陈述意见,实行全过程录音。用户窃电(违约用电)处理通知单一式两份,交给违约用户本人或法定代理人签章。完成签章后,将用户窃电(违约用电)处理通知单一份交用户签收,一份由作业人员带回存档备查。

三、低压违约用电金额的计算

《供电营业规则》第一百条规定,对用户违约用电行为,应承担其相应的违约责任:

(1)在电价低的供电线路上,擅自接用电价高的用电设备或私自改变用电类别的,应按实际使用日期补交其差额电费,并承担 2 倍差额电费的违约使用电费。使用起讫日期难以确定的,实际使用时间按 3 个月计算。

(2)私自超过合同约定容量用电的,除应拆除私增容设备外,低压用户应承担私增容量每千瓦(千伏安)50 元的违约使用电费。如用户要求继续使用者,按新装增容办理手续。

(3)擅自使用已在供电企业办理暂停手续的电力设备或启用供电企业封存的电力设备的,应停用违约使用的设备。低压用户应承担擅自使用或启用封存设备容量每次每千瓦(千伏安)30 元的违约使用电费,启用属于私增容被封存设备的,违约使用者还应承担本条第 2 项规定的违约责任。

(4)私自迁移、更动和擅自操作供电企业的用电计量装置、电力负荷管理装置、供电设施以及约定由供电企业调度的用户受电设备者,属于居民用户的,应承担每次 500 元的违约使用电费;属于其他用户的应承担每次 5000 元的违约使用电费。

(5)未经供电企业同意,擅自引入(供出)电源或将备用电源和其他电源私自并网的,除当即拆除接线外,应承担其引入(供出)或并网电源容量每千瓦(千伏安)500 元的违约使用电费。

第五节　低压电力用户的下厂检查

一、用电检查的目的和意义

用电安全与业务检查既是供电企业的权力,也是供电企业的义务。在使用电力的过程中,供电企业需要通过检查掌握电力用户安全生产、合同履行情况,帮助电力用户解决电力问题,及时发现与制止违约用电窃电行为。同时供电企业也需要通过下厂用电检查,了解电力用户的生产运行情况,为电力用户的生产经营服务。

二、用电检查的种类与定义

用电检查分周期性用电检查和专项用电检查。周期性检查是指供电企业台区经理依法针对不同类型的用户,根据规定的检查周期,对用户执行有关电力法律法规政策、履行供用电合同、电气运行管理、设备安全状况及电工作业行为等多方面内容,制定检查计划,并按照计划开展的检查工作。其中,低压动力用户每两年至少检查一次,低压居民用户周期抽检。专项检查是指根据工作需要安排的专业性检查,包括保电检查(包括大型政治活动等)、季节性检查、营业普查、事故检查、定必定量核查、经营性检查等专项检查工作。

三、用电检查开展要求

（一）周期性检查工作开展步骤

1. 定期检查月计划的制订和审批

以定期检查年计划为依据，结合实际工作，按月制订定期检查计划。审批人员可以根据本单位台区经理的人数和工作量对月计划进行审批。定期检查月计划的制订和审批一般也在营销信息系统内完成。

2. 现场检查准备

充分准备是保障现场检查顺利开展的基础。台区经理接受下厂检查工作任务后，需要根据检查计划中用户的情况，做好相关的准备工作。准备工作包括用户信息的了解、工器具的准备以及现场处理表单的准备。

台区经理在正式下厂检查前，事先对检查用户的基本信息、负荷情况、电费档案等进行初步了解。提前完成被检查单位用电检查档案的查阅工作，档案查阅的重点应包括：查看用户的供用电合同，并审查其有效性；台区经理对用户历次用电检查后的事件记录、缺陷记录（缺陷通知单留底）及用户上报的缺陷整改情况；当用户存在"定比（或定量）等特殊属性"时，还应查看该用户的定比（或定量）执行依据及说明；当用户存在"不并网自备电源"时，应重点查看用户不并网自备电源安全使用协议书，并审查其有效性。

尽管台区经理在现场不能代替用户操作相应设备，但根据现场工作情况，台区经理在下厂检查前应准备好相应的工器具，包括：准备好封印钳、封印扣、封印丝，以便在打开封印时能及时补上；准备手电筒，以便在黑暗环境或对柜内设备进行检查；准备照相机、用电检查仪等，对发现的用电异常能及时获取证据及进一步检查。

3. 现场检查

现场检查主要是依据供电企业与用户所签订的供用电合同，对用户的受送电设备运行及电力使用情况进行检查，检查的主要内容有：用户概况，包括用户的联系信息、身份证明、企业营业证明等；用户的受电装置，包括互感器、开关、刀闸、电缆及配电柜等；对特殊用户，还须扩大用电检查的范围，如：对低压重要敏感用户要重点检查隐患治理情况以及电源配置情况，对电费风险用户应做好信用评估。

现场检查方式也应灵活运用多种方式，通过询问用户值班人员、生产负责人等，了解生产运行情况；通过现场检查设备运行，了解设备安全状况。表2-1列出了用电检查的相关检查内容与检查方式。

表2-1 用 电 检 查 分 类 表

分类	检查内容	检 查 方 式
用户概况	用户的基本情况、受电电源等	（1）通过询问，核对用户户名、地址、电气负责人、联系电话、邮编； （2）通过现场查勘，核对用户的受电电源、用电属性、行业分类、符合等级主要参数等
	用户的负荷特性	（1）通过询问、查看，了解用户的实际负荷分类等情况； （2）通过询问，了解用户的生产工艺、用电特性、特殊设备对供电的要求，是否存在冲击负荷、谐波发生源
电费风险评估	评估用户的电费回收风险	（1）对照用户最近电费缴费情况，通过询问了解用户的资金流转状态； （2）通过交谈、调查，了解用户是否存在可能影响电费支付的其他事件发生

续表

分类	检查内容	检 查 方 式
供用电合同履行	合同的有效性	(1) 通过询问、查阅,核对用户法人资格与供用电合同主体是否相符; (2) 通过现场检查,核对用户是否变更电力用途; (3) 通过查询及现场检查,核对合同中所列双方责任是否明确; (4) 通过询问、查询,核对合同的签订是否有效(签章是否正确); (5) 通过询问及现场检查,核对用户有否其他违反合同中约定条款的行为; (6) 通过检查,了解合同中所列防范安全风险措施是否到位
	是否存在窃电、违约用电行为	(1) 现场检查用户有无窃电嫌疑; (2) 现场检查用户是否存在违约用电的现象
	检查有无私自供出(引入)电源的行为	通过询问及现场检查,了解用户有无私自供出(引入)电源的行为
	节能减排的落实情况	通过询问及现场核查,了解用户是否有国家明令的限制类、淘汰设备
	自备电源的使用和管理	(1) 通过询问及现场检查,了解用户是否有自备保安电源; (2) 检查用户保安电源有否防倒送电措施
	用户受电装置	(1) 现场查看用户受电装置的设备健康状况; (2) 通过查阅负荷记录,了解用户各主设备的负荷情况,有无超负荷运行; (3) 现场检查电气设备运行是否存在严重缺陷、一般缺陷等情况
设备运行管理	计量装置	(1) 现场抄录在装电能计量装置参数(电能表局号、互感器倍率等); (2) 现场抄录在用电能表止度; (3) 现场检查计量装置的防窃措施是否可靠; (4) 现场检查计量设备的封印是否完整; (5) 现场检查计量装置运行状态是否良好,负荷是否在合理的量程内
	电能质量	(1) 通过询问、核查,了解用户有无冲击负荷、非线性负荷、非对称负荷; (2) 通过询问、核查,了解用户对上述负荷的治理措施落实情况及治理效果
	无功管理(100kW以上低压用户)	(1) 现场检查用户有否自动补偿、就地补偿等措施; (2) 通过询问和现场核查,了解用户是否存在无功异常情况
	缺陷整改情况	现场核对上次检查结果通知书上的缺陷与改进措施的落实情况

(二)现场检查情况的处理

台区经理完成现场检查后,应对被检查用户做综合评估,经现场检查确认用户的设备情况、运行管理、规范用电等方面均符合规定的,由用户在检查记录中签字,将相关资料归档;经现场检查确认用户的设备情况、运行管理、规范用电等方面有不符合安全规定的,或者在电力使用上有明显违反国家有关规定的,检查人员应现场开具相关表单,督促用户完成整改。

供电企业承担着维护供电网安全的责任,当发现用户受电装置存在安全隐患时,供电企业应当及时告知用户,并指导其制定有效的解决方案以消除安全隐患;用电设施存在严重威胁电力系统安全运行和人身安全的隐患且用户拒不治理的,供电企业可依法中止供电。供电企业应向用户提供必要的专业技术服务,以提高用户的用电安全管理水平,指导用户排查、治理用电安全隐患和影响电能质量的隐患,从而提高输、配、用电各环节的安全稳定运行。对用户电气装置、运行管理中存在隐患且影响供用电安全的,台区经理应现场开具用户受电装置缺陷通知单(一式两份),其中,一份送达用户并由用户代表签收,一份存档备查。用户受电装置缺陷通知单应明确列出用户存在缺陷的内容及整改要求,督促用户完成任务整改。对重要用户检查中发现的问题,将根据高危及重要用户管理相关规定,按"一患一档"的要求,开具用户受电装置缺陷通知单并请用户代表签收;对重大缺陷还应该正式行文通报政府相关部门，并限期整改。

现场检查确认有危害供用电安全或扰乱供用电秩序行为的，检查人员应按规定采用拍照、摄像等措施详细记录现场情况，同时通知公安部门人员到达现场共同取证，并在现场予以制止。拒绝接受供电企业按规定处理的，可按规定的程序停止供电，并请求电力管理部门依法处理，或向司法机关起诉，依法追究其法律责任。

现场检查确认有窃电行为的，检查人员应采用拍照、摄像等措施详细记录现场情况，同时通知公安部门人员到现场共同取证；现场填写用户窃电（违约用电）处理通知单，并由当事人、旁证人进行签字确认；应立刻制止窃电行为并按重要程度汇报领导后中止供电。按规定的程序进行后续处理，拒绝接受供电企业按规定处理的，应请求电力管理部门依法处理，或向司法机关起诉，依法追究其法律责任。

检查人员将检查结果及违约用电、窃电情况，计量异常情况，电价执行错误情况（包括定量定比情况）和设备缺陷等情况按照不同流程进行处理。

（三）定期检查资料归档

定期检查资料既是台区经理现场检查工作完成情况的记录，也是不断完善用户资料、规范用户用电管理的手段，保证了用户现场管理的连续性。检查人员在完成下厂检查工作后，应对检查过程中发现的问题及时做好协调、跟踪处理工作，并完成相关资料的归档工作。归档资料包括高压用户用电检查工作单、低压用户用电检查工作单、用户窃电（违约用电）处理通知单、用户受电装置缺陷通知单等。

（四）定期检查的工作要求

（1）依法履行用电检查职责。执行下厂检查任务前，台区经理应履行审批程序。填写用电检查工作单，经审核批准后，方能到用户处执行检查任务。台区经理到用户处开展定期检查工作，应不少于 2 人，遵守用户的进（出）入制度、遵守用户的保卫保密规定，并不准对外泄露用户的商业秘密。台区经理在查电时应由用户陪同进行。

（2）台区经理必须遵守国家和本单位供电服务相关制度、规范。现场检查必须遵纪守法，廉洁奉公，不徇私舞弊，不以电谋私。下厂处理窃电、违约用电行为应避免引起肢体冲突，注意自我保护。

（3）用户对其设备的安全负责。台区经理不承担因被检查设备不安全引起的任何直接损坏或损害的赔偿责任。下厂检查必须遵守《国家电网公司安全工作规程　变电部分》及用户有关现场安全工作规定，不得操作用户的电气装置及电气设备。

（五）专项用电检查步骤

大多数专项检查工作需要到用户现场进行检查，与定期检查一样，专项检查也应履行相应的工作程序。专项检查的工作程序包括专项检查计划的制订、现场检查、检查情况处理、资料归档等环节。

第六节　低压用户现场停复电

一、低压用户现场停复电范围

在营销用电检查工作中，当用户出现窃电、拖欠电费违反供用电合同条款拒不整改的情况，供电部门可以对用户进行强制停电作业，当用户整改到位且符合复电条件的，供电部门必须在规定时限内完成对用户的复电作业。

由于停电事件涉及用户的正常生活及生产经营活动，任何部门和个人不得擅自停复电，必须符合国家及行业规定的相关条件才可以对用户进行停复电作业。

《供电营业规则》第六十六条规定，在供电系统正常情况下，供电企业应连续向用户供应电力。但是，有下列情形之一的，须经批准方可中止供电：

（1）对危害供用电安全，扰乱用电秩序，拒绝检查者；

（2）拖欠电费经通知催交仍不交者；

（3）受电装置经检验不合格，在规定期间未改善者；

（4）用户注入电网的谐波电流超过标准，以及冲击负荷、非对称性负荷等对电能质量产生干扰与妨碍，在规定限期内不采取措施者；

（5）拒不在限期内拆除私增用电容量者；

（6）拒不在限期交付违约用电引起的费用者；

（7）违反安全用电、计划用电有关规定，拒不改正者；

（8）私自向外转供电力者。

有下列情形之一的，不经批准即可中止供电，但事后应报告本单位负责人：

（1）不可抗力和紧急避险；

（2）确有窃电行为。

低压电力用户现场停复电工作要求：根据国家及行业相关规定，不但对用户强制停复电范围要严格要求，而且对强制停电电工作的开展方式有严格要求，任何部门或个人不得无程序对用户进行停复电作业。具体工作要求如下：根据《供电营业规则》第六十七条的规定：除因故中止供电外，供电企业需对用户停止供电时，应按下列程序办理停电手续；

（1）应将停电的用户、原因、时间报本单位负责人批准。批准权限和程序由省电网经营企业制定。

（2）在停电前3～7天内，将停电通知书送达用户，对重要用户的停电，应将停电通知书送同级电力管理部门；

（3）在停电前30min，将停电时间通知用户一次，方可在通知规定时间实施电。

（4）强制停电工作只能断开供电部门设备，不能在用户设备上作业实施停电。

二、复电

当用户强制停电条件消除，供电部门应根据相关规定对用户及时复电，根据《供电营业规则》第六十九条规定：引起停电或限电的原因消除后，供电企业应在3日内恢复供电。不能在3日内恢复供电的，供电企业就向用户说明原因。

低压电力用户现场停复电作业程序：

（1）监测到用户存在违反用电规则且有必要停电处理时，收集整理符合停电要求所需的资料，启动停电程序；

（2）在营销系统中发起强制停电流程，报单位负责人审批；

（3）单位领导审批通过后，按照要求时限通知用户；

（4）进行停电作业，并完成营销系统现场停电流程；

（5）向单位领导报告停电处理事项，完成资料整理，完成归档工作。

（6）当用户停电因素消除后，启动复电程序；

（7）在营销系统中发起强制停电流程，报单位负责人审批；

（8）单位领导审批通过后，进行复电作业，并完成资料整理及归档工作。

第七节　低压用户供用电合同的变更、续签、终止

一、供用电合同变更

用户变更用电，或者因供电企业原因，涉及供用电合同条款发生变化时，应及时变更供用电合同。供用电合同的变更是为了使供电企业与用户继续保持原有的供用电关系，保证供用电合同约定的内容与实际情况相符合，保持其有效性和合法性，以确保证供用电双方合同关系的延续。

（一）合同变更的类型

（1）个别条款修改变更：增加、减少受电点、计量点；改变供电方式；对供电质量提出特别要求；供用电设施维护责任的调整；电费计费方式、交付方式变更；违约责任的调整。

（2）业务变更：用户申请办理增容、移表、更名、过户、分户、并户、改类、更改缴费方式等业务时，需要变更合同。

（二）合同变更的流程

合同变更包括确定合同变更方式、选择供用电合同范本、协商起草供用电合同文本、打印文本等工作。

合同变更的工作要点：合同变更的内容来自用户申请的业扩或变更业务中对用户档案信息的修改。合同变更时，应保留原合同记录，并且系统应体现变更的合同与原合同的关联关系。接受用户业扩或变更申请后开始起草供用电合同变更文本。低压居民合同可采用背书形式，其他合同范本使用统一的合同示范文本，合同文本的起草应与用户协商进行。

合同变更时，从用户档案中调阅原有有效供用电合同及其附件，根据用户申请的用电业务信息核对原供用电合同及其附件中的约定事项是否需要增加、保留或删除；个别条款变更时，双方在确认原合同主要内容继续有效的基础上，就需要变更的条款签订补充协议，与原合同有效条款同时生效执行；合同的多项条款需要变更，原合同难以执行时，需重新修订合同。

供用电合同文本的范本选择、起草、签订及作业要求同第一章第五节。

供用电合同的变更作业如图2-3所示。

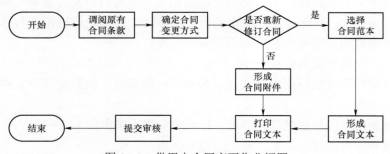

图2-3　供用电合同变更作业框图

注意事项：对统一合同文本的任何修改或补充，均应在合同特别约定中约定。如需修改时，应明确被修改的具体条款。例如，"将第三十二条修改为：……"；如需补充时，应订立

补充条款，例如，"增加以下条款：……"

二、供用电合同续签

供用电合同到期前，用户无异议或继续使用电力的，供电企业与用户为了继续保持原有的供用电关系，双方在原合同条款内容的基础上，继续签订新合同期内的供用电合同，以延长供用电合同有效期，保持其有效性和合法性，以确保证供用电双方合同关系的延续。

如果合同中约定了明确的履行期限，期限届满用户拒绝续签的，供电企业可通过必要的告知程序予以终止供电——原供用电合同履行期限既然已经届满，供电企业与用户之间已不存在供用电法律关系。若要继续用电的，用电人应及时办理合同续签事宜。

续签供用电合同时，可将原供用电合同废止，并以原有的供用电合同为基础，沿用原有的供用电合同范本，在此范本的基础上编制新的供用电合同文本；也可对原供用电合同部分条款进行修改、补充，经双方签订，使供用电合同继续有效。

合同续签的作业步骤如下：

1. 查找续签用户

作业人员在信息系统的合同有效期监测界面中选择合同状态和合同类别，输入合同终止日期，查找供用电合同即将到期的用户，一般提前一个月查找并通知用户，并与用户联系续签合同事宜。

沿用原有合同范本。需重新签订合同时，以原有的供用电合同为基础，沿用与原有供用电合同相匹配的统一合同文本。调阅原有合同，重新签订合同时，从用户档案中调阅原有有效供用电合同及其附件，核对原供用电合同及其附件中的约定事项是否需要保留。

2. 审核合同文本内容是否正确、合理

审核合同的刚性条款内容是否存在变动的情况，审核合同的约定条款内容是否正确、合法。根据专业的特点和要求，提出增删合同相关的约定条款。审核所有合同附件的内容是否正确、合法，并提出审核意见，做到合同内容与实际情况相符合。

作业人员认为需要对合同条款进行修改的，应提出修改意见，并将合同退回起草人。对审核通过的供用电合同，签注好审核意见，将合同退回合同起草人送其他专业岗位审核或审批人审批。

3. 提交审批

审批人员应审核合同审核程序是否符合要求；合同起草人是否具备相应的资格；合同会签、审核人是否齐全，签署的意见是否正确、合理，合理的意见是否在合同文本中得到采纳。审核合同附件是否齐全，内容是否符合要求。

4. 合同的签订

联系用户续签供用电合同。

5. 合同归档

调出原档案中的原供用电合同，在原供用电合同上加盖"供用电合同废止章"。

将正式签署的有效供用电合同文本、附件等资料及签订人的相关资料入盒上架。在信息系统合同归档界面中录入档案号、档案盒号、档案架号，保存并发送。

三、供用电合同的终止

当用电人无法履行合同或者用户不需要继续用电时，应及时终止供用电合同，解除双方的合同关系。

供用电合同的变更或者解除必须依法进行；需确认终止的合同主体与申请销户的用户是否一致；供用电合同关系终止后销户流程方可归档；系统应详细记录供电企业与用户之间供用电合同关系从新签、变更、续签到终止的整个过程，并清晰标识每个阶段情况。

合同终止包括以下内容：

（1）受理终止供用电合同的申请。按照"一口对外"的原则，由营业窗口人员统一受理终止供用电合同的申请。窗口受理人员在受理申请后，首先应确认供电企业与用户之间是否还存在往来费用未结清。在确认费用全部结清后，方可启动终止供用电合同的程序。

（2）记录供用电合同终止原因、终止日期等信息，并发送流程至合同终止归档。

（3）核对需终止的合同主体与申请销户的用户是否一致，确认用户供用电合同终止原因、终止的日期。

（4）确认后，在需终止的合同上加盖"供用电合同废止章"。

（5）将终止的用户供用电合同会同相关业务资料按照档案的存放规定进行归档。

（6）录入信息系统，发送流程结束。

供用电合同的终止作业，如图 2-4 所示。

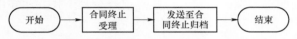

图 2-4　供用电合同终止作业框图

注意只有在下列情况下，才能申请供用电合同终止：

用电人依法破产、被工商注销；在缴清电费及其他欠缴费用后，申请销户；供电人依法销户。

用电人依法破产终止供用电合同，这里的用电人只能是企业法人。企业法人破产须以人民法院正式宣判的法律文书为准。

第八节　低压电力用户常用变更业务

一、变更用电的种类和定义

用户在正式使用电力后，供、用双方因故需改变原订立的供用电合同约定的相关内容而开展的工作，统称变更用电。在实际工作中，绝大多数的变更用电均因用户要求所产生，受理用户提交的变更用电申请，也就成了供电企业营业部门的日常工作之一。

用户需要变更用电时，应事先提出申请，通过"网上国网"App 软件申请，或携带有关证明文件，到供电企业用电营业场所办理手续。根据《供电营业规则》规定，目前低压变更用电申请主要包括：

（1）移动用电计量装置安装位置（简称移表）；

（2）暂时停止用电并拆表（简称暂拆）；

（3）改变用户的名称（简称更名或过户）；

（4）合同到期终止用电（简称销户）；

（5）改变供电电压等级（简称改压）；

（6）改变用电类别（简称改类）；

（7）一户分列为两户及以上的用户（简称分户）；

（8）两户及以上用户合并为一户（简称并户）。

二、变更用电的业务要求

1. 移表

用户移表（因修缮房屋或其他原因需要移动用电计量装置安装位置）须向供电企业提出申请。供电企业应按下列规定办理：

（1）在用电地址、用电容量、用电类别、供电点等不变的情况下，可办理移表手续；

（2）移表所需的费用由用户负担；

（3）用户不论何种原因，不得自行移动表位，否则，可按违约用电处理。

2. 暂拆

用户暂拆（因修缮房屋等原因需要暂时停止用电并拆表），应持有关证明向供电企业提出申请。供电企业应按下列规定办理：

（1）用户办理暂拆手续后，供电企业应在5天内执行暂拆。

（2）暂拆时间最长不得超过6个月。暂拆期间，供电企业保留该用户原容量的使用权。

（3）暂拆原因消除，用户要求复装接电时，须向供电企业办理复装接电手续并按规定交付费用。上述手续完成后，供电企业应在5天内为该用户复装接电。

（4）超过暂拆规定时间要求复装接电者，按新装手续办理。

3. 用户更名或过户

用户更名或过户（依法变更用户名称或居民用户房屋变更户主），应持有关证明向供电企业提出申请。供电企业应按下列规定办理：

（1）在用电地址、用电容量、用电类别不变条件下，允许办理更名或过户；

（2）原用户应与供电企业结清债务，才能解除原供用电关系；

（3）不申请办理过户手续而私自过户者，新用户应承担原用户所负债务。经供电企业检查发现用户私自过户时，供电企业应通知该户补办手续，必要时可中止供电。

4. 销户

用户销户，须向供电企业提出申请。供电企业应按下列规定办理：

（1）销户必须停止全部用电容量的使用；

（2）用户已向供电企业结清电费；

（3）查验用电计量装置完好性后，拆除接户结线和用电计量装置；

（4）用户持供电企业出具的凭证，领还电能表保证金与电费保证金；办完上述事宜，即解除供用电关系。

5. 改压

改压是用户因自身原因需要改变供电电压等级的一种变更用电业务。用户申请改压时，应向供电部门提供书面申请。供电企业应按下列规定办理：

（1）用户改压，且容量不变者，供电企业按业扩管理要求予以办理。如超过原有容量者，超过部分按增容办理。

（2）改压引起的工程费用由用户负担，但由供电企业原因引起用户供电电压发生变化的，用户外部供电工程费用由供电企业负担。

6. 改类

用户改类须向供电企业提出申请，供电企业应按下列规定办理：在同一受电装置内，电力用途发生变化而引起用电电价类别改变时，允许办理改类手续；擅自改变用电类别，应按违约用电处理。

改类业务涵盖面较广，用户基础信息，计费信息、计量信息（换表除外）、采集点信息、电源信息等变更都可以通过改类业务变更。部分信息的修改变更也可以通过非用户申请的内部改类业务修改。

7. 分户和并户

分户是用户因申请由一个电力用户变为两个或两个以上电力用户的业务。并户是用户申请需要两个或以上用户合并为一个电力用户的业务。分户和并户均应满足以下条件：① 用电地址、供电点、用电总容量不变；② 原用户在业务开展前向供电企业结清债务；③ 引起的工程费用由用户承担；④ 由供电企业重新装表计费。

三、低压电力用户常用变更业务流程简析

更名、峰谷电价变更改类流程用户通过国网 App 申请后，经服务调度班资料审核通过，直接归档。其他低压电力用户变更业务流程基本可分为业务受理、勘查派工、现场勘查、表计装拆、合同管理、归档等环节。其中移表、并户、分户等存在工程改造的变更业务，还有竣工验收环节。

典型的改类流程如图 2-5 所示。

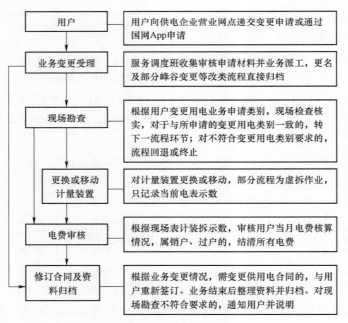

图 2-5 典型的改类流程图

第三章

抄 表 催 费

第一节 低压抄表段管理

一、抄表段新建、维护、注销申请

采集班、计量班、抄表班、供电所营业班抄表技术员发起抄表段新建、维护、注销申请。

（1）新建抄表段由抄表责任班组提出申请。

（2）抄表段名称、抄表段属性、抄表事件、抄表周期、抄表例日、最后抄表年月、操作人员等调整，由抄表责任班组提出申请。

（3）对不使用的抄表段应及时注销，注销时必须确保抄表段内无用户。抄表段注销由抄表责任班组提出申请。

（4）抄表段的抄表例日一经确定不得擅自变更。如遇特殊情况确需调整，由采集班（计量班）、抄表班、供电所营业班提出申请。一个日历月内对 10 个及以上抄表段批量调整抄表例日，在正式调整前应由市、县公司营销部进行审定，并按级报省公司营销部备案。

（5）抄表例日变更应事前告知相关用户，高压用户的抄表例日变更应书面告知用户或签订补充协议，抄表例日变更告知书的回执或补充协议作为供用电合同的附件保存。

（6）抄表例日变更对电费计算带来影响的，应通过电量电费退补进行处理。

（7）新装用户应在营销业务应用系统新装流程归档后 3 个工作日内按照用户属性、抄表例日、抄表区域，由抄表责任班组负责编入正常抄表段。抄表责任班组抄表技术员应在抄表例日前一天核实是否有新装用户未及时分配抄表段。

（8）对同一抄表段内用户，应按抄表顺序或表计安装地点经纬度统一编排页码，一个户号对应一个页码，不得重码。同一抄表段内页码的编制由抄表责任人负责完成。

（9）同一供电服务区下因配变台区分设、用户变更用电地址、抄表段设置不合理等原因，需对单一用户做跨抄表段调整时，由该抄表段抄表责任人提出调整申请，抄表班班长负责审批。

二、抄表段审批

地（市）公司营业与电费室专职、县公司综合室专职负责审批，不同意则流程结束。

对于跨供电服务区的调整由市公司营业及电费室或县公司业务管理室主任负责审批。跨区调整必须在当月相关抄表段无欠费、无在途流程的状态下方可进行。

用户跨抄表段调整时，应确保原抄表段和目标抄表段最后抄表状态一致。分次结算用户跨抄表段调整应待最终次结算完成后方可进行。

三、抄表段执行

应用智能核算模式区域范围的新建抄表段，应在抄表段新建后 24h 内通知电费核算班，由电费核算班班长将其纳入智能抄表段。采集班、计量班、抄表班、供电所营业班负责将新户分配或调整用户至新抄表段内。

抄表段管理流程图如图 3-1 所示。

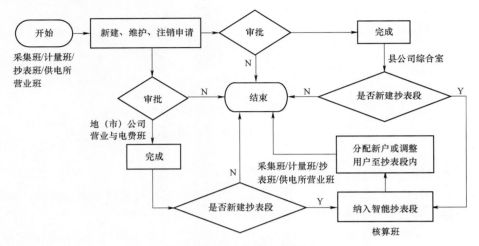

图 3-1 抄表段管理流程图

第二节 低压现场抄表（补抄）

一、抄表前准备

抄表员在收到补抄、核抄流程后，应在 24h 内完成现场补抄、异常核实工作，以满足抄表准时率要求。

对需要现场补抄的用户，抄表员在现场补抄数据下装前，应对补抄用户再次获取采集数据，对仍无法获取数据的用户下装到抄表机进行现场补抄。

1. 作业前准备

（1）工器具：包括工具包、抄表机、手电筒、抄表异常告知单、钢丝钳、螺丝刀（十字、一字）等。

（2）着装要求：穿好工作服、绝缘鞋，戴好棉纱手套、安全帽，并佩戴工作证。

（3）精神面貌：应精神饱满、面无倦容，无不良情绪。禁止饮用酒类饮料。

2. 抄表数据下装

（1）设置抄表机参数。

（2）选择抄表方式。

（3）下载抄表（补抄）数据。

（4）检查下载抄表数据是否正确。

二、现场作业

1. 车辆规定

（1）车辆到达用户单位或小区，应遵守用户进（出）入登记制度。

（2）主动向门卫说明来意，并出示工作证件，经对方同意后，方可驾车进去。

（3）停放车辆时，应自觉整齐停放在规定车位。

注：车辆进入用户单位或小区不得鸣喇叭，不得影响用户的正常工作生活秩序。车辆应按规定的行驶路线限速行驶，不得逆行，不得挤占人行道。

2. 敲门入户

敲门时：轻敲 3 下，若无回答，间隔 3～5s 后再敲，不宜超过 3 次。敲门力度适中，严禁砸门或踢门。

按门铃时：轻按门铃，若无回答，等待 10s 再按，不宜超过 3 次。严禁连续长时间按门铃。

3. 现场抄表机抄表

抄表人员到达抄表现场，开启抄表机，按顺序进行抄表。

核对抄表机内户号、电能表资产编号、倍率等相关参数与现场是否一致；新装或有用电变更的用户，还应核对并确认用电容量、最大需量、电能表参数、互感器参数等信息，发现异常应填写抄表异常记录单（见表 3-1），在"信息不符"项打勾，并在"异常情况记录"栏内详细说明。

表 3-1　　　　　　　　　　　　抄 表 异 常 记 录 单

户号				局号		
户名						
异常类型						
计量异常		门闭		违约用电		窃电		失电	
换表		表烧		表停		现场无表		缺相	
通信故障		时钟异常		卡表		信息不符		其他	
异常情况记录：						

×××××××××
年　月　日

检查用户计量装置的运行情况，包括：计量封印等是否齐全，用户的计量装置是否存在烧坏、停走、空走、倒走、卡字、跳字、失压、断流等异常现象，发现问题应填写抄表异常记录单，在对应选项打勾，并在"异常情况记录"栏内详细说明。

抄表时，采用抄表机红外抄表功能抄录电能表计度器示数，同时进行抄表红外校时。抄表完成后必须逐项核对红外抄录读数与电能表计度器示数是否一致，如不一致则按手工方式重新录入。

电能表计度器示数抄录要求：抄表数据应抄录电能表能显示的所有整数和小数，对倍率为 1 的只抄录整数位（"截尾"）；需量用户正常抄表例日抄表应抄录上月最大需量值，变更特抄应抄录表计当前最大需量值。需量示数应抄录整数及后 4 位小数；对实行功率因数调整电费考核用户的无功电量按照四个象限进行抄录。

现场抄表，因用户原因未能如期抄表时，应通知用户待期补抄。对连续两次门闭后的用户，抄表员应在下一抄表日到来前，设法完成用户电能表的特抄工作，作为下次抄表的电量依据。

第三节 低压现场抄表（周期核抄）

一、制定周期核抄计划

根据抄表段属性定义的核抄周期、核抄事件制定核抄计划，进行数据准备工作；按抄表段例日为单位，进行计划制定和数据准备，核抄周期为 3 个月。

二、数据下载

下载核抄用户进抄表机，防止已下载未上传的抄表数据被覆盖；下载完成后，检查抄表机内下载数据是否正确，并进行抄表机时钟校对。

三、现场抄表

抄表员持抄表机现场抄表，周期核抄工作完成后，必须在抄表机上检查漏抄用户，并及时完成遗漏用户的核抄。抄表相关要求与第一节补抄相关内容一致。

认真核对抄表机内电能表资产编号与现场是否一致，确保数据正确。在确认计量装置完好并进行抄表红外校时，应检查现场是否存在违约用电行为。

四、抄表数据上传

将抄表机内的抄表数据上传。数据上传前，应确认所有抄表工作均已完成。抄表数据上传应在抄表日当天完成。

五、抄表数据复核

对抄表示数、抄见电量和档案信息进行校对。

六、核抄分析

自动抄表员按营销业务应用系统内核抄分析审核规则对上装后的核抄数据与实际核抄日当天采集系统数据进行比对分析。对电量偏差较大、日均用电量偏差较大、采集数据异常等问题用户下发异常处理流程，通知责任班组进行现场核实处理。

周期核抄流程图如图 3-2 所示。

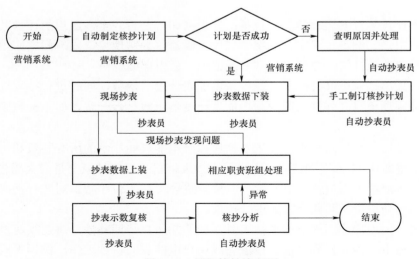

图 3-2 周期核抄流程图

第四节 低压用户差异化催费

一、差异化催费具体含义

借助用户标签库建设成果，以用户信用与电费风险标签为主要维度开展用户群体分析，按照低压用户"一类一策"开展差异化服务与催费策略。

二、差异化催费的用户信用等级内容

（1）根据国际通用的信用等级划分标准，并结合供电企业的实际情况，将电力用户信用等级划分为4类7段，分别为4A、3A、2A、A、B、C、D，评价标准应基本满足以下条件：

1）2A～4A级信用：连续12个月以上未发生窃电、违约用电、拖欠电费等未履行《供用电合同》的行为，并按约定采取分次结算、预付费控或提供存单质押、履约保函等电费风险履约保证措施，用户信息完整准确。

2）A级信用：连续12个月未发生窃电、违约用电、拖欠电费、支票退票等未履行《供用电合同》的行为，用户信息基本准确。

3）B级信用：连续12个月未发生窃电及违约用电行为，截至上月底累计欠费为零，连续12个月内发生1次拖欠电费的情况。

4）C级信用：连续12个月内无窃电行为，但有违约用电情况发生；连续12个月内发生2次及以上拖欠电费。

5）D级信用：连续12个月内存在窃电行为，或存在严重违约用电行为；连续12个月内发生6次及以上拖欠电费。

（2）根据信用等级评定结果，将现有用户分为守信用户、信用一般用户、不良信用用户三类，用户信用等级内容见表3-2。

表3-2　　　　　　　　　　　　用户信用等级内容表

类别	信用等级	发送告知书种类	电费通知		催费通知		停电通知		复电
			短信模板	发送方式及时间	短信模板	发送方式及时间	短信模板	发送方式及时间	
守信用户（4A～A级）	一年内无逾期交费记录的用户	无	具体详见《手机短信订阅电费信息常见问题应答（浙江）》中"三、手机电费短信类型、发送模板、发送日期及订阅和退订方式"—"1、电费通知类短信"	电费发行后短信通知	具体详见《手机短信订阅电费信息常见问题应答（浙江）》中"三、手机电费短信类型、发送模板、发送日期及订阅和退订方式"—"2、电费催费类短信"	逾期之日起发放纸质催费通知单；同时发送催费短信，逾期之日起每2天1次频率发送催费短信	具体详见《手机短信订阅电费信息常见问题应答（浙江）》中"三、手机电费短信类型、发送模板、发送日期及订阅和退订方式"—"5、停电类短信"	逾期之日加23天起，下发《欠费停电通知书》，并发送短信通知；通知7天后停电	优先复电
信用一般用户（B级）	一年内逾期交费1次的用户	《用电用户逾期交费告知书》		电费发行后短信通知，同时电费发行后7个工作日内电话告知		抄表日加15天后，发放纸质催费通知单；同时发送催费短信，未交清前2天1次频率发送催费短信		逾期之日加10天起，下发《欠费停电通知书》，并发送短信通知；通知5天后停电	需要办理预付费控、订阅催费短信等履约保证措施后当天复电

续表

类别	信用等级	发送告知书种类	电费通知		催费通知		停电通知		复电
			短信模板	发送方式及时间	短信模板	发送方式及时间	短信模板	发送方式及时间	

浙江省低压非居用户（注：舟山居民用户也适用）

| 不良信用用户（C、D 级） | 一年内逾期交费 2 次及以上的用户 | 《用电信用告知书》 | 具体详见《手机短信订阅电费信息常见问题应答（浙江）》中"三、手机电费短信类型、发送模板、发送日期及订阅和退订方式"—"1、电费通知类短信" | 电费发行后短信通知，同时电费发行后 3 个工作日内电话告知 | 具体详见《手机短信订阅电费信息常见问题应答（浙江）》中"三、手机电费短信类型、发送模板、发送日期及订阅和退订方式"—"2、电费催费类短信" | 抄表日加 10 天后，发放纸质催费通知单；同时发送催费短信，未交清前每天 1 次频率发送催费短信 | 具体详见《手机短信订阅电费信息常见问题应答（浙江）》中"三、手机电费短信类型、发送模板、发送日期及订阅和退订方式"—"5、停电类短信" | 逾期之日起下发《欠费停电通知书》，并发送短信通知；通知 3 天后停电 | 需办理预付费、质押、担保、保证金等履约保证措施后 24h 内复电 |

1）守信用户：信用等级 A 级及以上的用户。在一段时间内无违约用电、违法窃电行为，没有逾期交费以及拖欠电费情况，信用表现良好。

2）信用一般用户：信用等级 B 级的用户。在一段时间内无违约用电、违法窃电行为，偶尔逾期交费，信用表现一般。

3）不良信用用户：信用等级 C、D 级的用户。在一段时间内存在严重违约用电行为或违法窃电行为，经常逾期交费，信用表现较差。

催费通知单的模板样式见表 3-3～表 3-5。

表 3-3　　　　　　　　　《催交通知单》[守信用户（A 级）]

催交电费通知单存根

抄表顺序号：1

局号：

年月：　　　　201703

区页码：

户号：

户名：

截止日期：20170323

通知日期：2017-3-23

欠费金额：1285.5

通知人：

签收人：

催款电话：

电力机构柜台收费

 催交电费款通知单

供电单位：国网浙江省电力公司宁波供电公司

户号		户名	
地址			

陈欠电费（元）	本月电费（元）	合计欠费（元）
0.00	1285.50	1285.50

尊敬的用户：
　　可能是您的疏忽或者其他原因，贵户上述欠费至今尚未付清（若因本通知单送达时间与银行发送信息时间差的原因而通知错误时，谨请谅解），请您务必尽快交清电费，避免因逾期交费而引起停电，给您带来诸多不便。
　　特此通知，谢谢合作。

通知人：　　　　36 通知日期：2017-3-23

电力机构柜台收费 国网浙江省电力公司

表 3-4 《催交通知单》[信用一般用户（B级）]

催交电费通知单存根

抄表顺序号：345

局号：

年月： 201703

区页码：

户号：

户名：

截止日期：2017-03-23

通知日期：2017-3-23

欠费金额：485.60

通知人：

签收人：

催款电话：

电力机构柜台收费

STATE GRID 你用电·我用心 Your Power · Our Care

催交电费款通知单 95598

供电单位： 国网浙江省电力公司宁波供电公司

户号		户名	
地址			

陈欠电费（元）	本月电费（元）	合计欠费（元）
0.00	485.60	485.60

　　贵户上述欠费至今尚未付清，请您务必尽快交清电费，避免因逾期交费而引起停电，给您带来诸多不便。

　　贵户近12个月内累计逾期交费次数已达1次。如累计逾期交费次数达到两次及以上，您将会被列入不良信用用电客户名单，并将交费履约记录提交给政府、人民银行的征信系统，作为信用评价的依据。

　　请珍惜您的交费履约信用，按期交清电费，谢谢合作。

通知人： 43 通知日期 2017-3-23

电力机构柜台收费 **国网浙江省电力公司**

表 3-5 《催交通知单》[不良信用用户（C、D级）]

催交电费通知单存根

抄表顺序号：387

局号：

年月： 201703

区页码：

户号：

户名：

截止日期：2017-03-23

通知日期：2017-3-23

欠费金额：763.76

通知人：

签收人：

催款电话：

*************5071

构特约委托（浙江电子托收）

STATE GRID 你用电·我用心 Your Power · Our Care

催交电费款通知单 95598

供电单位： 国网浙江省电力公司宁波供电公司

户号		户名	
地址			

陈欠电费（元）	本月电费（元）	合计欠费（元）
701.96	61.80	763.76

　　贵户上述欠费至今尚未付清，请您务必尽快交清电费。

　　贵户近12个月累计逾期交费次数已达3次，违反了供用电合同义务和诚实守信的社会准则，已被列入不良信用用电客户名单，并将交费履约记录提交给政府、人民银行的征信系统，作为信用评价的依据。如贵户超过交费截止日仍未交费，将被中止供电，中止供电后必须办理履约保证措施方可复电。

　　请珍惜您的交费履约信用，按期交清电费，谢谢合作。

通知人： 43 通知日期 2017-3-23

************** 金融机构特约委托（浙江电子托收）

国网浙江省电力公司

欠费停电通知书的模板样式见图 3-3～图 3-5。

欠费停电通知

No.

用户：

贵户（户号：　　　　　　　　、地址：　　　　　　　　）

　　年　月电费　　　元，按合同约定应于　　年　月　日前交清，但您逾期未付。为此，本单位已于　　　年　月　日向您发出《催交电费通知单》，要求付清电费，但您至今仍未缴付。为此，现再次书面通知，请您务必在　　年　月　日前付清全部的欠交电费和电费滞纳的违约金，如逾期仍未付清，本单位将按《电力供应与使用条例》第三十九条规定，对贵户中止供电，特此通知。

国网宁波供电公司客户服务中心

年　月　日

回执：

用户签收：　　　　　　　　时间：

送达人：　　　　　　　　时间：

　　注：本通知送达应由用户签收。如用户拒绝签收，由送达人在回执上签字带回，即视为送达。

国网宁波供电公司客户服务中心

图3-3　欠费停电通知书［守信用户（A级）］

抄表顺序号：289

欠费停电通知单

_____ 用户：

　　贵户(户号：　　　　　地址：　　　　)

　　截至 2017 年 03月电费 6.58 元，按合同约定应于 2017 年 02 月 01 日前交清，本公司已向您发出《催交电费款通知单》， 但您至今仍未交费。 现再次书面通知， 请您务必在 2017 年 03 月28 日前付清全部的欠交电费和电费违约金，逾期仍未交清的我公司将中止供电。

　　贵户近12个月内累计逾期交费次数已达 1 次，我公司郑重告知您：

　　1.若近12个月累计逾期交费次数达到2次及以上将会被列入不良信用用电用户名单，您的交费履约记录将提交给政府、人民银行的征信系统作为信用评价的依据。

　　2.不良信用用电客户欠费停电后， 复电须到供电营业厅办理履约保证措施， 包括预付费(先付费后用电)、质押、担保、银行履约保函等。

　　请珍惜您的交费履约信用，按期交清电费，谢谢合作。

国网浙江省电力公司

2017 年03 月23 日

欠费停电通知单回执

(用电用户：　　　　用电户名：

用电地址：

　　　　签收人：　　　　　送达人：

　　　　　时间：　　　　　　时间：

　　注：本通知送达应由用户签收。如用户拒绝签收，可采取留置送达、邮寄送达等方式送达。

国网浙江省电力公司

图 3-4　欠费停电通知书［信用一般用户（B 级）］

抄表顺序号：387

欠费停电通知单

_____ 用户：

　　贵户（户号：　　　　　　　地址：

　　截至 2017 年 03 月电费 763.76 元，按合同约定应于 2017 年 01 月 25 日前交清，本公司已向您发出《催交电费款通知单》，但您至今仍未交费。　现再次书面通知，请您务必在 2017 年 03 月 26 日前付清全部的欠交电费和电费违约金，逾期仍未交清的我公司将中止供电。

　　贵户近12个月内累计逾期交费次数已达 3 次，您的行为已违反供用电合同约定的义务，同时也违背了诚实守信的社会准则。我公司郑重告知您：

　　1.您已被列入不良信用用电客户名单，您的交费履约信用将提交给政府、人民银行的征信系统作为信用评价的依据。

　　2.请您在上述交费截止日之前交清电费，逾期仍未交清的，我公司将中止供电。

　　3.复电时须到供电营业厅办理履约保证措施，包括预付费控（先付费后用电）、质押、担保、银行履约保函等。

　　请珍惜您的交费履约信用，按期交清电费，谢谢合作。

国网浙江省电力公司

2017 年 03 月 23 日

欠费停电通知单回执

（用电用户：　　　　　用电户名：

用电地址：

　　　　签收人：　　　　　　　送达人：

　　　　　时间：　　　　　　　　时间：

注：本通知送达应由用户签收。如用户拒绝签收，可采取留置送达、邮寄送达等方式送达。

国网浙江省电力公司

图 3-5　欠费停电通知书 [不良信用用户（C、D 级）]

第五节　低压现场催费

一、催费要求

催费责任部门应根据用户用电情况、交费情况、风险情况，分类制定电话催费、语音催费、短信催费、现场催费、跟踪催费、驻厂催费等个性化催费策略，对已经发生欠费的用户进行持续跟踪分析，制定和落实具体催收措施。

欠费催交措施包括：严格执行电费违约金制度、实行限荷供电、按程序进行停电催收电费、实施司法救济催收电费。

用户的电费催收人员应相对固定，催费责任人发生变更时，应办理交接手续。催费责任人负责制订催费计划。

催费人员应在逾期交费日后 2 天内，对逾期未缴电费的用户通过电话、短信、上门、送达催交电费通知单等形式进行催费。

二、现场催费前准备

1. 着装要求

安全帽，工作服，棉纱手套、绝缘鞋，佩戴工作证。

2. 精神面貌

精神饱满、面无倦容，无不良情绪。禁止饮用酒类饮料。

3. 催费通知单

提前打印欠费用户催费通知单。

三、现场作业

1. 车辆规定

（1）车辆到达用户单位或小区，应遵守用户进（出）入登记制度。

（2）主动向门卫说明来意，并出示工作证件，经对方同意后，方可驾车进去。

（3）停放车辆时，自觉整齐停放在规定车位。

注意：车辆进入用户单位或小区不得鸣喇叭，不得影响用户的正常工作生活秩序。车辆应按规定的行驶路线限速行驶，不得逆行，不得挤占人行道。

2. 敲门入户

敲门时：轻敲 3 下，若无回答，间隔 3～5s 后再敲，不宜超过 3 次。敲门力度适中，严禁砸门或踢门。

按门铃时：轻按门铃，若无回答，等待 10s 再按，不宜超过 3 次。严禁连续长时间按门铃。

3. 现场催费

（1）与用户见面后，根据用户需要进行必要的解释工作。如不能当场解决，应告知用户拨打供电服务热线 95598。

（2）遇用户情绪激动时，应先安抚用户情绪，再处理事情，避免与用户发生争执。

（3）对无法直接送达催费通知单的闭门户，放在合适位置（如用户的信箱等），或通过社区服务部门转交等方式通知用户，同时要结合电话催收。

（4）拒绝签收的，可通过公证送达、挂号信等方式让用户签收。

四、欠费跟踪

对催交电费通知单发出后还未交费的用户进行再次催费。

跟踪欠费时要及时了解用户欠费原因，如非用户原因引起的欠费，应及时向用户解释，取得谅解。

对因经营困难一时无法支付电费的欠费用户，应要求用户制定欠费还款计划，并按照还款计划定时进行催交；对历史陈欠电费应做好跨年度电费债权的确认工作；已经核销的电费呆坏账，应继续做好追偿工作。

第六节　低压欠费停电

一、停电流程图

欠费停电管理流程图如图 3-6 所示。

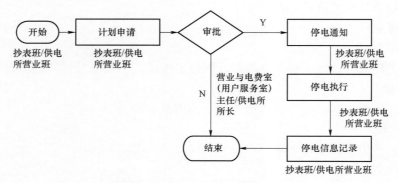

图 3-6　欠费停电管理流程图

欠费复电管理流程图如图 3-7 所示。

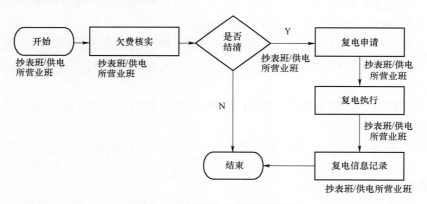

图 3-7　欠费复电管理流程图

对逾期未交清电费，且自逾期之日起计算超过 30 日，经催交仍未交清电费的用户可实施中止供电。逾期之日指约定交费截止日次日。

催费责任班组应提前发起欠费停电申请。欠费停电流程经审批同意后方可实施停电。

欠费停电程序一般按照如下流程进行：

（1）催费责任班组应提前发起欠费停电申请，经审批后，打印欠费停电通知单。

（2）欠费停电通知单应至少提前 7 天送达用户，并请用户签收。对重要用户的停电，应将欠费停电通知单报送上一级电力管理部门。通知单存根应妥善保管。

（3）正式实施停电前 30min，将停电时间再次通知用户，方可在通知规定时间实施停电。当用户缴清电费和电费违约金后，经确认后通知相关责任班组实施复电手续。

二、远程停电流程

智能交费用户远程停电流程主要包括流程发起、审批、通知、执行、复核和归档等环节。流程发起及审批时限为 3 个工作日，流程审批、通知、执行、复核及归档需在同 1 个工作日内完成。

（1）发起。当智能交费用户满足停电条件时，由系统自动或抄催责任人员手工发起远程停电流程。

（2）审批。审批人员对停电用户清单进行逐户审批，审批人员需由班组长及以上层级人员担任。

（3）通知。停电流程审批通过后，抄催责任人员通过电话或短信等方式向智能交费用户发送停电通知，如用户需要书面通知的，同步发起书面送达流程。

（4）执行。抄催责任人员在停电通知发送或书面送达 30min 后进行远程停电操作，执行前应再次确认用户是否满足停电条件。

（5）复核。抄催责任人员通过营销系统反馈数据或用电信息采集系统（以下简称采集系统）召测数据复核执行结果，如停电执行成功，向用户发送已停电通知；如停电执行失败，进行现场停电派工。

（6）归档。远程停电流程复核通过后，系统自动对其进行归档。

三、现场停电流程

智能交费用户现场停电流程主要包括派工、执行、记录、复核及归档等环节。现场停电流程时限为 1 个工作日。

（1）派工。抄催责任人员对现场停电工单进行任务分发。

（2）执行。抄催责任人员执行现场停电前再次确认用户是否满足停电条件，如用户不满足停电条件，中止停电操作。现场停电操作前，应再次告知用户，原则上使用具备停复电功能的现场作业终端进行操作。

（3）记录。抄催责任人员将停电时间、停电人员、现场情况等信息填入现场工作单，并录入营销系统。

（4）复核。抄催责任人员根据营销系统或采集系统数据复核用户用电状态。

（5）归档。抄催责任人员将现场停电流程进行归档。复核未通过的，触发停复电设备运维流程发送至计量采集运维责任班组。

四、远程复电流程

智能交费用户远程复电流程主要包括流程发起、执行、复核及归档等环节。

（1）发起。智能交费用户满足复电条件后，营销系统实时发起远程复电流程并向现场表计发送合闸指令。

（2）执行。电能表根据合闸指令完成合闸动作并返回执行结果。

（3）复核。系统根据返回数据自动复核用户用电状态。

（4）归档。系统对复核通过的远程复电流程自动归档；复核未通过的，生成现场复电工单，并同步推送至供电服务指挥中心。

五、现场复电流程

智能交费用户现场复电流程主要包括派工、执行、回单、复核及归档等环节。现场复电流程必须在 8h 内完成。

（1）派工。抢修指挥责任人员对现场复电工单进行任务分发。

（2）执行。抢修责任人员执行现场复电操作。对于 2009 版标准的电能表，按复电按钮送电；无法通过按复电按钮送电的，原则上使用具备停复电功能的现场作业终端进行操作。对合闸开关等问题导致复电失败的表计，进行更换工作，严禁未经现场操作直接换表。

（3）回单。抢修责任人员将停电时间、停电人员、现场情况等信息填入抢修工单，完成工单回复。对于存在故障换表情况的，同步完成现场故障换表工单填写。

（4）复核。抢修指挥责任人员根据营销系统或采集系统数据复核用户用电状态。

（5）归档。抢修指挥责任人员将复核通过的工单内容反馈至营销系统归档；复核未通过的，与现场抢修人员电话确认后，触发停复电设备运维流程发送至计量采集运维责任班组。

第七节　低压电量电费退补

一、电量电费退补范围

国家电价政策调整时，应按政策规定及时补收或退还电费。发生下列情况时，应按规定及时发起电量电费退补：

（1）因用户违约用电、窃电引起的电量电费追补；

（2）因计费电能表故障、烧毁、停走、空走、快走、电能表失压、不停电调表、电能表接线错误等引起的电量失准；

（3）因采集故障、抄表差错、计费参数错误等引起的电量或电费异常；

（4）因在业扩流程安装信息录入环节未正确录入电能表示数引起的拆表差错；

（5）因营销业务应用系统程序不完善引起的电量电费差错；

（6）因其他原因引起的电量电费退补。

二、退补方案确定和录入

责任班组班长确定退补方案并录入营销业务应用系统。电量电费退补流程应详细填写退补原因、责任人（部门）、退补理由及依据、退补起讫时间、详细计算过程等内容，正确选择退补差错类型，填写内容必须与机外纸质审批单内容一致。

三、电量电费退补方案制定

（1）电量电费退补由异常发现部门（班组）提出，用联系单的方式，经部门（班组）负责人签发后，提交电量电费退补申请班组，由其开展电量电费退补工作。

（2）电量电费退补申请班组在接到联系单后，电量电费退补申请人应根据以下原则完成电量电费退补方案的编制工作：

1）因违约用电、窃电引起的电量电费退补，应按照《供电营业规则》及相关规定，提出退补电量电费的依据和退补方案；

2）因计量装置故障、烧毁、停走、空走、快走、电能表失压、不停电调表、电能表接线错误等引起的电量电费退补，应根据计量检定结论，确定电量电费退补方案；

3）因采集故障、抄表差错等引起的电量电费退补，应按现场电能表抄见示数确定电量电费退补方案；

4）因业扩流程安装信息录入环节电能表示数错误引起的电量电费退补，经现场核实后，应按实际电能表示数确定电量电费退补方案；

5）因电价执行错误等引起的电费退补，应按正确与错误电价进行全退全补；

6）因国家电价政策调整引起的电费退补，应按国家电价政策文件执行日的特抄数据进行电费退补。

四、退补审核与审批

电费核算班对退补方案进行审核，并确保纸质审批单与系统退补信息一致，审核未通过则流程结束。

退补审批流程如下：

（1）营业及电费室/业务管理室主任进行一级审批，审批不同意则流程结束；审批同意后，如果退补金额为1千元及以上转到二级审批，否则跳转到电费核算班进行退补电费发行。

（2）用户服务中心主任进行二级审批，审批不同意流程结束；审批同意后，如果退补金额为5万元及以上转到三级审批，否则跳转到电费核算班进行退补电费发行。

（3）分管领导进行三级审批，审批不同意流程结束。

退补电费发行流程如下：

（1）电费核算班对审批同意的退补电量电费进行发行。流程结束。

（2）电量电费退补审批单应由电费核算班集中管理，按月装订归档，以备日后查验。

第八节　智能交费模式推广与应用

一、智能业务介绍

智能交费是指应用互联网技术，实现电费账户可用余额自动测算、余额不足自动提醒、停复电指令远程发送的一种电费计收方式。

智能交费业务由用户选择提醒金额、充值金额和充值方式。业务办理成功后，电费计算按照您每日用电的电量计算出每日电费。当用户的电费账户可用余额小于其选定的提醒金额时，系统将发送短信或App消息提醒用户。若用户选择的充值方式是代扣，则根据充值金额自动发起代扣充值；若用户选择的充值方式不是代扣，则由用户自行交费充值。用户可通过多种渠道查询、掌握自家的电费账户可用余额情况，以保证电费账户余额充足，有效避免意外欠费停电的困扰。

（1）当天办理智能交费成功后，将从次日开始进行电费计算。

（2）提醒金额、充值金额和充值方式可在供选择的范围内自由调整，建议充值金额大于等于一个月电费。

（3）当电费账户可用余额小于提醒金额时，会发送短信或App消息提醒用户，用户在收到提醒后，请尽快充值；当电费可用余额小于零时，会发送停电通知，建议用户在收到停电通知后尽快充值，避免停电。

二、电 e 宝、支付宝交费页面各字段关系

$$可用余额＝账户余额－往期欠费（已出账）－本期欠费（未出账）$$

式中：账户余额为户号下的实际预收余额；往期欠费（已出账）为各月未结清的已发行电费（含违约金）；本期欠费（未出账）为本月测算电费。

三、智能交费相关系统规则与逻辑

1. 电 e 宝、支付宝交费页面上充值金额的推荐逻辑

充值金额默认值由系统进行推荐，用户在此基础上仍可修改，但不可低于最小值。逻辑表如表 3-6 所示。

表 3-6 电 e 宝、支付宝交费页面上充值金额的推荐逻辑表

场景	充值金额推荐值	最小充值
可用余额大于提醒金额，未触发提醒，未欠费	签约协议充值金额－可用余额（若该值小于零则不推荐）	0
可用余额小于提醒金额但大于零，触发提醒，未欠费	签约协议充值金额	0
可用余额小于零，触发提醒，已欠费	签约协议充值金额＋往期欠费＋本期欠费	可用余额绝对值

2. 电费测算

系统每日凌晨进行电费测算（0:15 开始，持续 2h 左右全省用户测算完毕）。

系统先根据采集系统数据计算电费，再进行基准比较（判断可用余额所处的状态），然后根据基准比较的结果选择执行预警策略或停电策略。

测算电费的数值在次日凌晨执行测算前保持同一个数值。

3. 基准比较

系统在每日凌晨例行测算时或账户余额发生变动时（用户充值等）会进行基准比较。账户余额发生变动时的基准比较不会重新计算电费，测算电费的数值会使用凌晨计算的数据。

基准比较属于电费测算的一个环节，即判断可用余额所处的状态。若可用余额小于提醒金额但大于零时，则应用预警策略（包含发送短信，发起扣款等动作）；若可用余额小于零，则应用停电策略（包含发送短信，发起扣款等动作）。

预警策略只有当可用余额从大于提醒金额到小于提醒金额的状态变化当天应用一次；停电策略则会在可用余额小于零的每天都应用一次。

4. 代扣关系

智能交费办理的代扣属于预付费代扣，与后付费代扣属于两种路径，所以办理预付费代扣并不会覆盖后付费代扣。存在预付费代扣关系的用户会优先进行预付费代扣，若预付费代扣一直不成功，则当电费发行后会进行后付费代扣。

每个用户的后付费代扣只能存在一种代扣关系，如果要办理新的后付费代扣，需将旧的后付费代扣关系解除。

支付宝中可办理预付费代扣和后付费代扣。

5. 计划结算电费

对于智能交费业务，计划结算电费是为了实现用户能够去银行、自助缴费终端等渠道（这些渠道接口改造困难）进行预付费充值而存在的。计划结算电费的金额等于用户签订的充值金额。所以，当用户未签约智能交费时，不存在预付费充值的场景，不会有计划结算电费；当用户签约了智能交费，充值方式选择"××代扣"时，不存在去用户档案内银行交费渠道

预付费充值的场景，所以不会有计划结算电费；当用户签约了智能交费，充值方式选择"原有方式"时，会发起计划结算电费。该户号若存在银行代扣关系的，银行卡余额充足则计划结算电费会扣款成功；该户号若不存在银行代扣关系的，会在用户主动交费时查询到这笔计划结算电费，从而允许用户进行预付费充值，如表3-7所示。

表3-7　　　　　　　　　　　　　　计划结算电费情况表

序号	是否办理智能交费 （是否存在预付费扣款场景）	预付费 扣款方式	是否存在 银行代扣关系	计划结算电费情况
1	×	—	—	不存在计划结算电费
2		××代扣	—	不存在计划结算电费
3	√	原有方式	√	发起计划结算电费，用户签约代扣账户余额充足时扣款成功
4			×	发起计划结算电费但无法扣款成功，用户主动交费时会看到这笔电费

第九节　电　子　发　票

国家电网公司营销业务应用系统目前打印增值税发票种类主要包括冠名发票（通用机打发票）、增值税专用发票两大类。其中，冠名发票又分为电费、货物销售两类，用于非一般纳税人的售电、营业收费、充值卡销售的开票，增值税专用发票用于一般纳税人的售电、营业收费的开票。

一、纳税人信息维护

业务受理人员接收并审查用户税务登记证复印件、一般纳税人资格证书复印件、账号等需要开具增值税发票所需的纳税人信息。通过用户联系信息、增值税信息维护与业务受理三个入口进行维护。

二、用户联系信息

（1）功能说明。通过用户联系信息查询、修改、保存用户的纳税人信息：增值税名、增值税号、增值税账号、增值税银行、注册地址、电话号码、开征起始日期、开征终止日期。

（2）操作说明。输入已有用户的户号，按回车键查询出相关信息，在"基本信息"页面的"用户增值税信息"一栏修改增值税名、增值税号、增值税账号、增值税银行、注册地址、电话号码、开征起始日期、开征终止日期（注意：增值税号必须为15或18或20位），点击【保存】按钮，如图3-8所示。

图3-8　用户联系信息操作页面图

三、增值税信息维护

（1）功能说明。通过增值税信息查询、修改、保存用户的纳税人信息：增值税名、增值税号、增值税账号、增值税银行、注册地址、电话号码、开征起始日期、开征终止日期。

（2）操作说明。在查询条件一栏输入用户编号，点击【查询】按钮。在"增值税信息变更"栏目中点击【修改】按钮对纳税人信息进行修改维护，点击【保存】按钮，如图3-9所示。点击【删除】按钮，若票据类型为增值税发票和国网增值税电子普通发票会提示"增值税信息不允许删除"，如图3-10所示。若票据类型选择除这两类以外的，点击【删除】按钮，会提示确认删除，点击【确定】按钮则删除该用户的增值税信息。如图3-11和图3-12所示。

图3-9　增值税信息维护操作页面图（1）

图3-10　增值税信息维护操作页面图（2）

图3-11　增值税信息维护操作页面图（3）

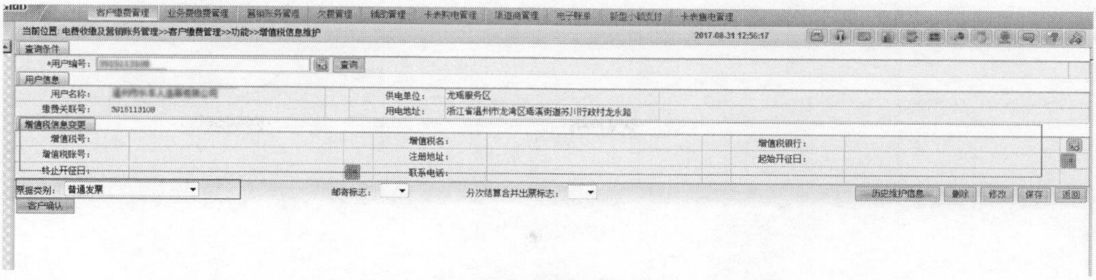

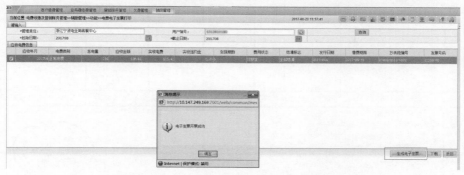

图3-12　增值税信息维护操作页面图（4）

四、业务受理

功能说明。业扩变更通过业务受理维护纳税人信息：增值税名、增值税号、增值税账号、增值税银行、注册地址、电话号码、开征起始日期、开征终止日期。

五、电子发票打印

1. 电费电子发票打印

（1）功能说明。针对用户已经结清电费开具增值税电子普通发票，查询生成电子发票情况，下载已生成电子发票的 PDF 文件。

（2）操作说明。进入"电费电子发票打印"页面，选择管理单位，输入用户编号以及电费年月，点击【查询】按钮。选择需要生成电子发票的一条记录，点击【生成电子发票】按钮，如图 3-13 所示，提示"电子发票开票成功"；如已经生成电子发票成功（注意：此时发票号码已经显示，直接点击【下载】按钮即可），则提示"电子发票已经开具，请核实"，如图 3-14 所示。之后点击【下载】按钮，选择打开或者保存 PDF 文件，如图 3-15 和图 3-16 所示。

图3-13　电费电子发票打印操作页面图（1）

图3-14　电费电子发票打印操作页面图（2）

图 3－15　电费电子发票打印操作页面图（3）

图 3－16　电费电子发票图

2. 业务费电子发票打印

（1）功能说明。针对通过业务费坐收结清业务费的用户，可以在此进行业务费电子发票的生成和下载。

（2）操作说明。在"业务费发票打印"Tab 页面输入申请编号、用户编号、费用确定时间等，按回车键查询需要打印的业务费信息，选择一条所需记录，点击【生成电子发票】按钮，如图 3－17 所示。点击【确认】按钮会自动下载，如图 3－18 所示。对于已经生成的，点击【生成电子发票】按钮，则会提示"电子发票已经开具，请核实！"，点击【下载】按钮即可。业务费电子发票如图 3－19 所示。

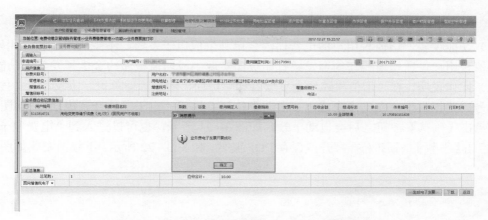

图 3-17　业务费电子发票打印操作页面图（1）

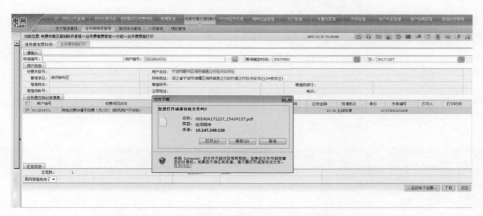

图 3-18　业务费电子发票打印操作页面图（2）

图 3-19　业务费电子发票图

3. 增值税违约金发票打印

（1）功能说明。增值税用户的电费违约金单独生成电子发票，不生成增值税专用发票。针对增值税用户，在增值税违约金发票打印页面实现生成增值税违约金电子发票的功能。

（2）操作说明。在"增值税违约金发票打印"页面，输入管理单位、应收年月、抄表段、用户编号、票据类型，点击【生成电子发票】按钮，提示"电子发票开票成功"，如图3-20所示。点击【确认】按钮之后会自动下载，如图3-21所示，也可以进入到"电费电子发票"页面，点击【下载】按钮，选择打开或保存PDF文件，如图3-22所示。下载的发票如图3-23所示。

图3-20 增值税违约金发票打印操作页面图（1）

图3-21 增值税违约金发票打印操作页面图（2）

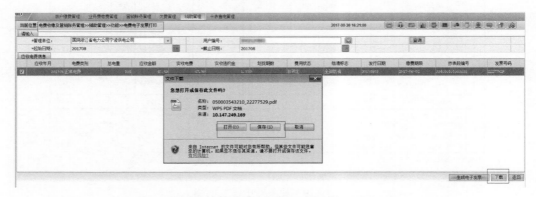

图3-22 增值税违约金发票打印操作页面图（3）

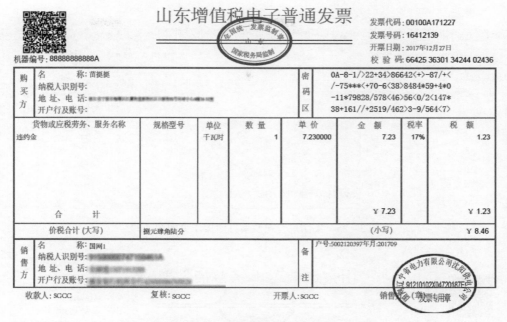

图 3-23 增值税违约金发票图

4. 集团户普通发票打印

（1）功能说明。集团户普通用户发票打印支持合并开票，所有集团户子户的电费数据合并为一张开票元数据，如超过开票上限则拆分元数据为多张发票，从而实现集团户普通发票的查询、生成和下载功能。

（2）操作说明。进入"集团户普通发票打印"页面，输入应收年月和用户编号，点击【查询】按钮；选择一个所需的记录，点击【生成电子发票】按钮，提示"电子发票开票成功"如图 3-24 所示；点击【确认】按钮之后会自动下载，如图 3-25 所示。若提示"没有符合开票的应收记录，请核查！"，则说明已经生成了。之后点击【下载】按钮，选择打开或保存PDF 文件。下载的发票如图 3-26 所示。

图 3-24 集团户普通发票打印操作页面图（1）

图 3-25　集团户普通发票打印操作页面图（2）

图 3-26　集团户普通发票图

5. 临时接电费结转收入发票打印

（1）功能说明。针对临时接电费结转收入的用户，可以在此进行临时接电费结转收入发票的生成和下载。

（2）操作说明。在"业务费结转收入发票打印"页面，输入用户编号、结转收入时间按回车键查询相关的信息记录，勾选其中一条所需的记录，点击【生成电子发票】按钮，提示"业务费电子发票开票成功"，如图 3-27 所示。点击【确认】按钮后会自动下载，如图 3-28所示。也可以点击【下载】按钮，选择打开或保存 PDF 文件。下载的发票 PDF 文件如图 3-29所示。

图 3-27 临时接电费结转收入发票打印操作页面图（1）

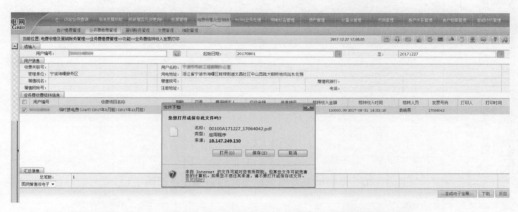

图 3-28 临时接电费结转收入发票打印操作页面图（2）

图 3-29 临时接电费结转收入发票图

6. 电费电子发票单户合并开票

（1）功能说明。单个用户已经结清电费时，可进行跨月合并生成增值税电子普通发票，查询单户合并开票情况，下载已生成电子发票的文件。

（2）操作说明。进入"电费电子发票打印"页面，选择管理单位，输入用户编号、起始日期和截止日期（可以跨月输入日期），点击【查询】按钮。在"应收电费信息"Tab页选择两条及以上电费结清的记录，点击【生成电子发票】按钮，如图3-30和图3-31所示，提示"电子发票开票成功"；如已生成电子发票的则会提示"电子发票已经开具，请核实"，也可以通过应收电费信息中发票号码的显示来判断，此时只需点击【下载】按钮，点击【保存】按钮即可。

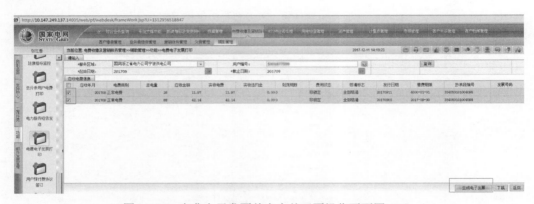

图3-30　电费电子发票单户合并开票操作页面图（1）

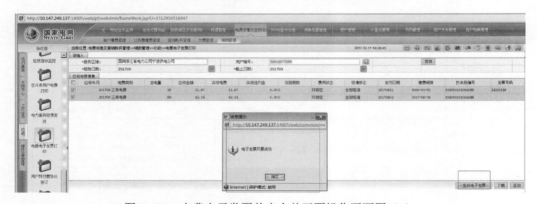

图3-31　电费电子发票单户合并开票操作页面图（2）

7. 电子发票冲红

（1）功能说明。由于电子发票没有作废和取消打印功能，若用户发票核对有误时只能通过电子发票冲红处理。参照原票据状态维护中的冲红功能，新增电子发票冲红页面，处理电子发票的冲红业务。

（2）操作说明。在"电子发票冲红"界面，输入管理单位、用户编号、开票类别、开票日期等，点击【查询】按钮；然后选择相应的一条记录，点击【冲红】按钮。选择蓝票或红票，点击【下载】按钮，可以下载原票或者红字电子发票，如图3-32所示。

图 3-32 电子发票冲红操作页面图

8. 充值卡

（1）充值卡电子发票开具。

1）功能说明。充值卡电子发票在充值卡系统打印，查询、生成电子发票、下载已生成电子发票的 PDF 文件。

2）操作说明。在充值卡电子发票开具界面，输入管理单位、起始卡号、截止卡号、售卡人、补打方式信息，点击【查询】按钮，查看"充值销售信息"一栏的显示记录。选择票据状态为"未打印"的记录，在用户名称一栏输入需要充值的户号，点击【电子发票打印】按钮后，提示"电子发票开票成功"，如图 3-33 所示。点击【确定】按钮后自动下载电子发票PDF 文件。

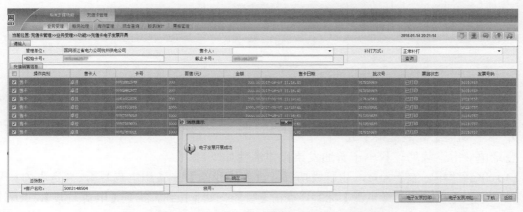

图 3-33 充值卡电子发票开具操作页面图

（2）充值卡电子发票冲红。

1）功能说明。由于充值卡电子发票同样没有作废和取消打印功能，若用户发票核对有误时只能通过充值卡电子发票冲红处理。

2）操作说明。在充值卡电子发票冲红界面，输入管理单位、用户编号、开票起始和终止日期、开票状态、起始号码和截止号码信息，点击【查询】按钮，查看充值卡电子发票开具情况。选择票据状态为"已打印"的记录，点击【冲红】按钮，若提示"电子发票冲红成功"，

全能型供电所人员（台区经理）工作实务

如图3-34所示。

也可以在充值卡电子发票开具界面选中票据状态为"已打印"的记录，点击右下角的【电子发票冲红】按钮，提示"电子发票冲红成功"，如图3-35所示。点击【确定】按钮后可自动下载电子发票冲红的PDF文件。

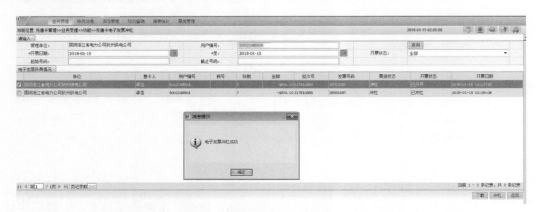

图3-34　充值卡电子发票冲红操作页面图（1）

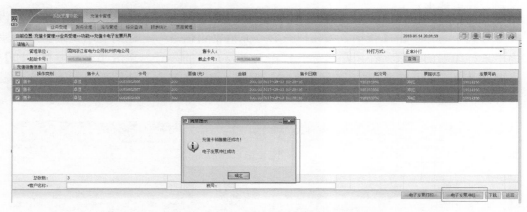

图3-35　充值卡电子发票冲红操作页面图（2）

9. 增值税电子普通发票下载

登录电e宝下载增值税电子普通发票操作流程如下：

（1）下载"电e宝"App，注册成功后，进入【我的】→【用电户号】，绑定电力户号；

（2）进入电e宝主页【生活】标签，点击【智能交费】按钮，找到【电费发票】，点击【去开票】按钮，即可成功开票；

（3）开票成功后点击【已开票】按钮，即可查看当前所开电费的电子发票页面，点击【分享至微信】按钮可分享给微信好友；点击【电子发票预览】按钮可查看预览电子发票；点击【保存到本地】按钮可保存电子发票图片至手机相册。

第四章

装 表 接 电

根据 DL/T 448—2016《电能计量装置技术管理规程》规定：低压供电，计算负荷电流为 60A 及以下时，宜采用直接接入电能表的接线方式；计算负荷电流为 60A 以上时，宜采用经电流互感器接入电能表的接线方式。选用直接接入式的电能表其最大电流不宜超过 100A。

第一节　单相电能计量装置和采集设备安装

一、安装接线图

单相有功电能表直接接入式＋采集 GPRS 通信模式接线图如图 4−1 所示，经电流互感器接入式＋采集 GPRS 通信模式接线图如图 4−2 所示。

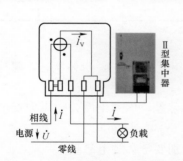

图 4−1　单相有功电能表直接接入式＋
采集 GPRS 通信模式接线图

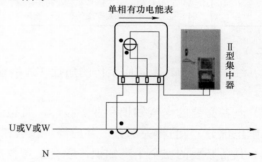

图 4−2　单相有功电能表经电流互感器接入式＋
采集 GPRS 通信模式接线图

单相有功电能表直接接入式＋采集电力载波模式接线图如图 4−3 所示，经电流互感器接入＋采集电力载波模式接线图如图 4−4 所示。

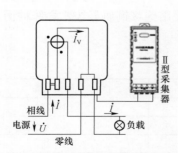

图 4−3　单相有功电能表直接接入式＋
采集电力载波模式接线图

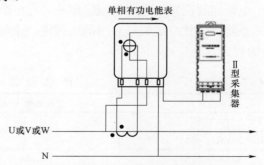

图 4−4　单相有功电能表经电流互感器接入式＋
采集电力载波模式接线图

二、劳动组织及人员要求

（一）劳动组织

电能表安装人员类别、职责和数量见表 4-1。

表 4-1　　　　　　　　　　电能表安装人员类别、职责和数量

序号	人员类别	职　责	作业人数
1	工作负责人	（1）正确安全地组织工作。 （2）负责检查工作票所列安全措施是否正确完备、是否符合现场实际条件，必要时予以补充。 （3）工作前对班组成员进行危险点告知。 （4）严格执行工作票所列安全措施。 （5）督促、监护工作班成员遵守电力安全工作规程，正确使用劳动防护用品和执行现场安全措施。 （6）工作班成员精神状态是否良好，变动是否合适。 （7）交代作业任务及作业范围，掌控作业进度，完成作业任务。 （8）监督工作过程，保障作业质量	1人
2	专责监护人	（1）明确被监护人员和监护范围。 （2）作业前对被监护人员交代安全措施，告知危险点和安全注意事项。 （3）监督被监护人遵守电力安全工作规程和现场安全措施，及时纠正不安全行为。 （4）负责所监护范围的工作质量、安全	根据作业内容与现场情况确定是否设置
3	工作班成员	（1）熟悉工作内容、作业流程，掌握安全措施，明确工作中的危险点，并履行确认手续。 （2）严格遵守安全规章制度、技术规程和劳动纪律，对自己工作中的行为负责，互相关心工作安全，并监督电力安全工作规程的执行和现场安全措施的实施。 （3）正确使用安全工器具和劳动防护用品。 （4）完成工作负责人安排的作业任务并保障作业质量	根据作业内容与现场情况确定

（二）人员要求

（1）经医师鉴定，无妨碍工作的病症（体格检查每两年至少一次）；身体状态、精神状态应良好。

（2）具备必要的电气知识和业务技能，且按工作性质熟悉《国家电网公司电力安全工作规程（配电部分）》的相关部分，并应经考试合格。

（3）具备必要的安全生产知识，学会紧急救护法，特别要学会触电急救。

（4）熟悉本工作，并经上岗培训、考试合格。

三、接线规则

DL/T 825—2002《电能计量装置安装接线规则》要求：

（1）按待装电能表端钮盒盖上的接线图正确接线。

（2）电源相线应接在电能表端子座第一孔电流线路中。

（3）直接接入式电能表装表用的电源进、出线，应采用绝缘铜质导线，导线截面应符合表 4-2 的规定。

表 4-2　　　　　　　　　　导　线　截　面　选　择

负荷电流 I	导线截面（mm²）	线径规格
20A 以下	4	1/2.25
20A≤I<40A	6	1/2.76
40A≤I<60A	10	7/1.38
60A≤I<80A	16	7/1.78
80A≤I<100A	25	7/2.25

（4）采用合适的螺丝批，拧紧端钮盒内所有螺丝，确保导线与接线柱间的电气连接可靠。

（5）电能表应牢固地安装在电能表箱体内。

（6）经互感器接入式电能表装表用的电压线应采用导线截面为 2.5mm² 及以上的绝缘铜质单芯导线；装表用的电流线应采用导线截面为 4mm² 的绝缘铜质单芯导线。

（7）若低压电流互感器为穿芯式时，应采用固定单一变比量程，以防止发生互感器倍率差错。

四、安装前的准备工作

低压台区经理接到装接工单后，应做以下准备工作：

（1）核对工单所列的计量装置是否与用户的供电方式和申请容量相适应，如有疑问，应及时向有关部门提出。

（2）凭工单到表库领用电能表、互感器，并核对所领用的电能表、互感器是否与工单一致。

（3）检查电能表的校验封印、接线图、检定合格证、资产标记是否齐全，校验日期是否在 6 个月以内，外壳是否完好。

（4）检查互感器的铭牌、极性标志是否完整、清晰，接线螺丝是否完好，检定合格证是否齐全。

（5）检查所需的材料及工具、仪表等是否配足带齐。

（6）电能表在运输途中应注意防震、防摔，应放入专用防震箱内；在路面不平、震动较大时，应采取有效措施减小震动。

五、电能表、电流互感器安装技术要求

（一）电能表的安装场所要求

（1）周围环境应干净明亮，不易受损、受震，无磁场及烟灰影响。

（2）无腐蚀性气体、易蒸发液体的侵蚀。

（3）运行安全可靠，抄表读数、校验、检查、轮换方便。

（4）电能表原则上装于室外的走廊、过道内及公共的楼梯间，或装于专用配电间内（2楼及以下）。高层住宅一户一表宜集中安装于 2 楼及以下的公共楼梯间内。

（5）装表点的气温应不超过电能表标准规定的工作温度范围（对 P、S 组别为 0～+40℃；对 A、B 组别为−20～+50%）。

（二）电能表的一般安装规范

（1）电能表的安装高度：对计量屏应使电能表水平中心线距地面 0.6～1.8m；对安装于墙壁的计量箱，电能表水平中心线距地面宜为 1.6～2.0m。

（2）装在计量屏（箱）内及电能表板上的开关、熔断器等设备应垂直安装，上端接电源，下端接负荷；相序应一致，从左侧起排列相序为 U、V、W 或 u（v、w）、N。

（3）电能表的空间距离及表与表之间的距离均不小于 10cm。

（4）电能表安装必须牢固垂直，每只表所有的固定孔须采用螺栓固定，表中心线向各方向的倾斜度不大于 10°，与计量柜（箱）壳体倾斜度不得超过 3°。

单相电能表安装实例见图 4−5 和图 4−6。

（5）JB/T 5467—1991《交流有功和无功电能表》规定：对在正常条件下连接到对地电压超过 250V 的供电线路上，外壳是全部或部分用金属制成的电能表，应该提供一个保护端。因此，单相 220V 电能表一般不设接地端。

| 图 4-5 单相表安装实例 1 | 图 4-6 单相表安装实例 2 |

（6）在多雷地区，计量装置应装设防雷保护，如采用低压阀型避雷器。当低压配电线路受到雷击时，雷电波将由接户线引入屋内，危害极大。最简单的防雷方法是将接户线入户前的电杆绝缘绝缘子铁脚接地，这样当线路受到雷击时，就能对绝缘的绝缘子铁脚放电，把雷电流泄掉，从而使设备和人员不受高电压的危害。在多雷地区，安装阀型避雷器或压敏电阻较为适宜。

（7）在装表接电时，必须严格按照接线盒内的图纸施工。对无图纸的电能表，应先查明内部接线。现场检查的方法可使用万用表测量各端钮之间的电阻值，一般电压线圈阻值在千欧级，而电流线圈的阻值近似为零。若在现场难以查明电能表的内部接线，应将表退回。

（8）在装表接线时，必须遵守以下接线原则：

1）单相电能表必须将相线接入电流线圈；

2）电能表的零线必须与电源零线直接连通，进出有序，不允许相互串联，不允许采用接地、接金属外壳等方式代替；

3）进表导线与电能表接线端钮应为同种金属导体。

（9）进表线导体裸露部分必须全部插入接线盒内，并将端钮螺丝逐个拧紧。线小孔大时，应采取有效的补救措施。带电压连接片的电能表，安装时应检查其接触是否良好。

（三）电流互感器的安装

低压电流互感器的安装一般应遵循以下安装规范：

（1）电流互感器安装必须牢固，互感器外壳的金属外露部分应可靠接地。

（2）同一组电流互感器应按同一方向安装，以保证该组电流互感器一次及二次回路电流的正方向均为一致，并尽可能易于观察铭牌。

（3）采用经互感器接入方式时，各元件的电压和电流应为同相，互感器极性不能接错。否则电能表计量不准，甚至反转。

（4）电流互感器二次侧不允许开路，双次级互感器只用一个二次回路时，另一个次级应可靠短接。

（5）低压电流互感器的二次侧不宜接地。这是因为低压计量装置使用的导线、电能表及互感器的绝缘等级相同，可能承受的最高电压也基本一致；另外二次绕组接地后，整套装置一次回路对地的绝缘水平会下降，易使有绝缘弱点的电能表或互感器在高电压作用时（如受感应雷击）损坏。另外，从减小遭受雷击损坏方面考虑，也以不接地为佳。

（四）二次回路的安装

（1）电能计量装置的一次与二次接线，必须根据批准的图纸施工。二次回路应有明显的标志，最好采用不同颜色的导线。二次回路走线要合理、整齐、美观、清楚。对于成套计量装置，导线与端钮连接处，应有字迹清楚、与图纸相符的端子编号排。

（2）二次回路的导线绝缘不得有损伤，不得有接头，导线与端钮的连接必须拧紧，接触良好。

（3）低压计量装置的二次回路连接方式：

1）每组电流互感器二次回路接线应采用分相接法。

2）电压、电流回路的U、V、W各相导线应分别采用黄、绿、红色线，中性线应采用黑色线或采用专用编号电缆。

3）电压、电流回路导线均应加装与图纸相符的端子编号，导线排列顺序应按正相序（即黄、绿、红色线为自左向右或自上向下）排列。

4）经电流互感器接入的低压三相四线电能表，其电压引入线应单独接入，不得与电流线共用。电压引入线的另一端应接在电流互感器一次电源侧，并在电源侧母线上另行引出，禁止在母线连接螺丝处引出。电压引入线与电流互感器一次电源应同时投切。

（五）零散居民户和单相供电的经营性照明用户电能表的安装要求

（1）电能表一般安装在户外临街的墙上，临街安装确有困难时，可安装在用户室内进门处。装表点应尽量靠近沿墙敷设的接户线且便于抄表和巡视的地方。电能表的安装高度，应使电能表的水平中心线距地面1.8～2.0m。

（2）专用电能表箱应由供电公司统一设计，其作用为：① 保护电能表；② 加强封闭性能，防止窃电；③ 防雨、防潮、防锈蚀、防阳光直射。

（3）电能表的电源侧应采用电缆（或护套线）从接户线的支持点直接引入表箱，电源侧不装设熔断器，也不应有破口和接头。

（4）电能表的负荷侧，应在表箱外的表板上安装瓷插式熔断器和总开关，熔体的熔断电流宜为电能表额定最大电流的1.5倍左右。

（5）电能表及电能表箱均应分别加封，用户不得自行启封。

（6）表箱进出线必须加装绝缘 PVC 套管保护，表箱进线不应有破口或接头，套管上端应留有滴水弯，下端应进入表箱内，以免雨水流入表箱内。单相电能表表箱安装实例见图4-7。

图4-7　单相表表箱安装实例

六、采集设备安装技术要求

（一）基于 GPRS 通信 II 型集中器方式的安装要求（主站＋II型集中器＋RS485 电能表）

（1）II 型集中器应垂直安装，用螺钉三点牢靠地固定在电能表箱或终端箱的底板上。金属类电能表箱、终端箱应可靠接地。

（2）外挂终端箱时，终端箱与电能表箱之间的 RS485 通信线缆的连接宜采用端子排并配管敷设。RS485 通信线缆与电源线不得同管敷设。

（3）II 型集中器安装位置应避免影响其他设备的操作，无线公网信号强度应满足通信要求，必要时可使用外置天线。

（4）Ⅱ型集中器接入工作电源需考虑安全，必要时采取停电措施。集中器电源与集中器之间应通过明显断开点的开关（不带跳闸功能）接入总电源。

（5）按接线图正确接入集中器电源线、RS485 通信线缆。在电能表上进行 RS485 通信线缆的连接时应采取强弱电隔离措施。

（6）RS485 通信线缆的选择和使用应满足有关规定。架空、直埋走线宜采用截面不小于 $0.5mm^2$ 带铠装、屏蔽、分色双绞多股铜芯线缆，并考虑备用；表箱间的连接宜采用 $2 \times 0.75mm^2$ 带屏蔽、分色双绞多股铜芯线缆；电能表间的连接宜采用 $2 \times 0.4mm^2$ 分色双绞单股铜芯线缆。

（7）楼层间需要进行 RS485 通信线缆连接的，应在墙面配 PVC 管。配管固定前，应预先穿好电缆线。直角弯时应加弯头连接。将配管用管卡固定在墙上。管卡间的距离不宜超过 30cm，配管固定牢固、美观。

（8）在配管有障碍或业主（物业）有其他要求的情况下，征得业主（物业）同意，现场还需穿孔或墙面、地面开槽。开挖深度应符合有关规定，施工结束后应将墙面、地面恢复原状。

（9）电能表箱间通过钢索进 RS485 通信线缆的连接时，RS485 通信线缆不应缠绕钢索走线。上、下钢索线时不应凌空飞线，对地距离应满足相关规定。出钢索的电缆线在外墙面和电能表箱之间应配管敷设，并固定牢固。

（10）利用穿线工具将 RS485 通信线缆通过地沟进行连接时，RS485 通信线缆在回拉过程中应无断点。

（11）电能表箱间通过管道井、桥架进行 RS485 通信线缆的连接时，布线完毕后，管道井、桥架的外盖及内部封堵应恢复原样，通信线应进行固定。如管道井到电能表箱间需配管的，应在 RS485 通信线缆外加套金属软管，并固定牢固。

（12）RS485 通信线缆采用穿管、线槽、钢索方式连接时，不得与强电线路合管、合槽敷设。与绝缘电力线路的距离应不小于 0.1m，与其他弱电线路应有有效的分隔措施。

（13）用户集中区域电能表之间 RS485 通信线缆宜以串接方式连接，RS485 通信线缆中间不宜剪断。用户分散区域电能表之间 RS485 通信线缆宜以放射和串接混合的方式连接，如图 4-8 所示。

（14）电能表箱间 RS485 通信线缆的连接宜采用端子排过渡，便于检修。

（15）末端表计与终端之间的电缆连线长度不宜超过 100m。

（16）RS485 通信线缆的屏蔽层应单侧可靠接地。

（17）RS485 通信线缆应用扎带或不干胶线卡固定，绑扎完毕后要剪掉扎带多余的尾线，导线捆扎和线束固定应牢固和整齐。

（18）RS485 通信线缆两端应使用电缆标牌或标识套进行对应编号标识。

（19）RS485 通信线缆接线正确、牢固，走线合理、美观，不得有金属外露及压皮现象。

（20）经工作负责人复查确认接线正确无误后，盖上电表、终端接线端钮盒盖，并加上封印，以防止非授权人开启。

（21）通电检查终端指示灯显示情况，观察集中器是否正常工作。

（22）检查无线类终端网络信号强度，必要时对天线进行调整，确保远程通信良好。

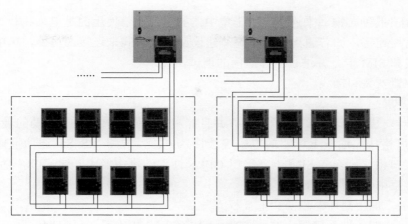

图 4-8 Ⅱ型集中器安装示意图

（二）基于电力载波模式的集中器、采集器安装要求（主站+Ⅰ型集中器+Ⅱ采集器）

集中器和采集器统称采集终端或集中抄表终端，在电力载波模式中集中器和采集器应具备自动中继和组网的能力。集中器与采集器之间的本地通信采用低压电力线载波方式，一般采用Ⅰ型集中器和Ⅱ型采集器，如图 4-9 所示。

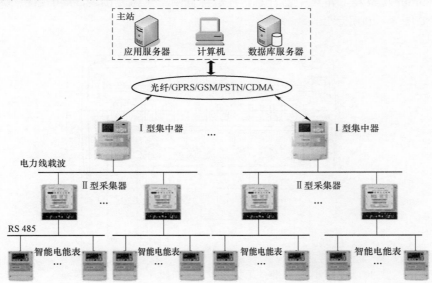

图 4-9 低压电力线载波采集模式示意图

Ⅰ型集中器一般安装在公用变压器计量箱内或公用变压器箱体内，具备下行通信信道电力线载波方式，上行通道信道支持 GPRS 无线公网。同时具备交流采集功能，采集公用变压器计量考核点电量信息。

Ⅱ采集器是用于采集多个电能表电能信息，并可与集中器交换数据的设备。其下行通信信道支持 RS485 方式，满足采集 12 只电能表负载能力；上行通信信道支持电力线载波通信方式，一般安装在计量箱内。

1. 集中器安装要求

（1）技术要求。集中器的主接线需要使用截面积不小于 2.5mm² 的硬芯铜线，一般选择

2.5mm² 或 4mm² 的硬芯铜线来连接。由于集中器的下行通信使用的是电力线载波，所以辅助端子一般不需要连接，如若通到特殊情况，建议使用信号线来连接。另外，集中器安装完毕后需要装天线和 SIM 卡，并进行上行通信的调试。

（2）集中器安装和接线。

1）安装要求：

① 集中器安装时应将接线端子拧紧，并且挂牢在坚固耐火、不易振动的墙壁或屏柜。

② 必须严格按照面板上标明的电压等级接入电压，并将 RS485 通信接口与电能表的 RS485 通信接口相连。安装 SIM 卡（采用 GPRS 通信的集中器应开通 GPRS 功能），设置相关参数，察看集中器工作是否正常。

③ 在端盖上加上封印，以防止非授权人开启。

④ 在原包装的条件下储存，叠放高度不超过 5 层，集中器在包装拆封后不宜储存。

⑤ 接线后应将端盖加上封印，建议将集中器的透明上盖也加上封印。

2）集中器接线。集中器接线方式为三相四线。为了保证载波的正常抄表，U、V、W（或A、B、C）及中性线都必须接入且牢固（可查看集中器测量点 1 的电压电流是否正常来判断）。安装时需注意卡的安装（卡紧）以及天线位置的摆放（信号强度达到通信要求：2 格以上）；装卡后等待 5min 观察左上角集中器标志，看是否有倒三角符号出现。集中器接线线径及布线尺寸示意图如图 4-10 所示。

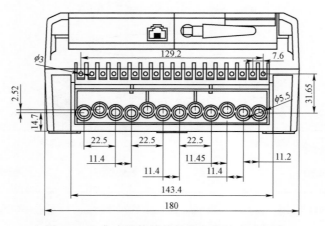

图 4-10　集中器接线线径及布线尺寸示意图

3）集中器的主接线端子。集中器的主接线端子为 1～12 号端子，用于提供集中器工作所需的电压及电流输入。若集中器不带本地交流模拟量输入功能（交流采集），则只需要为 2、5、8 号及 10 号端子提供三相电压输入即可。如若集中器具备本地交流模拟量输入功能，则需要接入电流线，集中器主接线端子示意如图 4-11 所示。

主接线端子功能为：1 号端子为 U 相电流输入；2 号端子为 U 相电压输入；3 号端子为 U 相电流输出；4 号端子为 V 相电流输入；5 号端子为 V 相电压输入；6 号端子为 V 相电流输出；7 号端子为 W 相电流输入；8 号端子为 w 相电压输入；9 号端子为 W 相电流输出；10 号端子为电压中性线，11 号与 12 号端子为备用端子，目前为公共地。

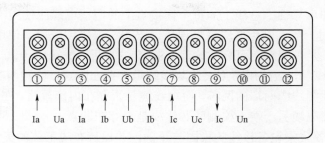

图4-11 集中器的主接线端子示意图

4）集中器的辅助接线端子。集中器的辅助接线端子为13～30号端子，主要功能是提供通信、12V输出及RS485接口，辅助接线端子示意如图4-12所示。

图4-12 集中器的辅助接线端子示意图

5）集中器的各接线端子。集中器的各接线端子定义见表4-3。

表4-3 集中器各接线端子定义

①	U相电流端子输入	⑪	电流中性线端子（预留）	㉑	备用端子
②	U相电压端子	⑫	电流中性线端子（预留）	㉒	备用端子
③	U相电流端子输出	⑬	遥信端子1+	㉓	备用端子
④	V相电流端子输入	⑭	遥信端子1-	㉔	备用端子
⑤	V相电压端子	⑮	遥信端子2+	㉕	RS485ⅢA
⑥	V相电流端子输出	⑯	遥信端子2-	㉖	RS485ⅢB
⑦	W相电流端子输入	⑰	4～20mA+	㉗	RS485ⅡA
⑧	W相电压端子	⑱	4～20mA+	㉘	RS485ⅡB
⑨	W相电流端子输出	⑲	12V+	㉙	RS485ⅠA
⑩	电压中性线端子	⑳	12V-	㉚	RS485ⅠB

2. 采集器安装要求

（1）技术要求：

1）采集器的主接线需要使用至少2.5mm²的硬芯铜线，由于采集器的上行使用电力线载波通信，下行使用的是RS485通信，所以采集器安装的主要接线是主接线和RS485接线。建议RS485使用专用的信号线（如黄绿两色线），以黄色连接RS485A通信接口，绿色连接RS485B通信接口，以免出现接线错误而造成通信失败。

2）RS485 接线应采用手牵手方式接线。星形连接和树形连接很容易造成信号反射，影响数据通信的稳定性和可靠性。总线上的每个连接点上的两根电缆应使用冷压头压接，不允许超过 2 根电缆接入同一节点以免形成星形连接。RS485 连接完成后请使用万用表测试采集器到每块电能表的连接是否安全、可靠，确保 RS485 线的两接线端口 A 与 B 之间没有短路。

3）使用线缆布线前，应使用万用表监测线缆是否存在断点，检测两芯电缆是否短路。用万能表电阻挡分别检测线缆两端的两芯，检测线缆是否存在内部短路。在一端短接电缆两芯，用万用表电阻挡连接电缆另一端，检测两芯线缆是否存在断点。

4）请务必确保各采集设备接线的稳固与正确，并保持布线工艺的美观。

（2）安装要求：

1）施工现场严格遵守各项规章制度，注意安全，做好安全保障，保持断电操作。

2）保证现场施工质量，如电源线、RS485 线正确可靠连接（转接口 4 根连接线颜色要对应，否则易造成设备损坏）。

3）做好施工记录（采集器地址、对应表地址、安装位置），并签字确认。

4）为减少后期维护，施工时做好调试确认工作，使用手持式数据采集器读取采集数据，核对搜到的表计地址是否与采集器连接的表计铭牌上地址一致。

（3）Ⅱ型采集器端子说明及接线方式和安装要求：

1）Ⅱ型采集器的电源端子、RS485 通信端子及其他端子设置情况见表 4-4，Ⅱ型采集器外形实物如图 4-13 所示。

表 4-4   采集器的各接线端子

接线端子	L（红色）	N（黑色）	A（黄色）	B（绿色）
功能标识	交流 220V 电源 L 相输入	交流 220V 电源 N 相输入	RS485 通信线 A	RS485 通信线 B

注意：相线、中性线不能接反。

2）采集器的 RS485 接线端子 A/B 要和表计的 RS485 接线端子 A/B 对应接入。

图 4-13   Ⅱ型采集器外形实物图

七、危险点分析及预防控制措施

危险点与预防控制措施见表 4-5。

表 4-5 危险点分析及预防控制措施

序号	防范类型	危 险 点	预防控制措施
1	人身触电与伤害	误碰带电设备	（1）在电气设备上作业时，将未经验电的设备视为带电设备。 （2）在高、低压设备上工作，应至少由两人进行，并完成保证安全的组织措施和技术措施。 （3）工作人员应正确使用合格的安全绝缘工器具和个人劳动防护用品。高、低压设备应根据工作票所列安全要求，落实安全措施。涉及停电作业的应实施停电、验电、挂接地线、悬挂标示牌后方可工作。工作负责人应会同工作票许可人确认停电范围、断开点、接地、标示牌正确无误。工作负责人在作业前应要求工作票许可人当面验电，必要时工作负责人还可使用自带验电器（笔）重复验电。 （5）工作票许可人应指明作业现场周围的带电部位，工作负责人确认无倒送电的可能。 （6）应在作业现场装设临时遮栏，将作业点与邻近带电间隔或带电部位隔离。作业中应保持与带电设备的安全距离。 （7）严禁工作人员未履行工作许可手续擅自开启电气设备柜门或操作电气设备。 （8）严禁在未采取任何监护措施和保护措施的情况下进行现场作业
		电源误碰	（1）工作负责人对工作班成员应进行安全教育，作业前对工作班成员进行危险点告知，明确带电设备位置，交代工作地点及周围的带电部位及安全措施和技术措施，并履行确认手续。 （2）相邻有带电间隔和带电部位，必须装设临时遮栏并设专人监护。在工作地点设置"在此工作"标示牌。 （3）核对装拆工作单与现场信息是否一致
		停电作业发生倒送电	（1）工作负责人应会同工作票许可人现场确认作业点已处于检修状态，并使用高压验电器确认无电压。 （2）确认作业点安全隔离措施，各方面电源、负载端必须有明显断开点。 （3）确认作业点电源、负载端均已装设接地线，接地点可靠。 （4）自备发电机只能作为试验电源或工作照明，严禁接入其他电气回路
		电能表箱、终端箱、电动工具漏电	（1）电动工具应检测合格，并在合格期内；金属外壳必须可靠接地，工作电源装有漏电保护器。 （2）工作前应用验电笔对金属电能表箱、终端箱进行验电，并检查电能表箱、终端箱接地是否可靠。 （3）如需在电能表、终端 RS485 口工作，工作前应先对电能表、终端 RS485 口进行验电
		使用临时电源不当	（1）接取临时电源时安排专人监护。 （2）检查接入电源的线缆有无破损，连接是否可靠。 （3）移动电源盘必须有漏电保护器
		短路或接地	（1）工作中使用的工具，其外裸的导电部位应采取绝缘措施。 （2）加强监护，防止操作时相间或相对地短路
		电弧灼伤	工作人员应穿绝缘鞋和全棉长袖工作服，并佩戴手套、安全帽和护目镜
		雷电伤害	雷雨天气禁止在室外进行天线安装作业
		电流互感器二次侧开路	加强监护，严禁电流互感器二次侧开路
		电压互感器二次侧短路	加强监护，严禁电压互感器二次侧短路
2	机械伤害	戴手套使用转动电动工具	使用转动电动工具时严禁戴手套
3	高处坠落	使用不合格登高用安全工器具	按规定对各类登高用器具进行定期试验和检查，确保使用合格的工器具

续表

序号	防范类型	危 险 点	预防控制措施
3	高处坠落	绝缘梯使用不当、未按规定使用双控背带式安全带	（1）使用前检查梯子的外观以及编号、检验合格标识，确认符合安全要求。 （2）应派专人扶持，防止绝缘梯滑动。 （3）梯子应有防滑措施，使用单梯工作时，梯子与地面的斜角度约为60°；梯子不得绑接使用；人字梯应有限制开度的措施；人在梯子上时，禁止移动梯子。 （4）高处作业上下传递物品时，不得投掷；必须使用工具袋并通过绳索传递，防止高处坠落。 （5）高处作业应按规定使用双控背带式安全带
4	设备损坏	接线时压接不牢固、接线错误导致设备损坏	加强监护和检查
		仪器仪表损坏	（1）仪器仪表应经检测合格，使用时应注意量程设定和使用规范。 （2）仪器仪表在运输、搬运过程中轻拿轻放，并采取防震、防潮、防尘措施。 （3）仪器仪表在安装、使用前应对其完好性进行检查
		设备材料运输、保管不善造成损坏、丢失	加强设备、材料管理
		工器具损坏或遗留在工作地点	正确使用工器具并规范管理，作业前后进行清点
5	其他伤害	作业行为不规范	（1）注意剥削导线时不要伤手，操作中要正确使用剥线、断线工具。使用电工刀时刀口应向外，要紧贴导线45°角左右切削。 （2）配线时不让线划脸、划手。 （3）使用仪表时应注意安全，避免触电、烧表伤害和电弧灼伤。 （4）使用有绝缘柄的工具时，必须穿长袖工作服，接电时戴好绝缘手套。 （5）作业前应认真检查周边环境，发现影响作业安全的情况时应做好安全防护措施。 （6）正确使用、规范填写电能计量装置装接作业票

八、安装与接电步骤

（一）人员组织

工作班成员至少 2 人，其中工作负责人 1 名、工作班成员 1 人。

（二）工作方式

人工停电安装。

（三）主要工器具

根据具体工作内容选择所需要的工具，如压接钳、万用表、500V 绝缘电阻表、相序表、剥线钳、钢锯、登高工具、冲击钻、小榔头、套筒扳手、铝合金梯子及个人工器具。

（四）工作程序

（1）办理装表接电工作票，按工作任务单要求到表库领取电能表，并正确运输到安装地点。

（2）检查电能表安装场所是否符合基本要求，如符合，工作负责人向工作班成员交代现场实地状况和具体实施方案，并详细交代安全措施及技术措施。

（3）按需要接好临时电源。

（4）按照确定的装表接电方案进行单相电能表安装，按下列顺序进行安装：

1）选择好电能表安装位置，确定电能表进出线长度。

2）根据负荷要求选择进出线绝缘导线截面，按所需长度锯断（或剪断）导线，并削剥导线线头。

3）连接非进出电能表的导线。

4）安装负荷侧电气控制设备。

5）悬挂电能表。

6）正确连接电能表进出线（先接负荷侧，后接电源测）。

7）工作负责人检查电能表接线，确认接线正确。

（5）检查并清理工作现场，确认工作现场无遗留的工器具、材料等物品。

（6）进行送电前的检查。核查安装的电能表、互感器是否与装表接电工作票所列一致；检查电能表、互感器接线是否正确；检查各接线桩头是否紧固牢靠，有无碰线的可能；安全距离是否足够；检查互感器安装是否牢固，其二次接线是否正确，互感器外壳铁芯是否按要求正确接地；检查电能表与专用接线盒接线是否正确，接线盒内短路片位置是否正确，连接是否可靠；检查有无工具等物件遗留在设备上。

（7）拉开负荷侧总开关，搭通电能表前保险器。

（8）搭接接户线电源（先搭中性线，后搭相线）。

（9）在电源搭接完成并检查合格后，进行送电试验检查（包括合上负荷总开关、带负荷检查）。检查内容如下：观察电能计量装置运行是否正常；用万用表（或电压表）在电能表端子接线盒内测量电压是否正常；带负荷后观察电能表脉冲信号等情况。必要时，用秒表测算电能表计量的准确性。

（10）按工作票及任务书要求抄录电能表、互感器的铭牌数据及电能表的起止度；同时将最大需量表指针调整为零值；对复费率电能表，并核对所示时间是否正确，以及峰、谷、平各时段是否设置整定正确。

（11）按要求对电能表及计量箱加装封印，并要求用户签认电能表封印完好表。应加装封印的部位有电能表端子接线盒、二次回路各接线端子盒以及计量柜（箱）门等。

（12）填写工作票上所列内容，并要求用户在工作票上签证，以及签认封印完好表。

（13）向表库清交电能表，并进行工作票传递至相关人员。

（五）安全注意事项

（1）电能表中性线必须与电源中性线直接接通，严禁采用接地接金属屏外壳等方式接地。

（2）工作时使用有绝缘柄的工具，并戴好绝缘手套和安全帽，必须穿长袖衣工作。

（3）登高作业应戴好安全帽，系好安全带，防止高处坠落；使用梯子作业时，应有专人扶护，防止梯子滑动，造成人员伤害。

（4）临时接入的工作电源须用专用导线，并装设有漏电保护器；电动工具外壳应接地。

（5）在多雷地区，应增装低压氧化锌避雷器或其他防雷保护。

第二节　三相四线电能计量装置（直接接入式）和采集设备安装

一、安装接线图

直接接入式三相四线电能表的接线原理图如图 4-14 所示。

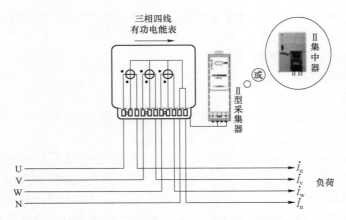

图4-14 直接接入式三相四线电能表接线原理图

二、劳动组织及人员要求

劳动组织及人员要求见本章第一节。

三、接线规则

DL/T 825—2002《电能计量装置安装接线规则》要求：

（1）按待装电能表端钮盒盖上的接线图正确接线。

（2）直接接入式电能表装表用的电源进、出线应采用绝缘铜质导线。导线截面应根据额定的正常负荷电流按本章第一节表4-2选择，所选导线截面必须小于端钮盒接线孔。

（3）采用合适的螺丝批，拧紧端钮盒内所有螺丝，确保导线与接线柱间的电气连接可靠。

（4）电能表应牢固地安装在电能表箱体内。

（5）金属外壳的直接接通式电能表，如装在非金属盘上，外壳必须接地。

四、安装前的准备工作

低压台区经理接到装接工单后，应做以下准备工作：

（1）核对工单所列的计量装置是否与用户的供电方式和申请容量相适应，如有疑问，应及时向有关部门提出。

（2）凭工单到表库领用电能表、互感器，并核对所领用的电能表、互感器是否与工单一致。

（3）检查电能表的校验封印、接线图、检定合格证、资产标记是否齐全，校验日期是否在6个月以内，外壳是否完好。

（4）检查所需的材料及工具、仪表等是否配足带齐。

（5）电能表在运输途中应注意防震、防摔，应放入专用防震箱内；在路面不平、震动较大时，应采取有效措施减小震动。

五、电能表安装技术要求

（一）电能表安装场所的要求

（1）周围环境应干净明亮，不易受损、受震，无磁场及烟灰影响。

（2）无腐蚀性气体、易蒸发液体的侵蚀。

（3）运行安全可靠，抄表读数、校验、检查、轮换方便。

（4）装表点的气温应不超过电能表标准规定的工作温度范围（对 P、S 组别，为 0～+40℃；对 A、B 组别，为−20～+50℃）。

（二）电能表的一般安装规范

（1）对计量屏应使电能表水平中心线距地面 0.6～1.8m；安装于墙壁的计量箱应使电能表水平中心线距地面在 1.6～2.0m 的范围。

（2）装在计量屏（箱）内及电能表板上的开关、熔断器等设备应垂直安装，上端接电源，下端接负荷。相序应一致，从左侧起相序依次为 U、V、W、N。

（3）电能表的空间距离及表与表之间的距离均不小于 10cm。

（4）电能表安装必须牢固垂直，每只表所有的固定孔须采用螺栓固定，表中心线向各方向的倾斜度不大于 10°，与计量柜（箱）壳体的倾斜度不得超过 3°。

（5）在装表接电时，必须严格按照接线盒内的图纸施工。对无图纸的电能表，应先查明内部接线。现场可使用万用表测量各端钮之间的电阻值，一般电压线圈阻值在千欧级，而电流线圈的阻值近似为零。若在现场难以查明电能表的内部接线，应将表退回。

（三）三相四线电能表安装注意事项

安装的注意事项除单相电能计量装置和采集设备安装（见本章第一节）中所述的内容外，还应特别注意，安装中不能发生如下错误或不规范情况。

（1）三相四线电能表接线应按正相序接入，接线时不能将相线对换，以免造成计量误差。

（2）中性线穿越电能表接线时，电能表表尾中性线应采用分支连接（T 接），不应采用断开接线。

（3）表尾线头剥削不应过长，以免造成露芯，容易被窃电且不安全。

（4）表尾接线端子应压 2 只螺钉，防止发热和发生烧表事故。

（5）不同规格导线在接线柱处叠压时应大导线在下，小导线在上，以防因减少接触面积而造成接触不良。

（6）线鼻子弯圆方向与接线柱螺母旋紧方向应相同。

六、采集设备安装技术要求

采集设备安装技术要求见本章第一节。

七、危险点分析及预防控制措施

危险点与预防控制措施，见表 4−5。

八、安装与接电步骤

（一）人员组织

工作班成员至少 2 人，其中工作负责人 1 名、工作班成员 1 人。

（二）工作方式

人工停电安装。

（三）主要工器具

根据具体工作内容选择所需要的工具，如：压接钳、万用表、500V 绝缘电阻表、相序表、剥线钳、钢锯、登高工具、冲击钻、小榔头、套筒扳手、铝合金梯子及个人工器具。

（四）工作程序

（1）办理装表接电工作票，按工作任务单要求到表库领取电能表，并正确运输到安装地点，工作票参照表 4−6～表 4−8。

（2）检查电能表安装场所是否符合基本要求，如符合，工作负责人向工作班成员交代现场实地状况和具体实施方案，并详细交代安全措施及技术措施。

（3）按需要接好临时电源。

（4）按照确定的装表接电方案进行三相四线电能表的安装，其安装按下列顺序进行：

1）选择好电能表安装位置，确定电能表进出线长度。

2）根据负荷要求选择进出线绝缘导线截面，按所需长度锯断（或剪断）导线，并削剥导线线头。

3）连接非进出电能表的导线。

4）安装负荷侧电气控制设备。

5）悬挂电能表。

6）正确连接电能表进出线（先接负荷侧，后接电源侧）。

7）工作负责人检查电能表接线，确认接线正确。

（5）检查并清理工作现场，确认工作现场无遗留的工器具、材料等物品。

（6）进行送电前的检查。核查安装的电能表是否与装表接电工作票所列相一致；检查电能表接线是否正确；检查各接线桩头是否紧固牢靠，有无碰线的可能；安全距离是否足够；检查有无工具等物件遗留在设备上。

（7）拉开负荷侧总开关，搭通电能表前熔断器的熔体。

（8）搭接接户线电源（先搭中性线，后搭相线）。

（9）在送电前检查各项均通过后，进行送电试验检查（包括合上负荷总开关、带负荷检查）。检查内容如下：观察电能计量装置运行是否正常；用万用表（或电压表）在电能表端子接线盒内测量电压是否正常；带负荷后观察电能表的运行情况。必要时，用秒表测算电能表计量的准确性。

（10）抄录电能表底度等。按工作票及任务书要求抄录电能表的铭牌数据及电能表的起止度；同时将最大需量表指针调整为零值；对复费率电能表，核对所示时间是否正确，以及峰、谷、平各时段是否设置整定正确。

（11）按要求对电能表及计量箱加装封铅封印，并要求用户签认电能表封印完好表。应在电能表端子接线盒及计量柜（箱）门等处加装封铅。

（12）填写工作票上所列内容，并要求用户在工作票上签证，以及签认封印完好表。

（13）向表库清交电能表，并将工作票传递至相关人员。

（五）安全注意事项

（1）电能表中性线必须与电源中性线直接接通，严禁采用接地接金属屏外壳等方式接地。

（2）工作时使用有绝缘柄的工具，并戴好绝缘手套和安全帽，必须穿长袖衣服工作。

（3）登高作业应戴好安全帽，系好安全带，防止高处坠落；使用梯子作业时，应有专人扶护，防止梯子滑动，造成人员伤害。

（4）临时接入的工作电源须用专用导线，并装设漏电保护器；电动工具外壳应接地。

（5）在雷电多发地区，应增装低压氧化锌避雷器或其他防雷保护。

第三节　经电流互感器接入式三相四线电能计量装置和采集设备安装

一、电能表安装接线图

经电流互感器接入式三相四线电能表接线图如图 4-15 所示。

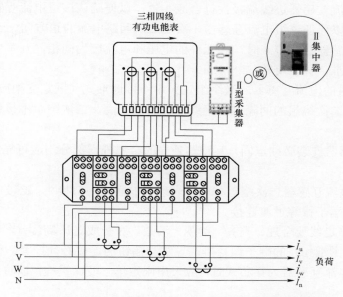

图 4-15　经电流互感器接入式三相四线电能表接线图

二、经电流互感器接入式三相四线电能表的接线规则

根据 DL/T 448—2016《电能计量装置技术管理规程》、DL/T 825—2002《电能计量装置接线规则》的相关要求，经电流互感器接入式三相四线电能表的接线应遵循下列规则：

（1）电能计量装置的一次与二次接线必须根据批准的图纸施工及按待装电能表端钮盒盖上的接线图正确接线。

（2）装表用导线颜色的规定：U、V、W 各相线及 N 中性线分别采用黄、绿、红及黑色。接地线用黄绿双色。

（3）三相电能表端钮盒的接线端子应遵循一孔一线、孔线对应的原则。禁止在电能表端钮盒端子孔内同时连接两根导线，以减少电能表更换时的接错线概率。

（4）三相电源相序应按正相序装表接线。因三相电能表在接线图上已标明正相序，而且在室内检定时也是按正相序检定，特别是感应式无功电能表若是在逆相序电源下将会出现倒走的情况。

（5）计量装置二次回路的连接方式及要求：

1）每组电流互感器的二次回路接线应采用分相接法。

2）电压、电流回路导线均应加装与图纸相符的端子编号，导线排列顺序应按正相序（即黄、绿、红色线为自左向右或自上向下）排列。

3）经电流互感器接入的低压三相四线电能表，其电压引入线应单独接入，不得与电流线共用。电压引入线的另一端应接在电流互感器一次电源侧，并在电源侧母线上另行引出，禁止在母线连接螺丝处引出。电压引入线与电流互感器一次电源应同时切合。

（6）对经互感器接入式的三相电能表，为便于日常现场检表和不停电换表处理，应在电能表前端加装试验接线盒。

（7）经电流互感器接入电能表装表用的电压线应采用截面为 2.5mm² 及以上的绝缘铜质导线；装表用的电流线应采用截面为 4mm² 的绝缘铜质导线。

（8）同一组电流互感器进线端极性符合应一致，以便确认该组电流互感器一次及二次回路电流的正方向，以保证该组电流互感器一次及二次回路电流的正方向一致。

（9）采用经互感器接入方式时，各元件的电压和电流应为同相，互感器极性不能接错。否则电能表计量不准，甚至反转。

（10）低压计量的电流互感器二次绕组宜采用不接地形式（固定支架应接地），因低压电流互感器的一次、二次绕组的间隔对地绝缘强度要求不高，二次绕组不接地可减少电能表受雷击放电的概率。

（11）电流互感器安装必须牢固，互感器外壳的金属外露部分均应可靠接地；严禁电流互感器二次绕组开路。

（12）严禁在电流互感器二次绕组与电能表连接的回路中有接头，必要时应采用电能表试验接线盒、电流型端子排等过渡连接。

（13）二次回路走线要合理、整齐、美观、清楚。对于成套计量装置，导线与端钮连接处应有字迹清楚、与图纸相符的端子编号排，导线与端钮的连接必须拧紧，接触良好。

（14）若低压电流互感器为穿芯式时，应采用固定单一变比量程，以防止发生互感器倍率差错。

安装的其他具体要求与本章第一节单相电能计量装置安装要求相同，不再重述。

三、采集设备安装技术要求

采集设备安装技术要求见本章第一节。

四、危险点分析及预防控制措施

危险点与预防控制措施，见表 4-5。

五、电能表、采集设备安装与接电步骤

（一）人员组织

工作班成员至少 2 人，其中工作负责人 1 名、工作班成员 1 人。

（二）工作方式

人工停电安装。

（三）准备与检查

（1）着装检查。

（2）工具准备与检查。根据具体工作内容选择所需要的工具，如压接钳、万用表、500V绝缘电阻表、相序表、剥线钳、钢锯、登高工具、冲击钻、小榔头、套筒扳手、铝合金梯子及个人工器具。

（3）设备准备与检查。电流互感器在安装前的检查内容包括：

1）核对电流互感器的变比是否与装接单上规定的一致。

2）电流互感器的极性核对：单电流比的电流互感器，一次绕组出线端首端标为 P1、末端标为 P2，二次绕组出线端首端标为 S1、末端标为 S2。

3）安装时应使主回路电流从 P1 流入，从 P2 流出；S1 与电能表电流接线端子电流进线端子相接，S2 与电能表电流接线端子电流出线端子相接。

4）带联合接线盒时，必须特别注意上述端子的对应关系，否则就会造成错接线引起计量错误。

5）熟悉安装接线图。

（四）电能表、互感器安装作业程序

（1）办理装表接电工作票，按工作任务单要求到表库领取电能表及电流互感器，并正确运输到安装地点，工作票参照表 4-6～表 4-8。

（2）检查电能表安装场所是否符合基本要求，如符合，工作负责人则向工作班成员交代现场实地状况和具体实施方案，并详细交代安全措施及技术措施。

（3）按需要接好临时电源。

（4）按照确定的装表接电方案进行三相四线电能表＋电流互感器的安装，安装顺序如下：

1）选择好电能表、电流互感器、联合接线盒的安装位置，确定电能表进出线长度。

2）根据负荷要求选择进出线绝缘导线截面，按所需长度锯断（或剪断）导线，并削剥导线线头。

3）连接非进出电能表的一次回路导线。

4）安装负荷侧电气控制设备。

5）悬挂电能表、安装电流互感器和联合接线盒。

6）正确连接二次侧导线。

7）工作负责人检查电能表、电流互感器和联合接线盒接线，确认接线正确。

（5）检查并清理工作现场，确认工作现场无遗留的工器具、材料等物品。

（6）进行送电前的检查。核查安装的电能表、互感器是否与装表接电工作票所列相一致；检查电能表、互感器接线是否正确；检查各接线桩头是否紧固牢靠，有无碰线的可能；安全距离是否足够；检查互感器安装是否牢固，其二次接线是否正确，互感器外壳铁芯是否按要求正确接地；检查电能表与专用接线盒接线是否正确，接线盒内短路片位置是否正确，连接是否可靠；检查有无工具等物件遗留在设备上。

（7）拉开负荷侧总开关，搭通电能表前熔断器的熔体。

（8）搭接接户线电源（先搭中性线，后搭相线）。

（9）在送电前检查各项均通过后，进行送电试验检查（包括合上负荷总开关、带负荷检查）。检查内容如下：观察电能计量装置运行是否正常；用万用表（或电压表）在电能表端子接线盒内测量电压是否正常；带负荷后观察电能表运行情况。必要时，用秒表测算电能表计量的准确性。

（10）抄录电能表底度等。按工作票及任务书要求抄录电能表、互感器的铭牌数据及电能表的起止度；同时将最大需量表指针调整为零值；对复费率电能表，核对所示时间是否正确，以及峰、谷、平各时段是否设置整定正确。

（11）按要求对电能表及计量箱加装封印，并要求用户签认电能表封印完好表。应在电能表端子接线盒、二次回路各接线端子盒及计量柜（箱）门等处加装封印。

（12）填写工作票上所列内容，并要求用户在工作票上签字，以及确认封印完好。

（13）向表库清交电能表，并将工作票传递至相关人员。

（五）采集设备安装作业规范

1. 任务接受

工作负责人根据班长的安排，接受工作任务。

2. 现场勘查

（1）提前联系用户，约定现场勘查时间。

（2）配合相关专业进行现场勘查，确定采集方案、集中器、采集器安装位置。

3. 工作前准备

（1）工作预约。若终端的安装需用户配合的，应提前和用户预约现场作业时间。批量安装应和物业提前沟通并贴出施工告示。

（2）打印工作单。根据工作安排打印工作单。

（3）办理工作票签发。

1）依据工作任务填写工作票。

2）办理工作票签发手续。在用户高压电气设备上工作时应由供电公司与用户方进行双签发。供电方安全负责人对工作的必要性和安全性、工作票上安全措施的正确性、所安排工作负责人和工作人员是否合适等内容负责。用户方工作票签发人对工作的必要性和安全性、工作票上安全措施的正确性等内容审核确认。

（4）领取材料。凭装拆工作单领取所需终端、封印及其他材料，并核对所领取的材料是否符合装拆工作单的要求。

（5）准备和检查仪器设备。根据工作内容准备所需仪器设备，并检查是否符合作业要求。

（6）准备和检查工器具。根据工作内容准备所需工器具，并检查是否满足安全及实际使用要求。

4. 现场开工

（1）办理工作票许可。

1）告知用户或有关人员，说明工作内容。

2）办理工作票许可手续。在用户电气设备上工作时应由供电公司与用户方进行双许可，双方在工作票上签字确认。用户方由具备资质的电气工作人员许可，并对工作票中安全措施的正确性、完备性，现场安全措施的完善性以及现场停电设备有无突然来电的危险负责。

3）会同工作许可人检查现场的安全措施是否到位，检查危险点预控措施是否落实。

（2）检查并确认安全工作措施。

1）应根据工作票所列安全要求，对高、低压设备落实安全措施。涉及停电作业的应实施停电、验电、挂接地线或合上接地刀闸、悬挂标示牌后方可工作。工作负责人应会同工作票许可人确认停电范围、断开点、接地、标示牌正确无误。工作负责人在作业前应要求工作票许可人当面验电，必要时工作负责人还可使用自带验电器（笔）重复验电。

2）应在作业现场装设临时遮栏，将作业点与邻近带电间隔或带电部位隔离。工作中应保持与带电设备的安全距离。

5. 装、拆、换作业

（1）断开电源并验电。

1）核对作业间隔。

2）使用验电笔（器）对计量箱、采集终端箱和采集器箱金属裸露部分进行验电，并检查柜（箱）接地是否可靠。

3）确认电源进出线方向，断开进出线开关，且能观察到明显断开点。

4）使用验电笔（器）再次进行验电，确认一次进出线等部位均无电压后，装设接地线。

（2）核对信息。现场核对集中器、采集器、载波芯片编号、型号、安装地址等信息，确保现场信息与工作单一致。

（3）设备检查。

1）检查电能计量装置外观、封印是否完好，发现窃电嫌疑时应保持现场，并通知相关部门处理。

2）检查电能计量装置运行状况是否正常，发现问题时应通知相关部门处理。

3）必要时对现场进行照相取证。

（4）接取临时电源。

1）从工作许可人指定的电源箱接取，检查电源电压幅值、容量是否符合要求，且在工作现场电源引入处应配置有明显断开点的隔离开关和漏电保护器。

2）根据施工设备容量核定移动电源盘的容量，移动电源盘必须有漏电保护器。

3）接取电源时安排专人监护；接线时隔离开关或空气开关应在断开位置，从电源箱内出线隔离开关或空气开关下桩头接出，接出前应验电。

4）根据设备容量选择相应的导线截面。

（5）采集设备安装。

（六）安全注意事项

（1）电能表中性线必须与电源中性线直接接通，严禁采用接地接金属屏外壳等方式接地。

（2）工作时使用有绝缘柄的工具，并戴好绝缘手套和安全帽，必须穿长袖衣服工作。

（3）登高作业应戴好安全帽，系好安全带，防止高处坠落；使用梯子作业时，应有专人扶护，防止梯子滑动，造成人员伤害。

（4）临时接入的工作电源须用专用导线，并装设有漏电保护器；电动工具外壳应接地。

（5）在雷电多发地区，应增装低压氧化锌避雷器或其他防雷保护。

第四节　智能公用配变终端的安装及更换

智能公用配变终端是集监测、计量、控制、存储、统计、分析、通信和报警等于一体的配变综合测控装置，其安装在配电变压器低压侧，实时监测配电变压器的运行参数、异常告警、定时任务数据上传等。本节以 CTTU1000 型智能公用配变终端为例进行介绍。CTTU1000 型智能公用配变终端外观如图 4-16 所示。

一、安装接线图

（一）配变终端接线端子

CTTU1000 型智能公用配变终端接线端子图如图 4-17 所示。

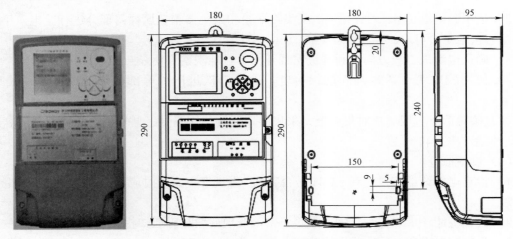

图 4-16　CTTU1000 型智能公用配变终端外观图

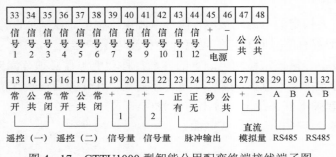

图 4-17　CTTU1000 型智能公用配变终端接线端子图

接线端子说明：

33~44：接无功补偿控制开关的相应触点；

45、46：无功补偿控制开关辅助电源 12V 端子；

47、48：无功补偿控制开关辅助电源的端子；

13~15：第 1 轮遥控控制开关的输出节点；

16~18：第 2 轮遥控控制开关的输出节点；

19~22：两路遥信输入，可以用作开门信号，或者遥控开关分、合闸指示等；

23~26：有无功脉冲输出和秒脉冲输出，作为校表用；

27~28：直流模拟量，可用于采集变压器油温、油压等。

29~32：两路 RS485 接口，用于抄表、级联等。

（二）配变终端接线方式

CTTU1000 型智能公用配变终端安装接线图如图 4-18 所示。

接线说明：

（1）U 相电流：经互感器 S1 接入接线盒下方端口 3，过连接片从接线盒上方端口 2 入电能表端口 1，从电能表端口 3 回接到接线盒上方端口 4，从接线盒下方端口 4 回接到互感器 S2。

（2）U 相电压：从母线上取值，接入接线盒下方端口 1，经连接片从接线盒上方端口 1 接入电能表端口 2。

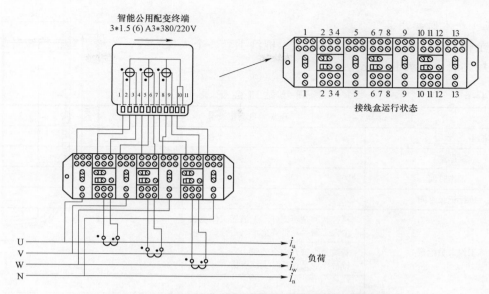

图 4-18 CTTU1000 型智能公用配变终端安装接线图

（3）其他相按照上述方式类推。

（4）取零线接入接线盒下方端口 13，过连接片从接线盒上方端口 13 接入电能表端口 10。

二、作业人员要求

（1）工作人员应身体健康、无妨碍工作的病症且精神良好。

（2）工作人员应具备相应的电气知识和业务技能，且取得相应岗位资格证书。

（3）作业人员应具备必要的安全生产知识，特别要学会触电急救。

（4）作业人员个人工具和劳动防护用品应合格、齐全。

（5）作业人员至少两人一组，并指定工作负责人，不得单独行动。

三、作业前准备

（一）现场勘察

安装前对安装场所进行实地勘察，检查计量装置是否符合有关要求，现场通信是否良好，并确定智能公用配变终端的安装时间。

（二）派工

在营销系统中进行配表、打印装接单、安排派工、领表等流程。

（三）常用工具准备

（1）工具包，包括钢丝钳、剥线钳、斜口钳、尖嘴钳、封印、电工刀、扳手、螺丝刀、低压验电笔、钢卷尺。

（2）绝缘胶带、万用表、验电器、手枪电钻、接线板、带夹电源线、ϕ3.2 和 ϕ4.2 的钻头、记号笔等。

（四）器具、材料

智能公用配变终端、穿心式互感器（或蝶式互感器）、方向套、天线、导线（电压回路接线采用 2.5mm² 单芯硬线，电流回路接线采用 4mm² 单芯硬线）、控制线采用 2.5mm² 两芯护套硬线、RS485 及脉冲线采用 1mm² 单芯硬线、M4×15 自攻螺丝 1 个 M4×25 自攻螺丝 2 个等。

（五）个人防护用品

安全帽、护目镜、绝缘鞋、工作服、棉纱手套、个人保安线、绝缘手套、绝缘鞋等。

现场站班会记录卡见表4-6。

表4-6　　　　　　　　　　　　现 场 站 班 会 记 录 卡

<table>
<tr><td colspan="2">现场站班会记录卡</td></tr>
<tr><td>班组_____</td><td>工作票编号_____</td></tr>
<tr><td>工作地点</td><td></td></tr>
<tr><td>工作时间</td><td></td></tr>
<tr><td>执行记录时间</td><td></td></tr>
<tr><td rowspan="2">工作人员检查</td><td>精神状态是否完好，无酒后工作现象
个人工器具是否齐全，是否符合要求</td></tr>
<tr><td>着装是否符合安全要求
特种作业是否具备上岗资格</td></tr>
<tr><td>工作任务</td><td></td></tr>
<tr><td>现场安全措施检查</td><td></td></tr>
<tr><td>安全注意事项</td><td></td></tr>
<tr><td>工作人员签名</td><td></td></tr>
<tr><td>备注</td><td></td></tr>
<tr><td>审核人</td><td>工作负责人_____</td></tr>
</table>

电能计量装接单见表4-7。

表4-7　　　　　　　　　　　　电 能 计 量 装 接 单

<table>
<tr><td colspan="11">电能计量装接单</td></tr>
<tr><td colspan="5">申请类别：</td><td colspan="6">查询号：</td></tr>
<tr><td>户名</td><td colspan="4"></td><td>地址</td><td colspan="5"></td></tr>
<tr><td>户号</td><td colspan="2">区页码</td><td colspan="2">联系电话</td><td></td><td colspan="2">联系人</td><td colspan="2"></td></tr>
<tr><td>容量</td><td colspan="2">供电电压</td><td colspan="2">量电方式</td><td></td><td></td><td colspan="2">上次抄表日</td><td></td></tr>
<tr><td>装/拆</td><td>局号</td><td>计度器类型</td><td>表库仓位码</td><td>位数</td><td>存度</td><td>自身倍率（变化）</td><td>索引码</td><td colspan="2">规格型号</td><td>计量点编号</td></tr>
<tr><td></td><td></td><td></td><td></td><td></td><td></td><td></td><td></td><td colspan="2"></td><td></td></tr>
<tr><td>流程摘要</td><td colspan="3"></td><td colspan="2">接线简图</td><td colspan="5">电能表存度本人已经确认。
用户签章
　　　　年　月　日</td></tr>
<tr><td colspan="3">打印人员：</td><td colspan="2">打印日期：</td><td colspan="2">装接人员：</td><td colspan="4">装接日期：</td></tr>
<tr><td colspan="2">表计局号</td><td colspan="2">封印号</td><td>备注</td><td colspan="3">表计局号</td><td colspan="2">封印号</td><td>备注</td></tr>
<tr><td colspan="2"></td><td colspan="2"></td><td></td><td colspan="3"></td><td colspan="2"></td><td></td></tr>
</table>

四、现场作业安全要求

（一）办理工作票相应手续

（1）工作负责人到达现场，办理相关工作票手续。

（2）工作负责人应再次检查所做的安全措施，确认带电设备的位置和注意事项。

（二）现场站班会

工作负责人向作业人员交代以下事项，告知危险点：周边环境、高处坠落、高处坠物、损坏设备、人员摔伤、触电伤害、电弧灼伤；明确工作人员的具体分工。工作人员明确工作任务并签字确认。

（三）工作人员检查安全措施

作业位置的前端要有明显断开点，作业环境良好，计量柜（箱）无电位置均已验电（电笔确认正常）。绝缘工具是否完好无损。

五、新装作业步骤

对穿心式互感器和蝶式互感器分别进行说明。

（一）终端定点定位

按照电能计量装接单，现场核对户名、户号及新装智能公用配变终端的规格、资产编号等内容，检查智能公用配变终端外观是否完好。工作前检查隔离开关在断开位置，整个工作面不带电。

（1）定好终端安装位置，并用油性笔做上端标记。

（2）用手持电钻在标记处打孔（严禁戴手套使用电钻），固定螺丝。

（3）上挂智能公用配变终端，紧固螺丝。

（4）定好垂直位置，并用油性笔做下端标记。

（5）用油性笔标记联合接线盒位置。

（6）取下智能公用配变终端、接线盒，在标记处打孔后，安装智能公用配变终端和接线盒。

（二）安装互感器

1. 经穿心式互感器接入

（1）将一次导线穿入互感器，并固定好互感器。

（2）打开互感器二次接线端螺丝。

（3）二次接线穿过互感器，做弯头，并进行固定（注意弯头方向为螺丝拧紧方向）。

2. 经蝶式互感器接入

（1）固定好蝶式互感器后，打开保护盖。

（2）注意剥线时选好尺寸，切记不可伤到线芯。方向套应事先套好，再做弯。

（3）将做好弯的电流导线接入电流互感器的二次端子。

（三）电流、电压线接线

确保接线时电流连接片短接，电压连接片断开。

1. 接线说明

（1）U相电流：经互感器 S1 接入接线盒下方端口 3，过连接片从接线盒上方端口 2 入电能表端口 1，从电能表端口 3 回接到接线盒上方端口 4，从接线盒下方端口 4 回接到互感器 S2。

（2）U相电压：从互感器直接取值，入接线盒下方端口1，经连接片从接线盒上方端口1接入电能表端口2。

（3）其他相按照上述方式类推。

（4）取零线接入接线盒下方端口13，过连接片从接线盒上方端口13接入电能表端口10。

2. 接线完毕后的检查接线

（1）检查智能公用配变终端、互感器、接线盒接线是否正规、规范、牢固。

（2）检查接线盒电流、电压连接片是否在运行位置。

（3）检查连接互感器、智能公用配变终端、接线盒的导线有无露铜现象，螺丝不能压导线绝缘层。

（4）检查所有紧固件是否拧紧。

（5）检查熔丝与整个二次计量回路情况，极性是否正确。

3. 天线安装及注意事项

（1）安装天线时，注意天线是否拧紧，摆放位置是否牢靠。一切正常后，盖上表盖并拧紧螺丝。

（2）需注意事项。

1）线体应通过匝孔引至箱体外，应注意操作过程切勿碰触带电点。

2）天线与智能公用配变终端连接处和末端接受器应拧紧。

3）安装时应注意切勿强力挤压线体和处于强力挤压状态下，防止接触不良。

4）在信号不好区域，采取下列方法来调整天线位置：① 安装在配电箱外；② 地下室增加信号放大器或用加长天线移至室外来增强信号。

注意：安装过程切勿靠近变压器带电区域。

4. 合闸上电

（1）合上隔离开关，终端上电。注意：此时整个电流、电压回路已带电。

（2）将接线盒电压连接片合上并拧紧螺丝，将电流上连接片（短接片）打开并拧紧螺丝。

（3）盖上接线盒并拧紧螺丝。

5. 调试

现场安装完成后，查看智能公用配变终端联网信号。

（四）清理现场

安装完毕，工作人员整理工器具和材料，并清理作业现场。

（五）终结工作票

现场作业结束，工作负责人填写工作票，办理工作票终结手续。注意：新装起度为0。

六、更换作业步骤

（一）核对智能公变终端

（1）按照电能计量装接单，现场核对户名、户号及新装智能配变终端的规格、资产编号等内容，检查智能配变终端外观是否完好。

（2）检查智能公用配变终端是否正常，接线盒、互感器是否正常。

（二）断电验电

（1）短接电流上连接片，抄下止度，并拍照留底。注意：电压部分全部带电，接线盒以连接片为分界线，接线盒下方全部带电。

（2）断开所有电压连接片，需逐项断开相线，再断开零线。断开电压连接片时，需带护目镜。注意：以接线盒连接片为分界线，接线盒下方所有电流、电压部分均带电。

（3）断开后逐项进行验电。

（三）更换新终端

（1）卸下表盖，旋松终端螺丝，旋松终端固定螺丝。

（2）取下旧终端。

（3）固定新智能公用配变终端，根据表盖内接线图，将导线接入新终端相应接口，安装好天线。

（4）将接线盒电压连接片合上并拧紧螺丝，将电流上连接片（短接片）打开并拧紧螺丝，盖上接线盒并拧紧螺丝。

（5）检查接线盒运行状态。

（四）更换后检查

检查接线是否正确；检查电压、电流、相序、终端起度、时间、信号等是否正常。

（五）清理现场

安装完毕，工作人员整理工器具和材料，并清理作业现场。

（六）终结工作票

现场作业结束，工作负责人填写工作票，办理工作票终结手续。

第五节　经互感器接入式三相四线电能计量装置和负控终端的安装

负控终端（Ⅲ型专变采集终端）广泛应用于大用电户、专变用户用电量的采集计算、控制和管理，具有电量采集、远程抄表、电量计算、功率计算、需量计算、历史数据查询、远程或本地定值设置、功控、电控，购电控、遥测、遥信、负荷越限报警、通信等功能，可以通过 GPRS 等方式进行远程数据传输。本节以Ⅲ型专变采集终端为例进行介绍。SX2611 系列Ⅲ型专变采集终端外观如图 4—19 所示。

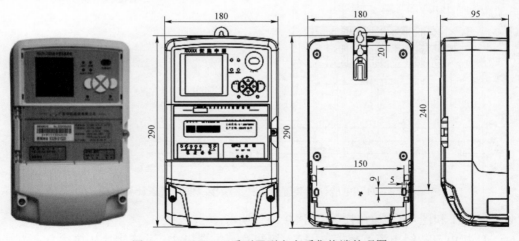

图 4—19　SX2611 系列Ⅲ型专变采集终端外观图

一、安装接线图

（一）负控终端接线端子

SX2611 系列Ⅲ型专变采集终端接线端子图如图 4-20 所示。

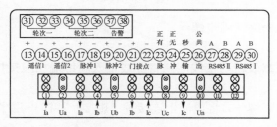

图 4-20　SX2611 系列Ⅲ型专变采集终端接线端子图

（二）电能计量装置及负控终端接线方式

电能计量装置及负控终端接线图（低压计量）如图 4-21 所示，高压计量接线图如图 4-22 所示。

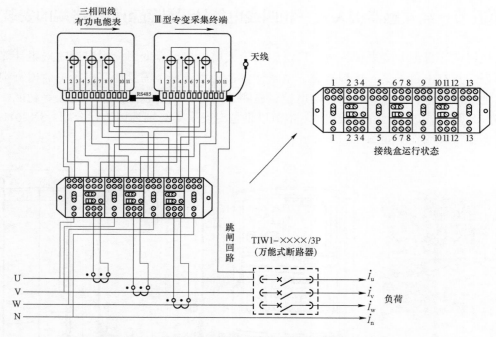

图 4-21　电能计量装置及负控终端接线图（低压计量）

以图 4-21 和图 4-22 为例进行二次接线说明：

（1）U 相电流：经电流互感器 S1 接入接线盒下方端口 3，过连接片从接线盒上方端口 2 入电能表端口 1，从电能表端口 3 入终端端口 1，从终端端口 3 回到接线盒上方端口 4，从接

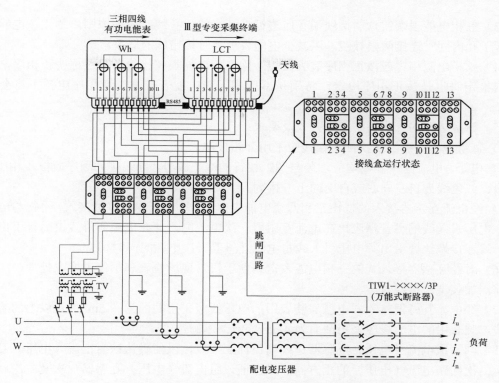

图 4-22　电能计量装置及负控终端接线图（高压计量）

线盒下方端口 4 回到电流互感器 S2。

（2）U 相电压。

1）高压计量方式：从电压互感器 U 相二次侧取值，入接线盒下方端口 1，经连接片从接线盒上方端口 1 分别接入电能表端口 2、终端端口 2。

2）低压计量方式：从低压母线 U 相中取值，入接线盒下方端口 1，经连接片从接线盒上方端口 1 分别接入电能表端口 2、终端端口 2。

（3）其他相按照上述方式类推。

（4）零线接入方式。

1）高压计量方式：从电压互感器二次绕组星形连接的公共点，取零线接入接线盒下方端口 13，过连接片从接线盒上方端口 13 分别接入电能表端口 10、终端端口 10。

2）低压计量方式：从低压母线中 N 相取零线接入接线盒下方端口 13，过连接片从接线盒上方端口 13 分别接入电能表端口 10、终端端口 10。

二、经电流互感器、电压互感器接入式三相四线电能表的接线要求

根据 DL/T 448—2016《电能计量装置技术管理规程》、DL/T 825—2002《电能计量装置接线规则》的相关要求，经电流互感器接入式三相四线电能表的接线应遵循下列规则：

（1）电能计量装置的一次与二次接线，必须根据批准的图纸施工，并按待装电能表端钮盒盖上的接线图正确接线。

（2）装表用导线颜色的规定：U、V、W 各相线及 N 中性线分别采用黄、绿、红及黑色。接地线用黄绿双色。

全能型供电所人员（台区经理）工作实务

（3）三相电能表端钮盒的接线端子应遵循一孔一线、孔线对应的原则。禁止在电能表端钮盒端子孔内同时连接两根导线，以减少电能表更换时接错线的概率。

（4）三相电源相序应按正相序装表接线。因三相电能表在接线图上已标明正相序，而且在室内检定时也是按正相序检定，特别是感应式无功电能表若是在逆相序电源下将会出现倒走。

（5）计量装置的二次回路连接方式及要求：

1）每组电流互感器二次回路接线应采用分相接法。

2）电压、电流回路导线均应加装与图纸相符的端子编号，导线排列顺序应按正相序（即黄、绿、红色线为自左向右或自上向下）排列。

3）经电流互感器接入的低压三相四线电能表，其电压引入线应单独接入，不得与电流线共用，电压引入线的另一端应接在电流互感器一次电源侧，并在电源侧母线上另行引出，禁止在母线连接螺丝处引出。电压引入线与电流互感器一次电源应同时切合。

（6）对经互感器接入式的三相电能表，为便于日常现场检表和不停电换表处理，应在电能表前端加装试验接线盒。

（7）经电流互感器接入式电能表装表用的电压线应采用截面为 2.5mm^2 及以上的绝缘铜质导线，装表用的电流线应采用截面为 4mm^2 的绝缘铜质导线。

（8）同一组电流（电压）互感器进线端极性应一致，以便确认该组电流（电压）互感器一次及二次回路电流（电压）的正方向，以保证该组电流（电压）互感器一次及二次回路电流的正方向均一致。

（9）采用经互感器接入方式时，各元件的电压和电流应为同相，互感器极性不能接错。否则电能表计量不准，甚至反转。

（10）低压计量的电流互感器二次绕组宜采用不接地形式（固定支架应接地），因低压电流互感器的一次、二次绕组的间隔对地绝缘强度要求不高，二次绕组不接地可减少电能表受雷击放电的概率。

（11）高压计量的电流（电压）互感器安装必须牢固，互感器外壳的金属外露部分均应可靠接地；电流（电压）互感器二次回路的一点应良好接地，严禁电流（电压）互感器二次绕组开路（短路）；用于绝缘监视的电压互感器的一次绕组中性点也必须接地。

（12）严禁在电流互感器二次绕组与电能表连接的回路中有接头，必要时应采用电能表试验接线盒、电流型端子排等过渡连接。

（13）二次回路走线要合理、整齐、美观、清楚。对于成套计量装置，导线与端钮连接处应有字迹清楚、与图纸相符的端子编号排，导线与端钮的连接必须拧紧，接触良好。

（14）若低压电流互感器为穿芯式时，应采用固定单一变比量程，以防止发生互感器倍率差错。

（15）熔断器的安装要求：

1）35kV 以上电压互感器一次侧安装隔离开关，二次侧安装快速熔断器或快速开关。35kV 及以下电压互感器一次侧安装熔断器，二次侧不允许装接熔断器。

2）低压计量电压回路在试验接线盒上不允许加装熔断器。

3）电力用户用于高压计量的电压互感器二次回路,应加装电压失压计时仪或其他电压监视装置。

三、负控终端的安装技术要求

本节设定在已投运的计量装置上加装负控终端。

（一）安装前的测量与检查

（1）安装前做好对仪表盘、电表、接线盒的检查，并拍照留下可追溯的资料。

（2）严格检查接线盒是否正常，避免电流、电压有异常时进行施工，无法分清事故责任。

（3）做好在计量柜上钻孔安装终端时的安全控制措施。

（4）安装终端前必须做好以下工作：

1）工作负责人查看高、低压配电接线图，查看高、低压配电柜和仪表盘内仪表的实际运行情况，并与现场勘察、施工技术设计书核对是否一致。

2）检查电表外观、面板显示有无异常，接线盒外观有无异常，电表、接线盒有无封印或封印有无被开封，若有异常禁止施工。

3）用合格的钳形电流表检查二次回路电流互感器（TA）是否正常：首先在接线盒各组 TA 进线位置测量电流数值；然后在接线盒另一侧各组 TA 出线位置测量电流数值；比较两次所测的电流是否大约相等，偏差微弱。否则，说明接线盒处电流有分流现象，禁止施工。

4）用合格的万用表检查二次回路电压互感器（TV），是否正常。

a. 三相三线用户测量方法：拆开接线盒面盖，用合格的万用表测量接线盒内三相电压数值，$U_{uv}=U_{vw}=U_{uw}=100V$。若有电压测量值偏差 ±10% 以上，禁止施工。

b. 三相四线高压用户测量方法：拆开接线盒面盖，用合格的万用表测量接线盒内三相电压数值，相线电压 $U_{un}=U_{vn}=U_{wn}=57.6V$。若有电压测量值偏差 ±10% 以上，禁止施工。

c. 三相四线低压用户测量方法：拆开接线盒面盖，用合格的万用表测量接线盒内三相电压数值，相线电压 $U_{un}=U_{vn}=U_{wn}=220V$，若有电压测量值偏差 ±10% 以上，禁止施工。

（二）接取交流采样回路及数据采集线技术要求

（1）做好防 TA 开路、TV 短路的安全措施。

（2）如实填写负荷管理终端安装调试记录表中的 TA、TV 测量数值，确保准确无误。

（3）严格按照电表和终端接线说明书连接脉冲、RS485 信号采集线。

（4）确保所使用的说明书与本终端相对应。

（5）敷设交流采样回路电缆芯线技术要求：

1）终端采样 TV、TA 回路线的颜色要求和排列分别为：

终端 TV 的三相回路：A 相黄色，B 相绿色，C 相红色，零线蓝色；

终端 TA 的 A、B、C 相回路：蓝色。

2）敷设交流采样回路电缆芯线的施工要求：电缆芯线不得有扭结、断股、裸露芯线和其他明显损伤；电缆芯线严禁驳接；引入电柜、盘内的电缆芯线应符合安全要求。

（6）接取终端交流采样回路。

1）接取终端的交流采样回路时必须用合格的万用表检查二次回路 TV 电压是否正常。用合格的电流钳型表检查二次回路 TA 电流是否正常。

2）TV 并接方法及要求 TA 串接方法及要求：

a. TV 并接方法及要求。

① 低压计量方式：在低压配电柜进线缆头接交流三相四线 220/380V 可靠电源或者在电

表 TV 接线端口上并接。若有接线盒的，必须优先在接线盒上并接。

② 高压计量方式：在电表接线盒上并接 3×3 100V 或 3×4 57.6V 电源。无接线盒的在电表 TV 接线端口上并接。

b. TA 串接方法及要求。将终端 TA 回路与电表二次 TA 回路串接，确保各组二次 TA 回路新串入部分的线路良好导通后，将整个二次回路恢复完整。

（7）接取终端的数据采集线。

1）脉冲、RS485 信号采集线颜色的要求和排列分别为：黄色线接电表脉冲＋，绿色线接电表脉冲－，红色线接电表 RS485＋/CS＋，蓝色线接电表 RS485－/CS＋。

2）脉冲、RS485 信号采集线必须严格按照电表、终端接线说明书一一对应并牢固连接。

3）脉冲接线的测量：

a. 将万用表挡位放在直流 20V 挡位。

b. 万用表表笔的正极→电表脉冲端子的 MC＋，万用表表笔的负极→电表脉冲端子的 MC－，测量电压在 7～12V 之间变化，表示有连续的脉冲发出。

4）RS485 接线测量方法：

a. 首先检查终端与电表的接线端点是否一一对应；其次，用万用表分别验证，测量要分电表侧和终端侧两部分进行。

b. 电表侧的测量：

将电表的 RS485A 或 RS485B 引出线引出到终端边上，但是不要接入终端。万用表表笔的正极→电表引出 RS485 端子的 485A，万用表表笔的负极→电表引出 RS485 端子的 485B，电压值应在 0.2～5V 之间。

c. 终端侧的测量：

万用表表笔的正极→终端 RS485 端子 485A，万用表表笔的负极→终端 RS485 端子 485B，电压值应在 0.2～5V 之间。

（8）接取交流采样及脉冲 485 信号采集线自检：

1）TV、TA 回路线材、线色是否符合要求。

2）脉冲、RS485 信号回路线材、线色是否符合要求。

3）TV、TA 回路接线是否正确、规范。

4）接线盒 TV 压片是否连接牢固、可靠。

5）TA 回路接线是否规范，是否连接牢固、可靠、无开路。

6）接线盒 TA 回路短接片所处状态是否有束流。

7）接线盒进线端接线是否连接牢固、可靠、无松动。

8）如果回路串入失压计时仪，要检查失压计时仪是否正常。

9）RS485 信号线接取是否正确。

10）脉冲信号线接取是否正确。

11）填写负荷管理终端安装调试记录表的相关内容。

（三）敷设分闸控制电缆，接取分闸控制线及受控开关信号采集线技术要求技术要点

（1）用户设备停电、落实并补充安全措施。

（2）正确查找、测量自动分闸控制点及受控开关辅助触点（回读）。

（3）做好低压带电作业的安全措施，防倒供电。

（4）正确接取自动分闸控制点及受控开关辅助触点（回读）。

（5）敷设自动分闸控制电缆，接取自动分闸控制线及信号采集线，终端的自动分闸接线端点严格按照设备端子的说明书接取（注意终端版本不同，端子定义也不同）。

（6）用户不带负荷送电，测试受控开关。

（7）敷设自动分闸控制电缆。

1）自动分闸控制电缆按现场勘察、施工技术设计书由终端位置沿预定线路、方式敷设至受控开关。

2）敷设自动分闸控制电缆施工要求：

a. 电缆不得有扭结、断股、裸露芯线和其他明显损伤。

b. 电缆严禁驳接。

c. 电缆在墙上敷设时应走线槽（管）。

d. 在与高压保持足够安全距离且绝缘性能良好的前提下，控制电缆允许与高压线路同缆沟敷设，但钢铠不能暴露出来。

e. 引入电柜、盘内的电缆及其芯线应符合安全要求。

（8）判断、接取、测量分闸控制触点及受控开关辅助触点，包括：

1）常开自动分闸触点的判断。

2）常闭分闸触点的判断。

3）自动分闸控制电缆接入终端和自动分闸开关控制触点检查。

（9）控制开关现场试分闸，包括：

1）核对自动分闸开关触点。

2）用户电工向受控开关送电（不带负荷）。

3）测量、记录受控开关辅助触点状态是否改变，若已改变状态，则将受控开关辅助触点接入。优先接入开关合闸状态下的常闭触点。

4）在终端位置进行现场试分闸。

（10）敷设、接取自动分闸控制电缆自检，包括：

1）自动分闸电缆线是否符合要求。

2）自动分闸接线是否正确、是否连接牢固、可靠。

3）填写负荷管理终端安装调试记录表的相关内容。

四、危险点分析及预防控制措施

危险点与预防控制措施见表4-5。

五、电能表、负控终端安装与接电步骤

（一）作业人员要求

（1）工作人员应身体健康、无妨碍工作的病症且精神良好。

（2）工作人员应具备相应的电气知识和业务技能，且取得相应岗位资格证书。

（3）作业人员应具备必要的安全生产知识，特别要学会触电急救。

（4）作业人员个人工具和劳动防护用品应合格、齐全。

（5）作业人员至少两人一组，并指定工作负责人，不得单独行动。

（二）作业前准备

1. 现场勘察

安装前对安装场所进行实地勘察，检查电能表、负控终端位置是否符合有关要求，现场通信是否良好，并确定计量装置、负控终端的安装时间。具体技术要点如下：

（1）查明现场与负荷管理终端安装施工有关的断路器、隔离开关、表计等情况。

（2）根据用户供电计量情况，确定终端型号等，包括：

1）根据现场实地勘察，判断用户供电计量方式是属于高压计量还是低压计量。

2）查看用户电能表的型号和接线方式。

3）根据电能表的型号和接线方式，确定应安装的终端型号。

4）确定终端安装位置，判断计量盘内是否有安装位置；计量盘无位置安装终端时，按以下方法确定安装位置：

a. 原则上选择在计量盘临近屏内位置，但终端安装运行后不能与原运行设备互相产生不良影响。

b. 在方便敷设电缆的合适的室内墙上安装。

5）检查计量盘内预留位置或临近屏内安装终端时固定孔是否合适可用。

6）确定计量盘内预留位置或临近屏内无终端安装固定孔或不适用的，钻孔时是否需要将高压或低压电源停运。

7）现场有无失压计时仪。

（3）确定终端采集量（脉冲、RS485、TA、TV）是否满足接入条件，包括：

1）确定用户电能表脉冲端口、RS485 信号采集端口被占用情况。

2）确定现场条件是否满足终端串接 TA 回路。

（4）确定自动分闸控制开关、电缆型号及敷设方式。

1）低压计量方式自动分闸控制开关的选取方法如下：

a. 检查低压进线柜、低压出线柜有无分闸按钮，若低压进线柜和出线柜均有分闸按钮，则优先在低压进线柜开关上接取自动分闸开关控制触点。

b. 若低压进线柜无分闸按钮或分闸按钮故障失灵，但出线柜有分闸按钮且正常，则在低压出线柜接取自动分闸控制开关触点。

2）自动分闸控制开关触点和受控开关辅助触点（回读）的接取原则：所有用户必须接入具备自动控制条件的主要生产负荷开关，或总控制开关自动分闸控制接线点和受控开关辅助触点（回读）信号到终端。

3）根据自动分闸控制开关的选取方法和自动分闸控制开关接线点以及受控开关辅助触点的接取原则，确定用户受控开关的位置、名称及型号。

4）根据电缆敷设路径及敷设方式，确定电缆的种类和型号。

2. 派工

在营销系统中进行配表、打印装接单、安排派工、领表等流程。

3. 个人防护用品及常用工具

（1）个人防护用品包括安全帽、护目镜、绝缘鞋、工作服、棉纱手套、个人保安线、绝缘手套、绝缘鞋等。

（2）常用工具钢丝钳、剥线钳、斜口钳、尖嘴钳、封印、电工刀、扳手、螺丝刀、低压验电笔、钢卷尺、万用表、验电器、手枪电钻、接线板、带夹电源线、$\phi 3.2$ 和 $\phi 4.2$ 的钻头、记号笔等。

4. 设备材料（以低压计量为例）

低压计量设备材料清单见表 4—8。

表 4—8   **低压计量设备材料清单**

序号	材料名称	规格	单位	备注
1	三相四线有功电能表		只	
2	Ⅲ型专变采集终端		只	
3	穿心式互感器（或蝶式互感器）		只	
4	铜塑线	BV—4	m	
5	铜塑线	BV—2.5	m	
6	联合接线盒		只	
7	脉冲/RS485 信号电缆	KVVRP2—22—$7\times1\text{mm}^2$	m	
8	电源电缆	KVV22 $4\times1.5\text{mm}^2$	m	
9	控制电缆	KVV22 $4\times1.5\text{mm}^2$	m	
10	交流采样电流电缆	KVV22 $6\times2.5\text{mm}^2$	m	
11	交流采样电压电缆	KVV22 $4\times1.5\text{mm}^2$	m	
12	打字套管	6mm^2	m	
13	自攻螺丝		只	
14	尼龙扎带		条	
15	带粘绝缘胶带	3M	卷	
16	电缆牌		块	

5. 工作票单

（1）现场站班会记录卡见表 4—9。

表 4—9   **现 场 站 班 会 记 录 卡**

现场站班会记录卡	
班组_____	工作票编号_____
工作地点	
工作时间	
执行记录时间	
工作人员检查	精神状态是否完好，无酒后工作现象 个人工器具是否齐全，是否符合要求
	着装是否符合安全要求 特种作业是否具备上岗资格
工作任务	
现场安全 措施检查	

续表

安全注意事项	
工作人员签名	
备注	
审核人	工作负责人_____

（2）电能计量装接单见表4-10。

表4-10　　　　　　　　　　　　**电 能 计 量 装 接 单**

电能计量装接单

申请类别：						查询号：			
户名						地址			
户号		区页码		联系电话			联系人		
容量		供电电压		量电方式				上次抄表日	
装/拆	局号	计度器类型	表库仓位码	位数	存度	自身倍率（变化）	索引码	规格型号	计量点编号
流程摘要				接线简图			电能表存度本人已经确认。 用户签章 　　　　年　月　日		
打印人员：		打印日期：			装接人员：		装接日期：		
表计局号		封印号	备注		表计局号		封印号		备注

（三）现场作业安全要求

1. 办理工作票相应手续

（1）工作负责人到达现场，办理相关工作票手续。

（2）工作负责人应再次检查所做的安全措施，确认带电设备的位置和注意事项。

2. 现场站班会

工作负责人向作业人员交代以下事项，告知危险点：周边环境、高处坠落、高处坠物、损坏设备、人员摔伤、触电伤害、电弧灼伤；明确工作人员的具体分工。工作人员明确工作任务并签字确认。

3. 工作人员检查安全措施

作业位置的前端要有明显断开点，作业环境良好，计量柜（箱）无电位置均已验电（电笔确认正常）；绝缘工具是否完好无损。

（四）电能表、负控终端作业步骤

1. 电能表、负控终端定点定位

按照电能计量装接单，现场核对户名、户号及新装负控终端的规格、资产编号等内容，检查电能表、负控终端外观是否完好。工作前检查隔离开关在断开位置，整个工作面不带电。

（1）定好电能表、负控终端的安装位置，用油性笔分别做上端标记。

（2）用手持电钻在标记处打孔（严禁戴手套使用电钻），固定螺丝。

（3）分另上挂电能表、负控终端，并紧固上端螺丝。

（4）定好电能表、负控终端垂直位置，用油性笔分别做下端标记。

（5）用油性笔标记联合接线盒位置。

（6）取下电能表、负控终端、接线盒，在标记处打孔后，安装电能表、负控终端和接线盒。

2. 安装互感器

（1）经穿心式电流互感器接入。

1）将一次导线穿入互感器，并固定好互感器。

2）打开互感器二次接线端螺丝。

3）二次接线穿过互感器，做弯头，并进行固定（注意弯头方向为螺丝拧紧方向）。

（2）经蝶式电流互感器接入。

1）固定好蝶式互感器后，打开保护盖。

2）注意剥线时选好尺寸，切记不可伤到线芯，方向套应事先套好，再做弯。

3）将做好弯的导线接入 S1、S2、U1。

（3）经电压互感器接入。

1）固定好电压互感器后，打开一、二次侧保护盖。

2）打开电压互感器一次侧接线端子，从母线上将 U 相、V 相、W 相的电压线依次接入电压互感器一次侧接线端子上。

3）打开电压互感器二次侧接线端子，分别将电压互感器二次侧 u 相、v 相、w 相的电压线和 N 线引入接线盒下方 1、5、9、13 端口上。

3. 电流、电压线接线

（1）接线说明。确保接线时电流连接片短接，电压连接片断开。

1）U 相电流：经互感器 S1 接入接线盒下方端口 3，过连接片从接线盒上方端口 2 入电能表端口 1，从电能表端口 3 入终端端口 1，从终端端口 3 回到接线盒上方端口 4，从接线盒下方端口 4 回到互感器 S2。

2）U 相电压：从互感器直接取值，入接线盒下方端口 1，经连接片从接线盒上方端口 1 分别接入电能表端口 2、终端端口 2。

3）其他相按照上述方式类推。

4）取零线接入接线盒下方端口 13，过连接片从接线盒上方端口 13 分别接入电能表端口 10、终端端口 10。

（2）接线完毕后的检查接线。

1）检查电能表、负控终端、互感器、接线盒接线是否正规、规范、牢固。

2）检查接线盒电流、电压连接片是否在运行位置。

3）检查连接互感器、电能表、负控终端、接线盒的导线有无露铜现象，螺丝不能压导线绝缘层。

4）检查所有紧固件是否拧紧。

5）检查熔丝与整个二次计量回路情况，极性是否正确。

4. 接取交流采样回路及数据采集线

5. 敷设分闸控制电缆，接取分闸控制线及受控开关信号采集线

6. 天线安装及注意事项

（1）安装天线，注意天线是否拧紧，摆放位置是否牢靠。一切正常后，盖上表盖并拧紧螺丝。

（2）注意事项。

1）线体应通过匝孔引至箱体外并且需要注意操作过程切勿碰触带电点。

2）天线与负控终端链接处和末端接收器应拧紧。

3）安装时需注意切勿强力挤压线体和处于强力挤压状态下，防止接触不良。

4）在信号不好区域，采取下列方法来调整天线位置：① 安装在配电箱外；② 地下室增加信号放大器或用加长天线移至室外来增强信号。

注意：安装过程切勿靠近变压器带电区域。

7. 合闸上电

（1）合上隔离开关，电能表、负控终端上电。注意：此时整个电流、电压回路已带电。

（2）将接线盒电压连接片合上并拧紧螺丝，将电流上连接片（短接片）打开并拧紧螺丝。

（3）盖上接线盒并拧紧螺丝。

8. 调试

现场安装完成后，查看负控终端是否联网。

（五）清理现场

安装完毕，工作人员整理工器具和材料，并清理作业现场。

（六）终结工作票

现场作业结束，工作负责人填写工作票，办理工作票终结手续。注意：新装起度为0。

六、安全注意事项

（1）电能表中性线必须与电源中性线直接接通，严禁采用接金属屏外壳等方式接地。

（2）工作时使用有绝缘柄的工具，并戴好绝缘手套和安全帽，必须穿长袖衣工作。

（3）登高作业应戴好安全帽，系好安全带，防止高处坠落；使用梯子作业时，应有专人扶护，防止梯子滑动，造成人员伤害。

（4）临时接入的工作电源须用专用导线，并装设有漏电保护器；电动工具外壳应接地。

（5）在雷电多发地区，应增装低压氧化锌避雷器或其他防雷保护。

第六节 直接式、间接式电能表的带电调换

电能表烧坏、误差超限、达到轮换条件时必须进行更换。

一、作业内容

（1）填写并办理工作票。

（2）联系用户并检查装接单地址、户名、户号、表计参数与现场情况。

（3）安全、规范地拆除旧电能计量装置。

（4）安全、规范地安装新电能计量装置。

二、危险点分析与控制措施

（一）主要危险点

主要危险点包括触电伤害、电弧灼伤、高处坠落、高处坠物、损坏设备、人员摔伤等。

（二）控制措施

（1）离地 2.0m 以上登高作业应系好安全带，在梯子上作业应有人扶持。

（2）检查金属表箱接地，确认良好；对金属表箱外壳验电，确认不带电。

（3）检查用户侧开关已断开，悬挂警示牌。

（4）明确保留的带电部分，并做好安全措施、保持安全距离。

（5）逐相拆开电源进、出相线，并用绝缘胶带包扎。

（6）逐相拆开绝缘胶带，逐一搭接电源进、出相线。

三、电能表带电调换流程

电能表带电调换流程见图 4-23。

图 4-23 电能表带电调换流程图

四、作业前准备

（1）工具准备与检查。电能表带电调换作业安全生产工器具包括以下两类：

1）必带工具：包括手用绝缘安装工具、低压验电笔、万用表、相序表、封印、应急灯、绝缘垫；

2）备带工具：包括防滑梯子、登高板、安全带、保安线。其中，手用绝缘安装工具有绝缘斜口钳、绝缘尖嘴钳、进口钢丝钳、进口剥线钳、绝缘螺钉、绝缘电工刀、活扳手、小榔头等。

工具的检查内容和要求与电能表安装的工具检查相同。

（2）指定工作负责人（监护人）和工作班成员，明确职责。作业前应明确装接单所示装拆任务，确定作业人员和工作职责，核对电能表和电能表装接单是否相符、电能表装接单与领用的电能表的型号、规格、出厂编号、局号等是否相符，检查电能表外观完好，进行作业前安全教育、安全措施、技术措施交底。

（3）检查作业人员身体精神状况和劳保用品使用情况，参加作业人员的精神状态饱满，无社会干扰及思想负担；参加作业人员有符合作业条件的身体及技术素质，有安全上岗证；参加作业人员按规定着劳保服、低压绝缘鞋和棉纱劳保手套；作业人员没有饮酒。

（4）熟悉电能计量装置的正确接线图。

（5）事先联系用户，说明工作任务。工作负责人（监护人）和工作班成员携带装接单和带电作业票一起到达工作地点。要尊重用户的意见，遵守用户处的规章制度。使用供电服务文明用语和行为规范。

（6）检查装接单地址、户名、户号、表计参数与现场情况是否相符。要求定位电能表的准确位置。若存在票面和现场的户号、电能表参数等不相符的，应暂时中止作业，返回调查清楚。

（7）检查作业环境，确认是否需要增加隔离、登高和照明设施。电能表位置较高时使用梯子，要有专人扶持；登高离地超过 2.0m 时必须使用安全带；车辆来往密集时应使用围栏或隔离标志；需增加现场照明时使用低压应急灯。

（8）按电能计量安装作业票的内容进行现场教育和检查，并将完成的项目在作业票上打勾，工作班成员确认签名。根据现场实际情况，在补充安全措施一栏里填写作业票中没有提到的安全措施。

五、操作过程、质量要求

直接式、间接式电能表的带电调换步骤基本相同，区别在于互感器的处理，因此，在此将它们的操作步骤合在一起介绍。

（一）更换前的检查

1. 金属表箱检查

目测检查金属表箱的接地极、导线和表箱的连接是否良好，用验电笔验明金属表箱无电。如果发现金属表箱有电或金属表箱接地装置不可靠，应检查带电原因，排除带电缺陷后方可进行作业；如现场不能排除金属表箱带电或接地装置缺陷，应终止电能表装接拆换作业，并通知相关部门进行设备消缺，消缺完成后方进行电能表的装接拆换作业。

2. 电能表及接线检查

打开表箱门检查电能表及接线，并记录原表计的止度（并拍照），确认户号和局号，检查封印、外观、防窃电性能是否完好，要求封印完好、接线正常。如果检查发现电能计量装置运行异常，有窃电或明显违约迹象，应终止电能表装接拆换作业，保持或恢复原状，并通知相关部门进行处理。

3. 用户侧开关断开检查

直接式电能表更换前应先断开用户侧开关，并观察电能表运行状态指示，确认已切除负荷，电子式电能表的指示灯应停止闪动或熄灭。确定用户侧的负荷开关在拉开位置，并挂上"禁止合闸"的警示标志。

（二）更换操作

1. 带电调换前的工作

（1）直接式电能表的带电调换：正确抄录电能表当前示数并由用户签字确认。

（2）间接式电能表的带电调换：

1）抄录电能表数据。记录电能表换装开始时间和瞬时功率，正确抄录电能表当前示数并由用户签字确认。

2）短接电流连片。逐相短接接线盒电流回路连片，短接时作业人员应戴护目镜。记录电能表换装开始时间。

3）断开电压连片。逐相（先相线、后中性线断开电压连片，断开时作业人员应戴护目镜。

4）作业回路验电。逐相检查接线盒电压连接片上部是否有电压、各相电流是否接近于零。防止工作时误碰带电部位，验电完毕罩上接线盒罩壳。

2. 拆除旧表

（1）打开电能表封印，拆出电能表接线。要求先拆相线，再拆中性线。检查接线、电能表接头是否有超容量使用痕迹。如果发现用户超容量使用痕迹明显，立即终止电能表装接拆换作业，保持或恢复原状，并通知相关部门进行处理。

（2）依次松开进线相线、出线相线、进线中性线、出线中性线的接线端子螺钉，轻轻拔出导线，做好标志，并用绝缘胶带绑扎，依次用绝缘胶带包好导线接头，切实起到保护作用。

（3）松开电能表固定螺钉，轻轻取下电能表。核对拆下电能表和装接单标明的是否一致，用布擦干净，放入运输箱内。箱内要有防震保护措施。

3. 安装新表

（1）检查待装电能表封印，要求电能表检定标记和检定证书、校准证书有效，输入数据或操作的措施完好。

（2）把电能表牢牢地固定在表箱的底板上，安装完毕后用手推拉电能表，无松动现象并垂直于地面。

（3）用螺丝刀松开电能表接线端子盒盖螺钉，取下盒盖，检查端子的排列。

1）直接式电能表。从左到右数：单相表的排列是相线（电流）进、相线（电流）出；中性线进、中性线出。三相表的排列是 U 相线（电流）进、U 相线（电流）出；V 相线（电流）进、V 相线（电流）出；W 相线（电流）进、W 相线（电流）出；中性线进、中性线出。

2）间接式电能表。从左到右数：单相表的排列是相线（S1 电流）进、相线（电压）进、相线（S2 电流）出；中性线进、中性线出。三相表的排列是 U 相线（S1 电流）进、U 相线（电压）进、U 相线（S2 电流）出；V 相线（S1 电流）进、V 相线（电压）进、V 相线（S2电流）出；W 相线（S1 电流）进、W 相线（电压）进、W 相线（S2 电流）出；中性线进，中性线出。

（4）依次检查、分辨标志并剥开中性线接头、相线的绝缘胶带，把接头连接到电能表的中性线进线、中性线出线、相线进线、相线出端子上。要求接头连接要牢固，用手捏住导线的绝缘层，轻拉无松动现象。

（5）如果是带电流互感器的电能表，在完成电能表表尾接线后，应将联合接线盒上接有电流互感器 S1、S2 端子导线的连接片断开，以防通电后造成电流回路短路。将联合接线盒电压连接片接上并拧紧。

（6）检查整理导线并进行绑扎，要求导线排列应为横平竖直、整齐美观，导线应有好的绝缘，中间不允许有接头。

（7）检查整理完毕，盖上电能表接线端子的盒盖。要求确认接线正确，无错误接线。

4. 新表通电检查

（1）通知用户准备送电，由用户合上用户侧开关，检查电能表运行状态。

（2）用万用表和相序表测量表尾线的电压和相序：单相表测得的电压应在 220V 左右（+7%，−10%以内）；三相表测得的线电压应在 380V 左右（±7%以内），安装三相电能表时需用相序表测量相序为正相序。智能电能表可从表上直接读出电压、电流、相序等参数。

5. 新表加铅封

完成电能表表盖、联合接线盒盒盖、表箱门的封印工作。要求封印的螺钉以不可转出为准，封印用的铜线长短适中，确保封印起到防窃电的作用。

（三）终结阶段

（1）清理作业现场，告之用户电能表起止度单，取得用户签名。

（2）要求作业现场不留有电线头、胶带等杂物，场地打扫清洁。

（3）用户在现场的，应请用户确认起止度，并签字，不在现场的应张贴书面告知书。

（4）工作负责人和工作班成员在装接单和作业票上签字，确认工作完毕。要求装接单和作业票票面清洁、整齐，内容详尽。

六、注意事项

注意事项与电能计量装置安装要求基本相同。但应重点注意以下几点：

（1）应先根据要求开具合适的工作票，使用个人保安用品，并履行许可制度，然后开始换表。

（2）原来一次线采用铝线或铝排的应尽量换成铜线或铜排。

（3）换表时应做好电压线和电流进出线记号，防止恢复时插错接线盒孔（特别有些老表电压孔位置不同），造成错接线。

（4）电能表接线盒、联合接线盒、计量柜门都应加封。计量柜内应有启封记录卡，并应有拆封原因、日期、拆封人姓名的记录，贴好倍率纸和启封警告贴纸。

【思考与练习】

1. 与电能计量装置停电安装相比，带电安装应特别注意哪些安全问题？

2. 更换电能计量装置前应检查、记录电能计量装置的哪些信息？

3. 简述带电换表的步骤。

第七节　低压电能计量装置的接线故障检查与分析处理

一、接线故障检查的目的

低压电能计量装置的准确性不仅取决于电能表、互感器的等级，还与它们的接线有关。即使电能表和互感器本身准确性很高，接线错误也会导致整套计量装置发生误差，有时甚至会造成仪表损坏或造成人身伤亡事故。窃电是使计量装置接线发生错误，使之少计、不计或反计，使电力企业受损失，因此对运行中的电能计量装置必须进行定期或不定期检查。

检查的主要内容：检查计量装置的防窃电装置是否完好，运行情况是否正确，是否发生故障和损坏，接线方式是否正确，为计算退、补电量及电量纠纷提供依据。

二、危险点分析与控制措施

（1）使用仪表时应注意安全，避免触电、烧表、触电伤害和电弧灼伤。

（2）使用有绝缘柄的工具以防触电；必须穿长袖工作服，戴好绝缘手套，保证剩余电流动作保护器能正确动作。

（3）要有防止高处坠落、高处坠物和人员摔伤的安全措施，正确使用梯子等高处作业工具。

（4）作业前应认真检查周边环境，发现有影响作业安全的情况时应做好安全防护措施。

（5）带电更正接线时，应防止相零短路。

（6）测试、检查三相四线电能表时要防止相间短路，防止中性线断线烧坏用电设备。

三、检查前准备工作

（1）了解电力用户的基本情况。包括用户负荷的性质、是否满足测试要求、用电情况是否发生变化、是否存在窃电疑点等。

（2）工具、仪表准备与检查。电能表错误接线检查分析时应准备以下工具与仪表：个人常用工具，包括螺丝刀、扳手、钢丝钳、验电笔、铅封钳；高处检查时还需准备梯子、安全带等登高工具；测量仪表包括伏安相位表（或万用表、相序表、相位表等）；材料包括单股铜芯绝缘导线、封印。对以上工具、材料、仪表应逐件清点并检查。

（3）着装。要求戴好安全帽，扣好工作服衣扣和袖口，系好绝缘鞋鞋带，戴好棉纱手套。

四、单相电能计量装置接线故障检查与分析

（一）单相电能表的外观检查

对电能计量装置进行接线检查时，应先对电能表的外观进行检查，主要内容包括：

（1）检查电能表进出线接线是否固定好，预留是否太长，安装是否垂直、牢固，表盖及接线盒是否齐全和紧固，电能表固定螺钉是否完好牢固，表壳有无机械损坏，表箱是否锁好，电能表安装处是否有机械振动、热源、磁场干扰等不利因素。

（2）核对电能表的参数，包括型号、规格、户号、局号等。

（3）观测电能表的脉冲灯是否闪烁，脉冲灯闪烁的频率越快，代表用户用电功率越大，同样时间内用掉的电就越多。如果用户正常使用电量，则电能表的脉冲灯会随着使用过程中电压负荷的不断变化有快慢的闪烁。

（4）检查封印。正常的新型防撬铅封表面应光滑平整、完好无损，一旦启封就破坏了原貌，要想复原是不可能的。根据本单位对封印的分类及使用范围的规定，检查封印的标识字

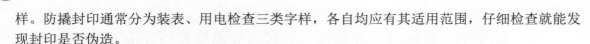
样。防撬封印通常分为装表、用电检查三类字样，各自均应有其适用范围，仔细检查就能发现封印是否伪造。

（5）检查电能表的接线。如有必要，打开铅封检查电能表的表尾接线。

（二）单相电能表的常见错接线检查

下面结合案例，详细介绍单相电能表的常见错接线形式及检查方法。

1. 错接线形式一

中性线与相线接反。错误接线如图 4-24 所示。错误接线的计量结果表达式为 $P=UI\cos\varphi$，错误接线的后果是正常用电情况下电能表仍正常计量。但用户易利用"一火一地"方式窃电，易触电，且不安全。

检查方法：不断开电源，用万用表分别测量电能表进线的 1 号接线端子的对地电压，或观察电能表显示屏的电流方向的正、负。如读数为 220V，表明接线正确，如读数接近 0，表明接线错误，此线为电源中性线。

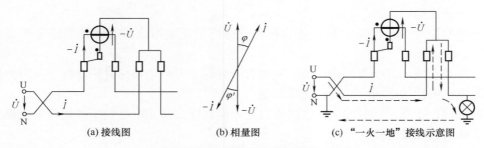

图 4-24　相线与中性线颠倒

2. 错接线形式二

电源与负载线在电能表端子接反，如图 4-25 所示。错接线的计量结果表达式为 $P=-UI\cos\varphi$，后果是电能表的有功电量不变，但是反向计量。

检查方法：观察电能表运行情况或观察电能表显示屏的电流方向的正、负。

3. 错接线形式三

电流线圈与电源短路，即电能表电流线圈并接于电源电压上，如图 4-26 所示。后果是电能表电流线圈烧毁。

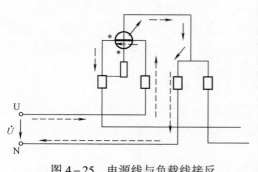

图 4-25　电源线与负载线接反

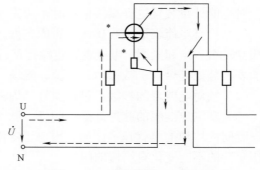

图 4-26　电流线圈与电源短路

4．错接线形式四

电压连接片接于电流线圈的出线端，如图4-27所示。后果是在用户未用电时出现有压无载的潜动。

检查方法：断开用户用电设备，观察电能表脉冲灯是否闪烁。

（三）单相智能电能表的接线检查

单相智能电能表现已得到广泛应用，其错误接线检查方法更直观。在智能电能表的显示屏上，可显示内容如图4-28所示。只要读出相应的参数，结合当时的负载情况，即可知道其接线是否正确，如图4-29所示。

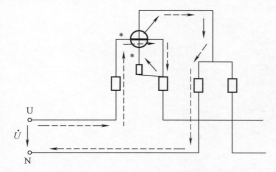

图4-27　电压小钩接于电流线圈出线端

图4-28　智能电能表显示内容

说明：
1．当前总用电量为：31058.02kWh；
2．仪表运行于第1套阶梯的第2个梯度区间；
3．仪表RS485口或红外口处于通信状态；
4．仪表处于反向计量状态；
5．此时仪表处于电池欠压状态。

图4-29　显示参数说明

五、三相四线有功电能计量装置（直接接入式）接线故障检查与分析

（一）外观检查

外观检查内容及要求与单相电能表接线检查及分析相同。

（二）表尾接线检查

通过检查表尾接线可发现直接接入式三相四线电能计量装置的常见错误接线形式及计量结果。

1．错误接线形式之一：电流或电压断线

（1）一相电流断开或一相电压断开。如图4-30所示，假设U相二次电流断线或电压断线，计量结果为 $P' = 2UI\cos\varphi$。正确接线时的计量结果为 $P' = 3UI\cos\varphi$，因此只计量了两相的电量，少计量了一相的电量。

（2）两相电流或两相电压断线。如图4-31所示，假设U、V相两相电流或电压断线。计量结果为 $P' = UI\cos\varphi$，只计量了 1/3 的电量，少计量了两相的计量。

（3）三相电流或三相电压断线。计量结果为 $P' = 0$，电能表不转。

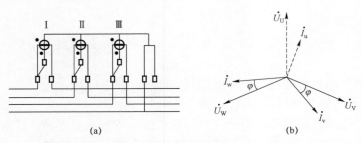

图4-30　三相四线有功电能表 U 相电流或电压断线
（a）接线图；（b）相量图

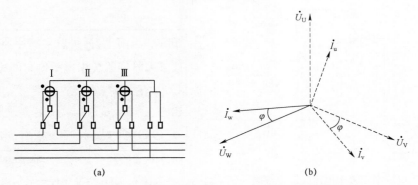

图4-31　三相四线有功电能表 U、V 相电流或电压断线
（a）接线图；（b）相量图

2. 错误接线形式之二：电流进线接反

（1）一相电流接反。如图4-32所示，假设 U 相电流接反，计量结果为 $P = UI\cos\varphi$，只计了 1/3 电量，少计了两相的电量。

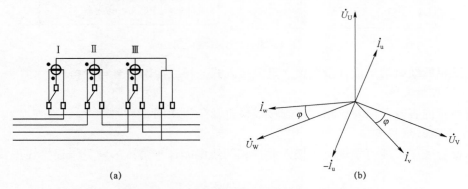

图4-32　三相四线有功电能表 U 相电流接反
（a）接线图；（b）相量图

（2）两相电流接反。这种错接线情况的接线图略，相量图如图4-33所示，计量结果为 $P' = -UI\cos\varphi$，倒走 1/3 电量。

（3）三相电流接反。计量结果为 $P' = -3UI\cos\varphi$，电能表倒走一倍电量。

直接接入式三相四线电能计量装置各种错误接线情况下的功率表达式如表4-11所示。

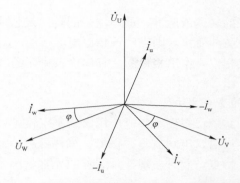

图 4-33　三相四线有功电能表两相电流接反相量图

表 4-11　　　直接接入式三相四线电能计量装置各种错误接线下的功率表达式

序号	1			2		
错误接线情况	电压、电流断线			电流极性接反		
	①	②	③	①	②	③
	一相电压或电流线断开	两相电压或电流线断开	三相电压或电流线断开	一相电流反进	两相电流反进	三相电流反进
计量结果	$2U_\varphi I_\varphi \cos\varphi$	$U_\varphi I_\varphi \cos\varphi$	0	$U_\varphi I_\varphi \cos\varphi$	$-U_\varphi I_\varphi \cos\varphi$	$-3U_\varphi I_\varphi \cos\varphi$
造成后果	计量 2/3 电量	计量 1/3 电量	不转	计量 1/3 电量	反转、计量 1/3 电量（有误差）	反转、正确电量（有误差）

（三）表尾接线检查方法

检查直接接入式三相四线错误接线比较简单，是因为直接接入式电能表的电压取自电流进线（此类电能表接线盒端钮采取连接片方式从电流进线取电压），所以错误接线时不会出现电压电流错相，一般只有电流进出线接反和缺电压的可能。因此，查找直接接入式三相四线电能表的错误接线，只要在现场进行直观检查就可以排除断线、短接和失压的错误接线。判断是否有电流进出线接反，可以采取钳型电流表法或逐相检查法。测量相电压为 380V 时（有两相的相电压），则有一相与中性线接反，长期运行将造成两相电压线圈过电压烧毁。

1. 断压法

电压断线的检查方法有两种：① 断开电路，用万用表逐相测量电压进线接线端子与中性线端子间的直流电阻，如万用表显示导通，则电能表该相无电压断线错误；如万用表显示断线，则电能表该相存在电压断线错误。② 不断开电路，逐相断开电压连接片，仔细观察电能表的转速或脉冲，如电能表的转速或脉冲不变，则该相电压断线；如电能表的转速或脉冲变慢，则表明该相电压正常。

2. 短接电流法

电流断线的检查方法是：在不断开电路的情况下，逐相短接电流接线端子，仔细观察电能表的转速或脉冲。如电能表的转速或脉冲不变，则存在电流断线错误；如电能表的转速或脉冲变慢，则表明该相电流正常。

3. 电流接反的检查方法

电流接反的错误检查方法有两种：① 在不断开电路的情况下，逐相换接电流进出线接线

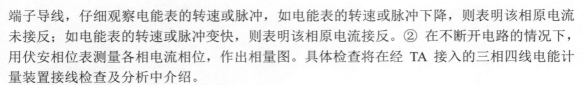

端子导线，仔细观察电能表的转速或脉冲，如电能表的转速或脉冲下降，则表明该相原电流未接反；如电能表的转速或脉冲变快，则表明该相原电流接反。② 在不断开电路的情况下，用伏安相位表测量各相电流相位，作出相量图。具体检查将在经 TA 接入的三相四线电能计量装置接线检查及分析中介绍。

（四）三相智能电能表的检查方法

三相智能电能表在国网系统已得到了广泛应用。它不仅仅可以准确计量有功、无功与视在电量，更在编程、存储、通信、电网监测、报警、事件日志等方面有着良好的应用。供电企业营销人员要充分利用其特点，及时发现计量装置的异常状况。三相智能电能表的显示内容如图 4-34 所示。

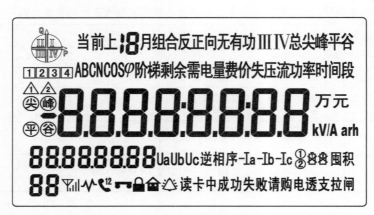

图 4-34　三相智能电能表显示内容

图中，"UaUbUc"为三相实时电压状态指示，Ua、Ub、Uc 分别对于 A、B、C 相电压，某相失压时，该相对应的字符闪烁；某相断相时则不显示。"-Ia-Ib-Ic"为三相实时电流状态指示，Ia、Ib、Ic 分别对于 A、B、C 相电流。某相失流时，该相对应的字符闪烁；某相电流小于启动电流时则不显示。某相功率反向时，显示该相对应符号前的"-"号。

六、经 TA 的三相四线电能计量装置接线故障检查与分析

对于经 TA 接入的三相四线电能计量装置的接线故障虽然可以采用逐相检查法，但由于经 TA 接入的用户一般用电量比较大，且错误接线种类也比较复杂，逐相检查不一定能分析出来。如果是三相对称负载，当将三组元件的电流、电压分别接入时，如出现转盘虽然都正转，但转速相差很大，则电能表肯定有接线错误，例如同一组元件中的电流、电压并不属于同一相。这时需要核实电流电压的相位，一般不难查清。因此，对经 TA 接入的电能计量装置应采用伏安相位表法检查接线故障。

（一）测量点选择

如果测量点选在接线端子上，所测试的数据是接线端子进线侧（即互感器连接端子侧）的数据，它只能反映互感器的运行状况，而不能反映电能表的运行状况。假如互感器与接线端子连线正确，而接线端子与电能表连线错误，这样的测试是没有意义的，因为不能发现电能表运行错误。在实际工作中，新装计量装置在第一次投入运行时，互感器侧接线一般不容易接错线，往往是在更换时发生接错线的概率较大。如果测量点选在电能表接线端子上，可以及时发现电能表运行是否正常及接线是否正确，而无论互感器接线是否正确。

（二）错误接线检查

在实际工作中，一般在电能表的接线端子上进行纠错较为符合实际。因为互感器是带电运行设备，一般情况下，即使发现错误也不容易及时停电进行改正。即使在接线端子上进行纠错，也不能完全避免错误的存在。例如，如果互感器极性错，在接线端子进线侧电压可以带电纠正，电流则不能带电纠正。所以，对于这类用户需要安装计量联合接线盒，在计量联合接线盒处进行电压开路和电流短接，进线更正接线（更正接线期间计量装置退出计量，应补收相应漏计的电量）。使用伏安相位表法测量，运用相量图分析和判断（下文 1、2、3、0 分别代表元件 1、元件 2、元件 3 元件和中性线）。一般使用相量图法进行分析时，前提是三相电路对称（以 DP－Ⅰ型手持式钳型相位数字万用表为例，简称伏安相位表）。

1. 计量装置的检查

（1）检查计量装置的封印是否齐全。

（2）检查计量装置的外观是否良好。

2. 参数测量

（1）电流的测量——判断有无短接、断线。

1）使用 I1 或 I2 卡钳，将相位表的旋钮开关旋转至相应的电流挡 I1 或 I2。注意钳子必须对号入座。

2）将相位表的电流卡钳分别卡住电能表表尾的电流进线，依次测量出 1、2、3、0 相的电流值，做好记录。

（2）电压的测量——判断有无缺相、相零线接错或极性接反。

1）使用 U1 或 U2 测试线，将相位表的旋钮开关旋转至相应的电压挡 U1 或 U2。

2）将相位表的红笔（正极）和黑笔（负极）分别接触到电能表表尾盒内的 1、0 相电压接线端子上。此时显示的是 U10 的电压值，做记录。然后再依次测量 U20 和 U30 的电压值。

（3）相位角度的测量——测量时只能是相位表上"U1"与"I2"或"U2"与"I1"配合使用。

1）将相位表的旋钮开关旋至"ΦU1－I2"挡，电压测试线使用 U1，电流卡钳使用 I2。

2）先将相位表的电流卡钳卡住电能表表尾的 1 相电流进线（注意电流卡钳的极性一定要正确，卡钳上表示极性的红色小点应对应电流进入的方向），再将相位表的红笔和黑笔分别接触电能表表尾盒内的 1、0 相电压接线端子上，此时相位表显示的是 U10 和 I1 之间的夹角，做记录。再依次测量 U20 和 I2、U30 和 I3 之间的夹角。或保持电压红笔和黑笔不动，将电流卡钳依次卡住 2、3 相电流进线，可测出 U10 和 I2、U10 和 I3 之间的夹角。

（4）相序的测量——"U1"和"U2"两组测试，红笔黑笔同时使用。

1）将相位表的旋钮开关旋转至"ΦU1－U2"挡。

2）将相位表"U1"挡的红笔接触电能表表尾盒内的 1 相电压接线端子，"U2"挡的红笔接触电能表表尾盒内的 2 相电压接线端子，两支黑笔同时接触电能表表尾盒内的 0 相电压接线端子。此时，相位表显示的是 U10 和 U20 之间的夹角，角度为 120°时相序为正（顺）相序（见图 4－35），角度为 240°时相序为反（逆）相序（见图 4－36）。如有失压现象，应测量其他两相之间的夹角，例如：1 相失压，则测量 U20 与 U30 之间的夹角；2 相失压，则测量 U30 与 U10 之间的夹角。测量结果的判定方法相同。

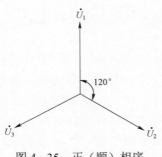

图 4-35　正（顺）相序

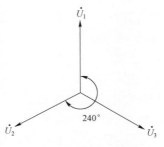

图 4-36　反（逆）相序

3. 接线分析

（1）根据测量的电流值判定是否有断线、短接。因为三相负荷平衡，三相电流值应基本相同。如发现值相差很大，则值小的相被短接；如发现电流基本为零，则这相电流断线。

（2）根据测量的电压值判定是否缺线。与电能表的额定电压比较，如电压为零，则这相电压失压（与无功电能表联合接线情况不同，有一定的电压）。

（3）画相量图，确定实际错误接线组合。

1）画三相四线计量装置的相量图时，为方便理解和分析，无论相序为正还是逆，均按正相序画 U1、U2、U3（顺时针）。只是在确定接线组合时将正相序写成 Uu、Uv、Uw（三相四线有三种可能：Uu-Uv-Uw、Uv-Uw-Uu、Uw-Uu-Uv，现只按第一种来分析说明），将逆相序写成 Uu、Uw、Uv（同样有三种）。

2）根据测得的相位角在相量图上找到 I1、I2、I3 的位置并画相应相量。

3）依据就近原则和给定的感性（电流滞后电压）或容性（电流超前电压）负载条件来确定电流的实际相别。如电流相量无就近的电压相量，则反向做负的相量，就可以找到。那么与电压相量就近的电流相量，其相别与电压一致。

4）确定实际错误接线组合。正相序时，电压为 Uu、Uv、Uw，电流为 I1、I2、I3。逆相序时，电压为 Uu、Uw、Uv，电流为 I1、I2、I3。

电能表计算功率时，采用对应相的电压和电流。正确的功率计算时电流应以分析后的实际相别表示，并有正负号，如：Iu、-Iv、Iw，Iv、Iu、-Iw……而且电流顺序一定是 I1、I2、I3。

（4）画出实际错误接线图，指出错误接线的方式。

（三）退补电量计算

（1）画出正确相量图，根据错误接线的电压、电流组合，写出错误接线情况下功率表达式。

（2）计算更正系数为

$$K = \frac{P}{P'} = \frac{3UI\cos\varphi}{UI(\cos\varphi_1 + \cos\varphi_2 + \cos\varphi_3)}$$

（3）退补电量。根据更正系数和抄见电量计算退补电量，计算公式为

$$\Delta W = (K-1)K_1 W$$

（四）案例分析

例题 1：根据测量参数（见表 4-12），判断错接线及计算错误功率表达式。本例负荷为感性负荷，$0° < \varphi < 60°$。

表 4－12　　　　　　　　测　量　参　数

测量参数	U_{10}	U_{20}	U_{30}	U_{12}	U_{13}	U_{23}	I_1	I_2	I_3
测量数据	220V	220V	220V	380V	380V	380V	2.0A	2.0A	2.0A
相位测量数据		$\dot{I}_1$			$\dot{I}_2$			$\dot{I}_3$	
$\dot{U}_{10}$		84°（A）							
$\dot{U}_{20}$		323°（B）			263°				
$\dot{U}_{30}$								263°	

解：

（1）确定电压相序，由 A－B≈－240°（即 A 相超前 B 相 120°），可得电压为正相序；

（2）画出电压为正相序的相量图后，画出三个电流相量，见图 4－37；

（3）按感性负载，在相量图上标出实际的电压、电流；

（4）感性负载时错接线的形式：电压 U_U、U_V、U_W，电流 $-I_W$、I_U、I_V。

（5）感性负载时错接线的功率表达式及最简式为

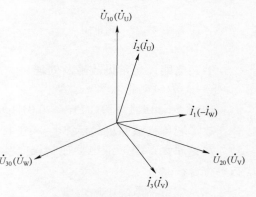

图 4－37　相量图

$$P = UI[\cos(60°+\varphi)+\cos(240°+\varphi)+\cos(240°+\varphi)] = -UI\cos(60°+\varphi)$$
$$Q = -UI\sin(60°+\varphi)$$

例题 2：根据测量参数（见表 4－13），判断错接线及计算错误功率表达式。

$$60° > \varphi > 0°$$

表 4－13　　　　　　　　测　量　参　数

测量参数	U_{10}	U_{20}	U_{30}	U_{12}	U_{13}	U_{23}	I_1	I_2	I_3
测量数据	220V	220V	220V	380V	380V	380V	2.0A	2.0A	2.0A
相位测量数据		$\dot{I}_1$			$\dot{I}_2$			$\dot{I}_3$	
$\dot{U}_{10}$		203°							
$\dot{U}_{20}$		323°			23°				
$\dot{U}_{30}$								203°	

解：

（1）确定电压相序，由 A－B≈240°，可得电压为反相序；

（2）画出电压为反相序的相量图后，画出三个电流相量，见图 4－38；

（3）按感性负载，在相量图上标出实际的电压、电流；

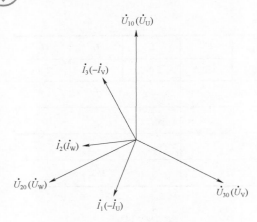

图 4-38　相量图

（4）感性负载错接线的形式：电压 U_U、U_W、U_V，电流 $-I_U$、I_W、I_V。

（5）感性负载错接线的功率表达式及最简式为

$$P = UI[\cos(180° + \varphi) + \cos\varphi + \cos(180° + \varphi)]$$
$$= -UI\cos\varphi$$
$$Q = -UI\sin\varphi$$

若此题条件改为 $0° > \varphi > -60°$，则错接线的形式为：电压 U_U、U_W、U_V，电流 I_W、$-I_V$、I_U。

容性负载时错接线的功率表达式为

$$P = UI[\cos(240° + \varphi) + \cos(60° + \varphi) + \cos(240° + \varphi)]$$
$$= -UI\cos(60° + \varphi),$$
$$Q = -UI\sin(60° + \varphi)$$

七、电能计量常见故障及处理

（一）智能电能表常见告警

1. 继电器回路故障（Err--0 01 1）

故障现象：液晶屏显示 Err--01 1；报警灯亮，如图 4-39 所示。

常见原因：（1）继电器控制程序与继电器运行状态不符合；

（2）继电器故障。

处理方法：更换电能表。

备注：一般不涉及计量准确性。

2. 密钥验证失败（Err--02）

故障现象：在拉、合闸时液晶屏显示 Err--11 且 10s 后消失，然后液晶显示 Err--02，报警灯亮，如图 4-40 所示。

图 4-39　继电器回路故障

常见原因：（1）ESAM 芯片损坏；

（2）ESAM 模块程序未复位。

处理方法：一般情况下电能表重新上电后即可恢复正常。如重新上电仍显示 Err--02，则需更换电能表。

备注：一般不涉及计量准确性。

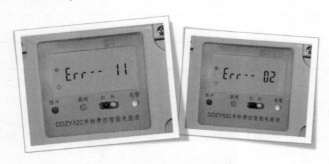

图 4-40　密钥验证失败

3. 时钟电池欠压（Err－－04）

故障现象：液晶屏显示 Err－－04，报警灯亮；电能表电池符号闪烁，或在电网停电情况下，电能表无法触发显示，如图 4-41 所示。

常见原因：（1）电能表时钟芯片功耗较大；

（2）电能表存储环境温度、湿度长期超标；

（3）电池故障。

处理方法：更换电能表。

备注：一般不涉及计量准确性。

4. 存储器故障（Err－－06）

故障现象：液晶屏显示 Err－－06，报警灯亮；失电后重新上电，则显示乱码，如图 4-42 所示。

常见原因：电网谐波或外电（磁）场引起存储器损坏。

处理方法：在电能表失电前，立即记录电能表数据，以防表计数据丢失；然后更换电能表。

图 4-41　时钟电池欠压

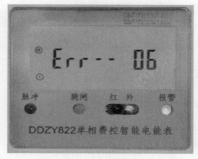
图 4-42　存储器故障

5. 时钟失准（Err－－08）

故障现象：液晶屏显示 Err－－08，报警灯亮，电能表时钟出现乱码，时间误差大，如图 4-43 所示。

常见原因：（1）晶振频率误差大或晶振损坏；

（2）时钟芯片虚焊。

处理方法：更换电能表。

6. 用电负荷过载（Err－51）

故障现象：液晶屏显示 Err－51，报警灯亮，如图 4-44 所示。

常见原因：用电负荷过载。

处理方法：用户控制用电功率或办理增容手续。

7. 三相用电电流严重不平衡（Err－52）

故障现象：液晶屏显示 Err－52，报警灯亮，如图 4-45 所示。

常见原因：用户三相用电电流（负荷）严重不平衡。

处理方法：用户调整三相用电负荷。

备注：一般不涉及计量准确性。

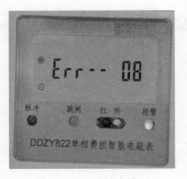

图 4—43　时钟失准

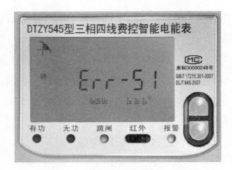

图 4—44　用电负荷过载

8. 过电压（Err—53）

故障现象：液晶屏显示 Err—53，报警灯亮，如图 4—46 所示。

常见原因：电源过电压。

处理方法：查找电源过电压原因，并消除。

备注：一般不涉及计量准确性。

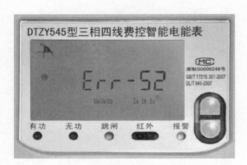

图 4—45　三相用电电流严重不平衡

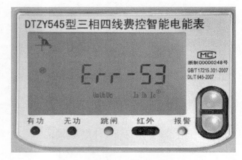

图 4—46　过电压

9. 功率因数超限（Err—54）

故障现象：液晶屏显示 Err—54，报警灯亮，如图 4—47 所示。

常见原因：用电功率因数超限。

处理方法：查找功率因数超限原因，并消除。

备注：一般不涉及计量准确性。

（二）智能电能表常见故障类

1. 液晶黑屏

故障现象：正常上电状态下，液晶无显示，如图 4—48 所示。

常见原因：（1）液晶驱动芯片未工作；

（2）液晶屏损坏；

（3）CPU 损坏。

处理方法：更换电能表。

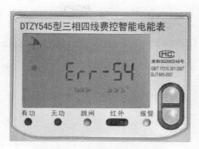

图 4-47　功率因数超限

图 4-48　液晶黑屏

2. 液晶显示乱码

故障现象：液晶显示乱码，如图 4-49 所示。

常见原因：（1）液晶显示器管脚虚焊；

（2）液晶显示器笔画段损坏；

（3）液晶驱动芯片或贴片电阻损坏。

处理方法：更换电能表。

图 4-49　液晶显示乱码

3. 电能表死机

故障现象：电能表通电后，液晶显示无反应（死机），或显示停滞，或数据乱跳，如图 4-50 所示。

常见原因：（1）采样回路元件虚焊或损坏；

（2）程序出错。

处理方法：更换电能表。

4. 电能表抄见电量与实际用电情况有明显差异

故障现象：电能表抄见电量与用户实际用电情况明显不符，如图 4-51 所示。

常见原因：（1）计量芯片损坏；

（2）采样回路元件虚焊或损坏。

处理方法：（1）检查用户用电负荷与电能表显示功率是否一致；

（2）判断表计脉冲常数是否正确，如：电表脉冲常数为 1200imp/kWh 时，输出 12 个脉冲，电量应增

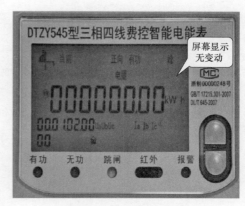

图 4-50　电能表死机

加 0.01kWh，则脉冲常数正确；

（3）用瓦秒法粗略判断计量是否准确，即在用电负荷恒定的情况下，应满足下式：

$$电能表显示功率P（千瓦）=\frac{N（脉冲数）\times 3600}{C（电表脉冲常数）\times T（起止脉冲输出时间秒）}$$

（4）如存在上述任何一个问题，均应换表。

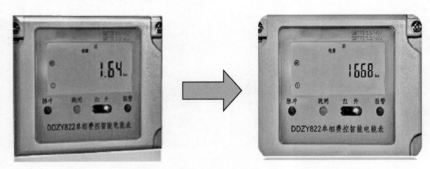

图4-51 电能表抄见电量与实际用电情况有明显差异

5. 无负荷有电量

故障现象：用户在无用电负荷情况下，电能表仍存在计量现象。

常见原因：（1）串户、漏电；

（2）电能表潜动。

处理方法：（1）检查电能表出线是否存在串户、漏电等现象；

（2）检查三相电能表电源相序是否正确；

（3）检查电能表是否潜动，如有潜动，更换电能表。

6. 红外通信故障

故障现象：（1）当掌机发出命令，且相应电能表通讯灯亮，液晶屏上有通信符号闪烁，掌机未接收相应电能表的应答；

（2）当掌机发出命令，相应电能表通信灯不亮，液晶屏上无通信符号闪烁。

7. 掌机未接收应答数据

常见原因：（1）掌机电池容量不足；

（2）掌机与被抄电能表的角度、距离过大；

（3）被抄电能表地址与掌机内存地址不一致；

（4）掌机红外通信口损坏；

（5）被抄电能表的红外通信口损坏。

处理方法：（1）更换掌机电池；

（2）调整掌机抄表角度及距离；

（3）检查电能表地址及掌机内存地址；

（4）检查电能表外加电压；

（5）更换掌机；

（6）更换电能表。

备注：一般不涉及计量准确性。

8. 电能表不计量

故障现象：用户在正常用电情况下，电能表脉冲灯不闪，电量无累加；或脉冲灯闪烁，电量无累加，如图4-52所示。

常见原因：一般为计量芯片损坏。

处理方法：排除窃电及错接线可能后，更换电能表。

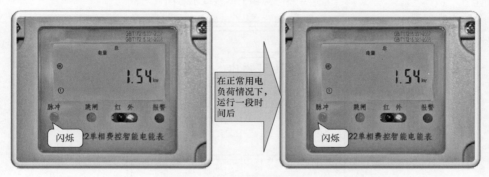

图4-52　电能表不计量

八、注意事项

（1）带电更正接线时，应先将原接线做好标记。

（2）拆线时，先拆电源侧，后拆负荷侧；恢复时，先接负荷侧，后接电源侧。

（3）拆开的线头应可靠固定，以防碰及计量箱（柜）及人体，造成触电。

（4）使用相序表、万用表、相伏表时，应正确使用，防止损坏仪表。

（5）工作完成后应清理、打扫现场，不要将工具或线头留在现场，并再复查一遍所有接线，确保无误后再送电。

（6）送电后，观察电能表运行是否正常。

（7）应正确加封印。

（8）如属用户窃电，应及时取证，并尽可能取得用户签字确认。

【思考与练习】

1. 单相电能表常见错接线形式有哪些？检查要点是什么？

2. 请列举出单相电能表常见错接线形式下的计量结果。

3. 直接接入式三相四线电能计量装置常见错接线形式有哪些？检查要点是什么？

4. 请列举出直接接入式三相四线电能计量装置常见错接线形式下的计量结果。

5. 如何判断直接接入式三相智能电能表的接线是否正确？

第八节　低压分布式电源光伏用户计量装置安装

一、安装接线图

本节的光伏安装接线图以低压单相分布式电源光伏为例。

全额上网接线示意图见图4-53，全额上网电能计量装置接线图见图4-54。

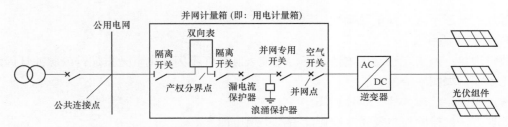

图4-53　全额上网接线示意图

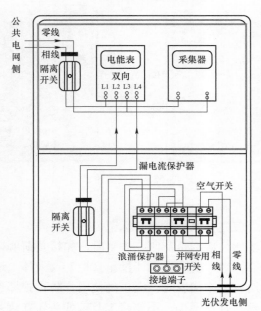

图4-54　全额上网电能计量装置接线图

余电上网接线示意图见图4-55，余电上网电能计量装置接线图见图4-56。

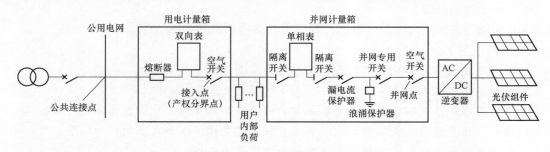

图4-55　余电上网接线示意图

二、并网接入方案

（一）并网模式确定

（1）光伏电源可选择"全额上网"或"自发自用，余电上网"的并网模式，根据接入容量、接入电压等级、接入方式等确定接入系统方案。

（2）光伏电源接入电压等级宜按照：三相输出接入 380V 电压等级电网，且在同一位置三相同时接入公共电网；单相输出接入 220V 电压等级电网。

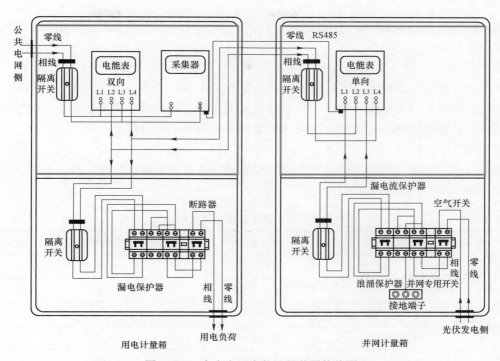

图 4-56　余电上网电能计量装置接线图

（二）接入方式选择

（1）光伏电源应按用户所处环境、并网容量等确定接入系统方式，这里推荐两种接入方式（见表 4-14），接线图见图 4-54～图 4-56。

表 4-14　　　　　　　　　　　　光伏电源接入系统方式分类表

方案编号	接入电压	并网模式	接入点	送出回路	并网点参考容量
F-1	220/380V	全额上网（接入公共电网侧）	公共低压分支箱/公用低压线路	1	≤30kWp，8kWp 及以下可单相接入
F-2	220/380V	自发自用，余电上网（接入用户侧）	用户计量箱（柜）表计负荷侧	1	≤30kWp，8kWp 及以下可单相接入

（2）全额上网模式应直接接入公共电网低压分支箱或公用低压线路，自发自用、余电上网模式应接入用户计量箱（柜）表计负荷侧。

（3）自发自用、余电上网模式接入用户计量箱（柜）表计负荷侧的位置应选择在原用户剩余电流保护装置的电网侧。

三、电能计量装置配置

与公共电网连接的光伏电源，应设立上下网电量和发电量计量点。计量点装设的电能计量装置配置和技术要求应符合 DL/T 448—2016《电能计量装置技术管理规程》的相关要求。

（一）全部上网方式

1. 安装位置

采用全部上网的方式，用户用电计量点和发电计量点合并，设置在电网和用户的产权分界点处，配置双方向电能表，分别计量用户与电网间的上下网电量和光伏发电量（上网电量即为发电量）。

2. 技术要求

电能表应配置为智能电能表，精度要求不低于 1.0 级，并具备双向有功计量功能、事件记录功能，同时应具备电流、电压、电量等信息采集和三相电流不平衡监测功能，配有标准通信接口，具备本地通信和通过电能信息采集终端远程通信的功能。

3. 计量方式

消纳方式为全部上网的用户，并网点处安装的双向有功电能表计量上网电量和售电量。

4. 材料清单（见表 4-15）

表 4-15　　　　　　　全部上网方式计量装置安装材料清单

序号	名称	规格型号	单位	数量	备注
1	并网计量箱（用电计量箱）	单相/三相	只	1	
2	智能电能表（双向）	单相/三相四线	只	1	
3	Ⅱ型集中器		只	1	
4	进线隔离开关	单相/三相	把	1	
5	铜塑线	按需	m	按需	
6	进户线	按需	m	按需	
7	RS485 线		m	按需	
8	自攻螺丝		只	按需	

（二）余电上网方式

1. 安装位置

采用自发自用余电上网的方式，用户用电计量点设置在电网和用户的产权分界点，配置双方向电能表，分别计量用户与电网间上下网电量；发电计量点设置在并网点，配置单方向电能表，计量光伏发电量。

2. 技术要求

电能表应均为智能电能表，精度要求不低于 1.0 级。

（1）安装在产权分界点的电能表（售电、上网关口计量表计）应具备双向有功计量功能、事件记录功能，同时应具备电流、电压、电量等信息采集和三相电流不平衡监测功能，配有标准通信接口，具备本地通信和通过电能信息采集终端远程通信的功能。

（2）安装在并网点并网计量箱内的发电量关口计量表计可以只具备单向有功计量功能、事件记录功能，同时应具备电流、电压、电量等信息采集和三相电流不平衡监测功能，配有标准通信接口，具备本地通信和通过电能信息采集终端远程通信的功能。

3. 计量方式

消纳方式为自发自用余电上网的用户在资产分界点处安装的售电、上网关口计量表计，用于分别计量用户的上网电量和下网电量，在并网点处安装的发电量关口计量表计用于统计光伏项目的发电量。

4. 材料清单

余电上网方式计量装置安装材料清单见表 4–16。

表 4–16　　　　　　　　　　余电上网方式计量装置安装材料清单

序号	名称	规格型号	单位	数量	备注
1	并网计量箱（用电计量箱）	单相/三相	只	1	
2	智能电能表（双向）	单相/三相四线	只	1	
3	智能电能表（单向）	单相/三相四线			
4	Ⅱ型集中器		只	1	
5	进线隔离开关	单相/三相	把	1	
6	铜塑线	按需	m	按需	
7	进户线	按需	m	按需	
8	RS485 线		m	按需	
9	自攻螺丝		只	按需	

四、计量装置技术及安装要求

（一）电能表配置技术及安装要求

1. 配置要求

根据光伏发电电源接入的电压等级接入点的光伏发电容量，计量电能表配置规定按表 4–17 的要求。

表 4–17　　　　　　　　　　低压光伏发电电能表配置表

用电用户类别	计量自动化终端	电能表	备注
0.4kV 接入计量点	Ⅱ集中器	1. $P \leqslant 30$kW，三相四线多功能双向电能表 20（80）A、1.0 级	直接接入式
		2. 25kW$\leqslant P <$100kW，三相四线多功能双向电能表 1（10）A、1.0 级	配互感器
0.22kV 接入计量点	Ⅱ集中器	1. $P \leqslant 8$kW，单相多功能双向电能表 10（60）A、2.0 级	直接接入式

2. 安装要求

（1）电能表应安装在电能计量柜或计量箱内，不得安装在活动的柜门上。

（2）电能表应垂直安装，所有的固定孔须采用螺栓固定，固定应采用螺纹孔或采用其他方式确保单人工作将能在柜（箱）正面紧固螺栓。表中心线向各方向的倾斜不大于 10。

（3）电能表端钮盒的接线端子，应以"一孔一线"，"孔线对应"为原则。

（4）三相电能表应按正相序接线。

（5）电能表应安装在干净，明亮的环境下，便于拆装、维护和抄表。

（二）电流互感器技术要求

（1）电能计量装置应采用独立的专用电流互感器。

（2）电流互感器的额定一次电流应保证其计量绕组在正常运行时的实际负荷电流达到额定值的 60%左右，至少应不小于 30%。

（3）选取电流互感器可参考表 4–18，该配置是以正常负荷电流与配电变压器容量相接近计算的。对正常负荷电流与配电变压器容量相差太大的需结合实际情况选取计量互感器，计算原则为：计量互感器额定电流应大于该母线所带所有负荷额定电流的 1.1 倍。

（4）计量回路应先经试验接线盒后再接入电能表。

表 4-18　　　　　　　　　　　用户配置电能计量用互感器参考表

变压器或光伏发电容量（kVA）	10kV 电流互感器		
	高压 TA 额定一次电流（A）	低压 TA 额定一次电流（A）	准确度等级
30		50	0.2S
50		100	0.2S
80		150	0.2S
100	10	200	0.2S
125	10	200	0.2S
160	15	300	0.2S
200	15	400	0.2S
250	20	400	0.2S
315	30	500	0.2S
400	30	750	0.2S
500	40	1000	0.2S
630	50	1000	0.2S
800	75	1500	0.2S
1000	75	2000	0.2S
1250	100	2500	0.2S
1600	150	3000	0.2S
2000	150	4000	0.2S

（三）计量箱技术及安装要求

1. 技术要求

（1）光伏电源采用适用于民用住宅建筑等环境安装的专用并网计量箱，产品应符合 GB 7251.3—2006 标准。箱体材料宜用 SMC 玻璃钢材质（厚度不低于 2.5mm），观察窗采用非金属钢化玻璃材料，箱体应具有较强的封闭性并满足智能封印加封的要求。单相外型尺寸不小于 530mm×410mm×137mm，三相外型尺寸不小于 700mm×540mm×180mm。

（2）并网计量箱体分上下结构或左右结构型式，分别独立、隔离，上下（或左右）门锁独立。计表箱的进出线孔及门框均配橡胶圈。电缆进出孔大小应根据计量表箱的容量设计。箱体必须能防雨，防小动物，散热好，耐高温。

（3）并网计量箱内部应设备布局合理，导线固定牢固、布线工艺精细。导线采用黄（U）、绿（V）、红（W）色线，零线采用黑色（N），保护接地线采用黄绿双色线（PE）。分户线与进线颜色应保持一致。

（4）并网计量箱可以安装在户外，安装方式可采用多种（悬挂、固定等）方式，表箱安装中心离地高度为 1.4～1.8m，安装位置选择应便于装拆、维护和抄表。

（5）计量表箱内元件安装的间距要求：

1）三相电能表之间的水平间距不小于 80mm；

2）单相电能表之间的水平间距不小于 50mm；

3）多表位表箱电能表上下边之间的垂直间距不小于 100mm；

4）电能表与试验接线盒之间的垂直间距不小于 150mm；

5）低压互感器之间的间距不小于 80mm。

2. 安装及接线要求

（1）计量箱的安装接线必须严格执行 DL/T 825《电能计量装置安装接线规则》的要求。

（2）计量箱的形式（包括外形尺寸）应适合使用场所的环境条件，保证使用、操作、测试等工作的安全、方便。

（3）一次负荷连接导线要满足实际负荷要求，导线连接处的接触及支撑要可靠，保证与计量及其他设备、设施的安全距离，防止相间短路或接地。

（4）安装接线后的孔洞、空隙应用防鼠泥严密封堵，以防鼠害及小动物进入箱体。

（四）采集设备安装技术要求

采集设备安装技术要求与本章第一节（六、采集设备安装技术要求）的内容相同，在此不再重述。

五、危险点分析及预防控制措施

危险点分析及预防控制措施见表 4-5。

六、现场安装作业步骤

（一）现场勘察

安装前对安装场所进行实地勘察，检查光伏用户是否符合并网接入条件，并网设备、计量装置安装位置是否符合要求，现场通信是否良好，并确定光伏用户计量装置的安装时间。

（二）光伏报装流程计量环节的处理

在做好现场作业准备工作的同时，应及时在营销系统光伏报装流程中完成计量点及电能表方案的制定。

1. 计量点方案制定

新建一个发电计量点，发电计量点作为实抄的计量点对应"补贴电价"；计量点主用途选择"发电关口"，如图 4-57 所示。

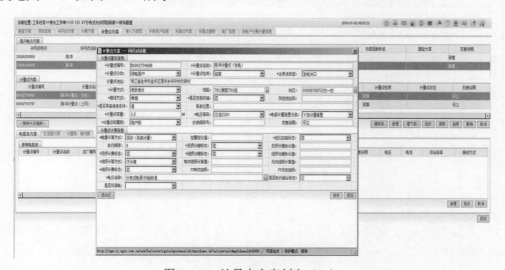

图 4-57　计量点方案制定（一）

（1）全额上网。再新增一个上网计量点（此为虚拟计量点）对应"分布式电源/燃煤机组标杆电价"；是否具备装表条件选择"否"；电量计量方式选择"定量"；定量定比值选择"0"；计量点主用途选择"上网关口"，如图4-58所示。

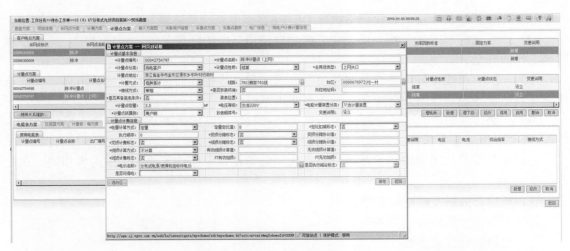

图4-58　计量点方案制定（二）

（2）余量上网。新增一个上网计量点对应"分布式电源/燃煤机组标杆电价"；计量点主用途选择"上网关口"，如图4-59所示。

图4-59　计量点方案制定（三）

2. 电能表方案制定

（1）余量上网。将关联用户的表计换取为双方向（根据用户原有电压），如图 4-60 和图4-61所示。

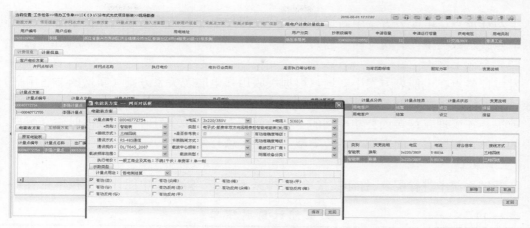

图 4-60　电能表方案制定（一）

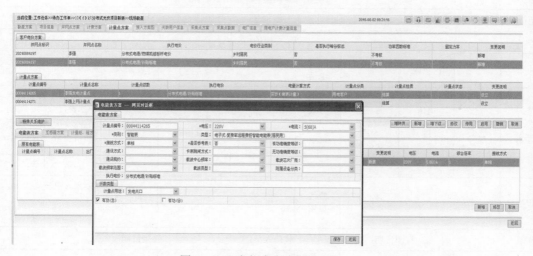

图 4-61　电能表方案制定（二）

发电计量点在电能表方案中新增一块单方向表计（根据发电电压），如图 4-62 所示。

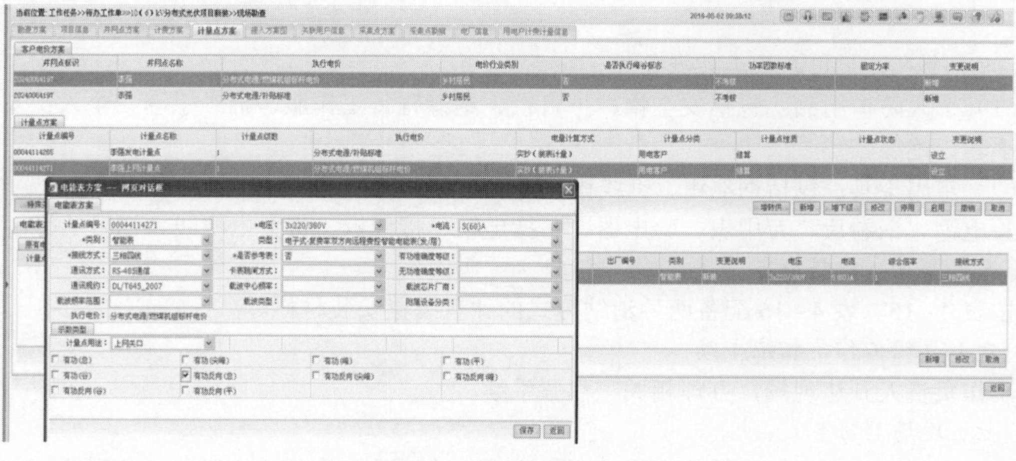

图 4-62　电能表方案制定（三）

上网计量点在电能表方案中新增，根据关联用户电能表关系方案选择换取后的双方向表计后，修改示数类型：有功反向（总）。

（2）全额上网。

发电计量点在电能表方案中新增，根据关联用户电能表关系方案（新增的非居用户）选择表计后，修改示数类型：有功反向（总）。

前提：在受理直接接入公共电网的全额上网分布式光伏项目时，必须同时建立用户，该用户的电能表配置双方向表计，示数类型：有功（总）。

（三）派工

在营销系统中进行配表、打印装接单、安排派工、领表等流程。电能计量装接单见表4-19。

表4-19　　　　　　　　　　　　电能计量装接单

电能计量装接单									
申请类别：					查询号：				
户名					地址				
户号		区页码		联系电话			联系人		
容量		供电电压		量电方式				上次抄表日	
装/拆	局号	计度器类型	表库仓位码	位数	存度	自身倍率（变化）	索引码	规格型号	计量点编号
流程摘要				接线简图			电能表存度本人已经确认。 用户签章 　　　　　年　月　日		
打印人员：		打印日期：			装接人员：		装接日期：		
表计局号		封印号	备注		表计局号		封印号		备注

（四）个人防护用品及工具准备

（1）个人防护用品：包括安全帽、护目镜、绝缘鞋、工作服、棉纱手套、个人保安线、绝缘手套、绝缘鞋等。

（2）常用工具：包括钢丝钳、剥线钳、斜口钳、尖嘴钳、封印、电工刀、扳手、螺丝刀、低压验电笔、钢卷尺、万用表、验电器、手持电钻、接线板、带夹电源线、记号笔等。

（五）器具、材料准备

按表4-15、表4-16配备两种消纳方式的计量装置安装材料。

（六）办理工作票相应手续

工作负责人到达现场，办理相关工作票手续。

（七）现场站班会

（1）工作负责人应再次检查所做的安全措施，确认带电设备的位置和注意事项。

（2）工作负责人向作业人员交代以下事项，告知危险点：周边环境、高处坠落、高处坠物、损坏设备、人员摔伤、触电伤害、电弧灼伤；明确工作人员的具体分工。工作人员明确工作任务并签字确认。

（3）作业位置的前端要有明显断开点，作业环境良好，计量柜（箱）无电位置均已验电（电笔确认正常）。绝缘工具是否完好无损。

（八）安装与接电步骤

1. 电能表、Ⅱ型集中器、进线隔离开关定点定位

按照电能计量装接单，现场核对户名、户号及Ⅱ型集中器的规格、资产编号等内容，检查电能表、Ⅱ型集中器外观是否完好。工作前检查隔离开关在断开位置，整个工作面不带电。

（1）定好电能表、Ⅱ型集中器、进线隔离开关安装位置，并分别用油性笔做上端标记。

（2）用手持电钻在标记处打孔（严禁戴手套使用电钻），固定螺丝。

（3）分别上挂电能表、Ⅱ型集中器、进线隔离开关，并紧固上端螺丝。

（4）定好电能表、Ⅱ型集中器、进线隔离开关垂直位置，并分别用油性笔做下端标记。

（5）取下电能表、Ⅱ型集中器、进线隔离开关，在标记处打孔后，安装电能表、Ⅱ型集中器和进线隔离开关。

2. 安装互感器（需配置电流互感器时使用）

（1）经穿心式互感器接入：

1）将一次导向穿入互感器，并固定好互感器。

2）打开互感器二次接线端螺丝。

3）将二次接线穿过互感器，做弯头，并进行固定（注意弯头方向为螺丝拧紧方向）。

（2）经蝶式互感器接入：

1）固定好蝶式互感器后，打开保护盖。

2）注意剥线时选好尺寸，切记不可伤到线芯，方向套应事先套好再做弯。

3）将做好弯的导线接入 S1、S2、U1。

3. 接线

（1）计量箱内一次与二次接线：

1）电能计量装置的一次与二次接线必须根据批准的图纸施工及待装电能表端钮盒盖上的接线图正确接线。

2）接线工艺安装要求与本章第一节（五、电能表、电流互感器安装技术要求）的内容相同，在此不再重述。

（2）并网点接线及进户线敷设：

1）全部上网：

① 并网点接线途径：导线从发电侧隔离开关上桩出来，连接到双向电能表（直接式）负载出线桩（单相表 2、4 号孔，三相四线 2、4、6、8 号孔）。

② 按报装容量配置进户线，并按要求敷设进户线，接于并网计量箱进线隔离开关上桩。

2）余电上网：

① 并网点接线途径：导线从发电侧隔离开关上桩出来，连接到并网计量箱单向电能表（直接式）电源进线桩（单相表 1、3 号孔，三相四线 1、3、5、7 号孔）；从单向电能表（直接式）

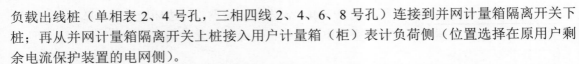

负载出线桩（单相表 2、4 号孔，三相四线 2、4、6、8 号孔）连接到并网计量箱隔离开关下桩；再从并网计量箱隔离开关上桩接入用户计量箱（柜）表计负荷侧（位置选择在原用户剩余电流保护装置的电网侧）。

② 检查原有进户线及进线隔离开关的承载情况，如不满足上、下网要求，则应按要求重新配置及安装。

（3）用 RS485 线连接电能表及采集设备，并检查天线安装是否符合要求。

4. 合闸上电

（1）合上用户计量箱（柜）侧隔离开关，电能表、采集设备上电。注意：此时整个电流、电压回路已带网电。

（2）要求用户启动光伏逆变器进行发电，合上并网计量箱侧进线隔离开关。此时光伏发电已处于并网状态，整个电流、电压回路已带网电和光伏发电。

5. 调试及检查

（1）现场安装和系统流程完成后，通过查看采集终端系统是否有登录信号、召测参数是否成功来判断采集设备是否上线。

（2）启动用电负荷，检查双向电能表、单向电能表运行是否正常；测量电源测、并网点、发电侧电压是否正常等。

6. 加装封印按要求对电能表及计量箱加装封印，并要求用户确认电能表封印完好。

（九）清理现场

安装完毕，工作人员整理工器具和材料，并清理作业现场。

（十）终结工作票

现场作业结束，工作负责人填写工作票，办理工作票终结手续。

第九节　电能计量装置封印管理

一、电能计量封印

本书所称的电能计量封印是指具有唯一编码、自锁、防撬、防伪等功能，用来防止未授权的人员非法开启电能计量装置或确保电能计量装置不被无意开启，且具有法定效力的一次性使用的专用标识物体。

二、封印选型

根据不同使用场合，封印可分为出厂封印、检定封印、现场封印三类，以不同颜色进行区分，涉及供电所的主要为现场封印。

现场封印：适用于电能表、采集终端、互感器二次端子盒、联合试验接线盒、计量箱（柜）等设备的安装维护、现场检验、用电检查、故障抢修等现场作业时加封，分为安装维护封、现场检验封、用电检查封、故障抢修封四种。现场封印的封体采用二维码，编码规则符合 Q/GDW 1205—2013《电能计量器具条码》的规定。现场封印需带有与封体二维码编码一致的不干胶一维条码，黏贴在计量装接单、封印更换记录单等现场作业单据上。封印的型式包括卡扣式封印、带锁扣的穿线式旋紧封印、带锁扣的穿线式按压封印。具体封印使用选型和型式详见表 4-20 和表 4-21。

表 4-20   封 印 使 用 选 型 表

序号	封印类型	使用范围	封印颜色	封印型式	备注
1	现场封印	装表接电、采集运维、现场核抄等安装维护（Ⅰ、Ⅱ、Ⅲ类及Ⅳ类专变电能计量装置）	黄色	带锁扣的穿线式旋紧封印	
		装表接电、采集运维、现场核抄等安装维护（Ⅳ类非专变及Ⅴ类电能计量装置）	黄色	带锁扣的穿线式按压封印或带锁扣的穿线式旋紧封印	国网标准单表位低压计量箱使用：卡扣式封印
		现场检验（Ⅰ、Ⅱ、Ⅲ类及Ⅳ类专变电能计量装置）	蓝色	带锁扣的穿线式旋紧封印	
		现场检验（Ⅳ类非专变及Ⅴ类电能计量装置）	蓝色	带锁扣的穿线式按压封印或带锁扣的穿线式旋紧封印	国网标准单表位低压计量箱使用：卡扣式封印
		用电检查（Ⅰ、Ⅱ、Ⅲ类及Ⅳ类专变电能计量装置）	红色	带锁扣的穿线式旋紧封印	
		用电检查（Ⅳ类非专变及Ⅴ类电能计量装置）	红色	带锁扣的穿线式按压封印或带锁扣的穿线式旋紧封印	国网标准单表位低压计量箱使用：卡扣式封印
		电能表故障抢修	白色	带锁扣的穿线式按压封印或带锁扣的穿线式旋紧封印	

表 4-21   封 印 型 式 表

封印型式	尺寸	示例图
带锁扣的穿线式旋紧封印		
带锁扣的穿线式按压封印		
卡扣式封印（大）	17mm	
卡扣式封印（小）	11mm	

三、封印发放使用

（1）封印配送。省计量中心根据地市、县公司采购订单数量，向地市、县公司二级表库实施配送。

（2）封印发放。一级表库和各二级表库库房管理人员负责本单位封印的发放管理，封印使用班组、供电所设置封印管理人员。库房管理人员根据需要下发封印至各需求班组、供电所封印管理人员，双方通过营销系统流程进行电子确认，应采用指纹锁管理。

（3）封印领取。封印使用人向班组、供电所封印管理人员领取封印，双方通过营销系统流程进行电子确认，应采用指纹锁管理。封印领取数量一般不超过两周的用量。

（4）封印存储。二级表库应在营销系统设置封印库区，并使用保险箱、单独封印箱或智能表库存放封印实物。封印使用班组、供电所必须使用保险箱或者单独封印箱存放封印实物。封印箱必须加锁。

（5）封印盘点。封印盘点分为领用盘点、超期盘点、库存盘点。封印盘点需做好相应记录，纳入计量质量监督管理。

1）领用盘点。封印使用人在领取封印时，封印管理人员必须对封印使用人留存的封印进行盘点，实物与营销系统一致时方可领取。

2）超期盘点。领取后 6 个月未使用的封印需送回二级表库进行盘点，库房管理人员核对实物和营销系统，完成盘点后方可继续使用封印。

3）库存盘点。二级表库库房管理人员和班组/供电所封印管理人员每半年需对库存封印进行盘点。

（6）封印保管。封印使用人应妥善保管持有的封印，当调离岗位时应及时办理交接手续，并将持有的封印退回封印管理人员。

（7）封印使用原则。封印使用人员在使用封印时应按照"谁使用、谁负责"的原则，严格按照规定的权限使用封印。使用人只限于从事计量检定、装表接电、采集运维、现场核抄、现场检验、用电检查、故障抢修等专业人员，不允许跨区域、超越职责范围使用。

四、封印使用要求

（1）封印使用人员应根据工作权限和职责，对电能计量装置各部位［电能表、联合接线盒、互感器二次端子盖、电能计量箱（柜）、隔离开关、采集终端］施加封印。

（2）装表接电、采集运维、现场核抄人员使用安装维护封，现场检验人员使用现场检验封，用电检查人员使用用电检查封，故障抢修人员使用抢修封。

（3）封印使用人员在现场工作开始前，应检查原封印是否完好，核对封印编码是否一致。若发现异常，应立即通知用电检查人员现场处理。

（4）封印使用人员在现场工作结束后，应对电能计量装置施封，确保封印状态完好。低压台区经理在计量装接单上记录施、拆（启）封信息，采集运维、现场核抄、现场检验、用电检查人员在封印更换记录单上记录施、拆（启）封信息，记录的信息至少包括用户信息、工作内容、施或拆（启）封位置、施或拆（启）封编号、执行人、施或拆（启）封日期等。电能计量装置施封或拆（启）封时，应请用户在场并在工作单上签字确认。工作结束后及时将施、拆（启）封信息录入营销系统。

（5）地市、县公司抢修人员在完成辖区内电能计量装置应急抢修工作后，施加故障抢修封并及时通知本单位计量人员。

（6）封印调拨。班组、供电所间调拨由班组、供电所封印管理人员执行，调拨双方通过营销系统流程进行电子确认，并采用指纹锁管理；同班组、供电所不同使用人之间不直接进行调拨，一般通过退回封印管理人员后重新领取的方式处理。不同班组、供电所使用人之间不允许进行调拨。

（7）封印遗失。由封印遗失人员上报书面封印遗失申请单，经班组、供电所封印管理人员审核，以及本单位营销部（用户服务中心）分管主任审批同意后，在营销系统中进行遗失处理。

（8）封印报废。拆回的封印应妥善保管，统一上交后集中销毁。

五、检查考核

（1）根据国网浙江省电力有限公司电能计量封印标准化管理规范的有关要求，按照"分级管理、逐级考核"的原则，对地市公司、县公司、封印使用班组、封印使用人员进行评价考核。地市公司每年至少开展一次封印管理工作的监督、评价与考核。

（2）违规使用、私自转借、丢失封印等造成工作失误的，应对责任人进行处罚。复制、伪造和利用封印徇私舞弊、以权谋私造成公司经济损失的应依据法律和公司相关规定严肃处理，直至追究刑事责任。

第五章

电能信息采集与监控

第一节 采集终端的识读

一、采集终端的分类

采集终端的类型包括配变监控终端、低压采集终端、无线采集器和负荷控制终端。

配变监控终端即公变终端，主要功能有电能数据采集、遥信状态量采集、交流采集、异常告警上报等。

低压采集终端即载波采集终端，主要功能有电能数据采集、数据传输、事件记录、告警等。

无线采集器的主要功能有数据采集、保管和存储。

负荷控制终端即专变终端，主要功能有数据采集、保管和存储以及异常告警上报等。

二、采集设备端口和设备登录成功识别

公变终端设备接线端口接入为三相四线，采集总保的接线端口为 RS485A 和 RS485B，终端的信号强度符号为"▁▁▁▁▁■"，终端登录成功显示符号"G"，如图 5-1 所示。

载波采集设备分为载波集中器和载波采集器。载波集中器接线端口接入三相四线电源线（UA、UB、UC、N），不需接入电流线，终端的信号强度符号为"▁▁▁■■"，终端登录成功显示符号"G"，如图 5-2 所示。载波采集

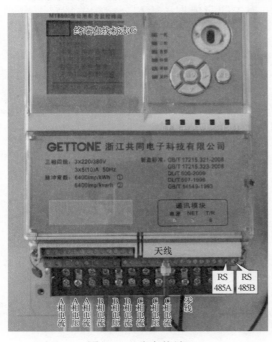

图 5-1 公变终端

器接线端口接入 220V 电源线和 RS485 线，如图 5-3 所示。

无线采集器（单相）电源端口接线为 220V 电源线和 RS485 线，终端登录成功标志为"登录成功"指示灯亮绿灯。终端信号强度标志为"信号强度"指示灯常亮，信号强度由弱到强依次灯亮的颜色是红、红绿、绿，如图 5-4 所示。

专变终端包括三相四线的专变终端和三相三线的专变终端。三相四线接线端口接入三相四线电源线（UA、UB、UC、N），不需接入电流线。三相三线接线端口接入三相三线电源线（UA、UB、UC），不需接入电流线。终端的信号强度符号为"▁▁▁▁■"，终端登录成功

显示符号"G",如图 5-5 所示。

图 5-2　载波集中器

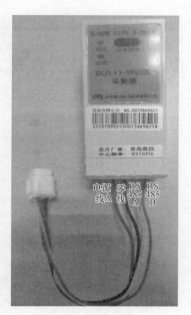

图 5-3　载波采集器

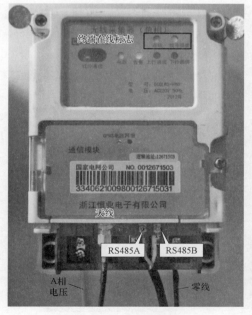

图 5-4　无线采集器

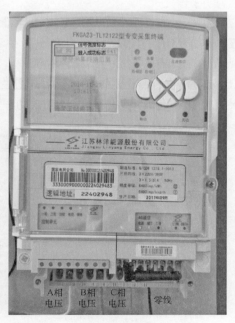

图 5-5　三相四线专变终端

全能型供电所人员（台区经理）工作实务

第二节　公变终端安装与调试

一、现场勘察

（1）核对终端安装所属线路、台区是否正确。

（2）确定终端和天线的安装位置。

（3）检查现场有无通信信号。

（4）确定终端安装时的安全措施。

二、配领终端

在营销流程中发起公变终端配表流程，打印电能计量装接单，派工和领用公变终端。

三、准备材料和安全工

现场安装终端前，填写带电装接电能表工作票，清点材料和工具是否齐全（公变终端1台，天线1根，不同相色的电源线和专用的485线若干，安全工器具，个人工器具和个人防护用品）。

四、现场安装

（1）根据装接单，核对现场信息是否对应。

（2）将联合接线盒三相电压连接片和零线连接片断开，三相电流连接片短接。

（3）将公变终端固定在指定的位置并接线，如图5-1所示。

（4）接好线后，再次检查电源线接线是否正确，是否有接反或者接错线。

（5）安装天线并合上终端盖。

（6）送电，并将接线盒上的三相电压连接片和零线连接片拧紧，将电流连接片断开。盖上接线盒并拧紧。

（7）观察终端是否登录成功（终端屏幕的左上角显示符号"G"），如图5-1所示。

五、终端调试

现场终端安装完成后，结束营销流程，再进行终端调试。

（1）在智能公用配变系统中，点击侧栏的"查询"输入终端的逻辑地址并查询。右击查询结果，报文查询确定终端是否登录成功，如图5-6所示。

图5-6　终端报文查询

140

（2）在任务设置中，查看任务是否运行，如图5-7所示。如果任务停运或者未投运，请重新单击"投入并启用"任务，如图5-8所示。

图5-7 终端任务查询

图5-8 终端任务投运

第三节 载波采集设备的安装与调试

一、现场勘察

（1）核对采集设备安装的台区是否正确。

（2）确定采集设备安装的位置。

（3）检查现场通信信号。

（4）确定安装现场的安全措施。

二、预领出库

在营销系统中，预领载波集中器和采集器出库。

三、准备材料和安全工具

去现场安装设备前，清点材料和工具是否齐全（集中器、采集器、天线、不同相色的电源线若干、安装工具和个人防护用品）。

四、现场安装

1. 安装载波集中器

（1）核对集中器安装的变台是否正确。

（2）断开联合接线盒的三相电压和零线的连接片。

（3）将集中器固定在指定的位置并接线，如图 5-2 所示。

（4）完成后再次检查电源线接线是否正确，是否有错接线。

（5）送电，并观察集中器是否登录成功（集中器屏幕的左上角显示符号"G"），如图 5-2 所示。

2. 安装载波采集器

（1）核对现场低压用户是安装集中器的变台供电。

（2）接载波采集器的电源线和 RS485 线，如图 5-3 所示。

（3）检查电源线是否拧紧，检查 RS485 线是否有接反或者接错。

（4）合上表盖并送电，记录该用户对应的采集器资产编号。

五、载波采集设备调试

现场载波采集设备安装完成后，再调试。

（1）在用电信息采集系统中，点击侧栏的终端视图。在逻辑地址一栏中输入地址，并查询结果。

（2）在基本应用→终端管理→远程调试→基于设备搜表装接页面，单击装接设备维护，并双击查询结果。查看装接设备维护列表中，确认用户建档完成，如图 5-9 所示。

图 5-9　装接设备维护

（3）在台区全覆盖导入中，如果有用户表计建档未成功（所属集中器一栏空白），选中未建档的用户确认装接，如图5-10所示。

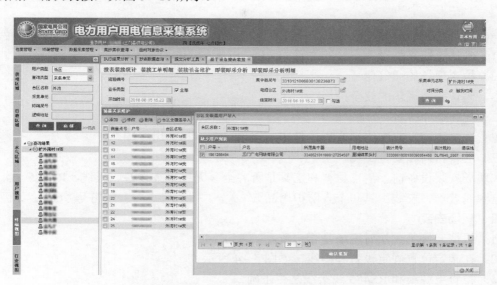

图5-10 用户表计建档

（4）再次点击查询结果，选中建档的测量点号并修改。在采集器地址中，输入地址，查询并保存，如图5-11所示。

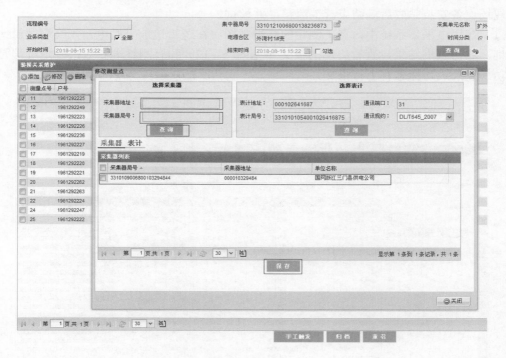

图5-11 测量点修改

（5）以上操作完成后，手工触发再归档。

第四节　无线采集设备的安装与调试

一、现场勘察

（1）确认无线采集设备安装的位置。

（2）检查现场的通信信号。

（3）确认安装现场的安全措施。

二、配终端

在营销流程中发起配终端流程，打印装接单，派工和领用终端。

三、准备材料和安全工具

在现场安装设备前，清点材料和工具是否齐全（无线采集设备、天线、RS485 线、不同色的电源线若干、安装工具和个人防护用品）。

四、现场安装

（1）根据装接单，核对现场是否一致。

（2）在指定位置固定设备并接线，如图 5-4 所示。

（3）检查电源线和 RS485 线接线是否正确。

（4）安装天线并送电，确定终端的右上角指示灯亮起（"信号强度"灯和"登录成功"灯），如图 5-4 所示。

五、终端调试

现场设备安装完成后，结束营销流程，并调试。

（1）在用电采集系统中，点击侧栏的终端视图。在逻辑地址一栏中输入终端逻辑地址，并查询。右击查询结果，查看终端的报文（见图 5-12）和召测终端参数来确定终端是否登录成功（登录成功标志有上行报文）。

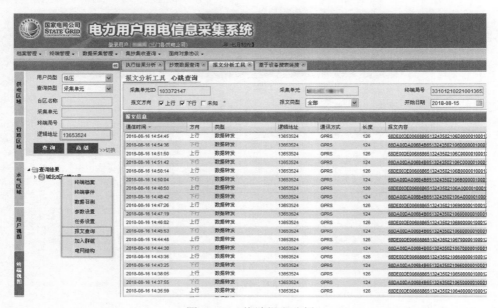

图 5-12　终端报文分析

（2）点击任务设置，查看任务状态是否启用，如图 5-13 所示。

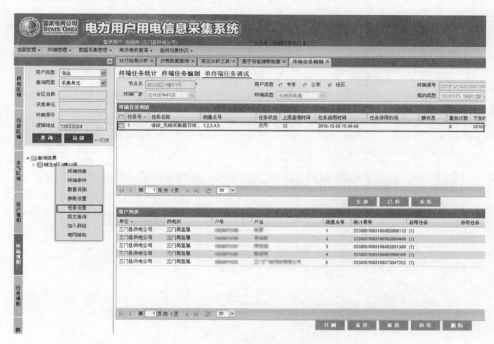

图 5-13　终端任务调试

（3）中继用户，查看用户是否召测成功，如图 5-14 和图 5-15 所示。

图 5-14　终端数据召测（一）

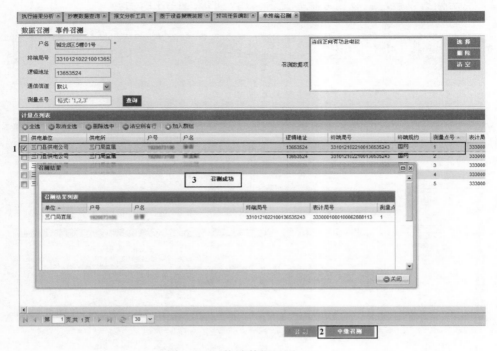

图 5-15 终端数据召测（二）

第五节 信号放大器的安装、调试与维护

一、现场勘察

（1）核对安装的信号放大器是否正确。

（2）信号放大器的安装位置。

（3）信号放大器天线的安装位置。

（4）现场安装的安全措施。

二、准备材料和安全工具

在现场安装终端前，清点材料和工具是否齐全（信号放大器、电源线、天线和连接线等）。

三、现场安装

（1）核对信号放大器安装的位置是否正确。

（2）断开三相电压线和零线的连接片。

（3）在指定位置固定信号放大器。

（4）安装公变终端和信号放大器的连接线，并安装天线。

（5）送电，观察信号放大器是否有收到信号。

四、设备调试

现场安装完成后，在智能公用配变系统中输入安装放大器的台区，并查询报文和召测参数来确定是否有效果，检查信号比未装前是否增强。

五、信号放大器的维护

当台区的公变终端信号不好或登录不成功时，现场查看放大器屏幕里的信号接收效果怎么样，是否满格。如果信号弱，调整放大器天线的方向和位置来增强信号。

第六节　电能采集数据监控

在用电信息采集系统中，在左侧供电区域内，鼠标右键点击供电所或者服务站，选择抄表数据，如图 5-16 所示。

选择用户类型（专变、公变、低压），查询日期和抄表状态（抄表失败）。

图 5-16　抄表数据查询

在抄表失败的列表中，对失败的用户进行分析并运维，如图 5-17 所示。

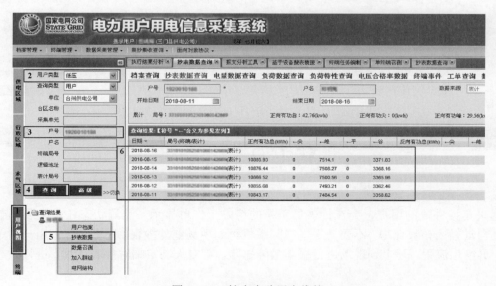

图 5-17　抄表失败用户维护

第七节　自动抄表与数据核对

一、系统自动抄表部分
由系统机器人在抄表例日自动生成抄表计划、自动数据准备、自动远程获取数据。

二、补发抄表计划
对计器人遗漏的抄表段人工进行抄表计划制定和数据准备。

在营销系统"抄表管理→抄表计划管理→制定抄表计划"页面中，输入"电费年月"和"单位"，"状态"栏选"未生成"，单击"查询"查看机器人遗漏的所有抄表段，再对这部分抄表段重新发起抄表计划及人工数据准备，如图5-18所示。

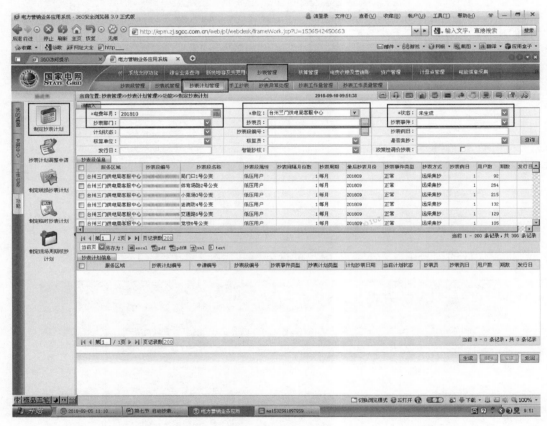

图5-18　抄表管理

三、远采集抄失败补抄
远采集抄失败的用户，会在抄表员工号的待办工作单显示，流程状态还是上装环节。为了提高自动抄表核算比率，不要马上下载到掌机再到现场红外抄表。先将这部分用户清单导出打印，再终止流程，马上到现场进行采集故障排除，第二天制定临时抄表计划，进行系统远采补抄。

制定临时抄表计划时，可以在条件中输入"抄表段编号"并查询后，选中所有需要补抄的用户进行一次性加入补抄，不必根据户号单户单户地进行补抄，如图 5-19 所示。

四、远采集抄失败红外补抄

远采补抄再次失败的用户，先下载到掌机再进行现场红外抄表。

（1）现场掌机红外抄表准备。提前一天把抄表掌机充满电，下载好抄表数据，将掌机抄表程序调到"浙江 186 冻结"，带好手电筒、便携式短梯、工作牌等。

（2）现场掌机抄表要求。头戴安全帽，身穿工作服，佩戴员工身份工作牌，礼貌用语，遵守用户场所规定。使用梯子时要预防高处坠落及狗咬等意外。做好电表数据红外录入，不得私自操作计量装置及其他危险性操作，对红外抄表失败用户做好拍照及记录。发现违章用电、窃电做好记录拍照，保护现场直到用电监察人员到现场处理。

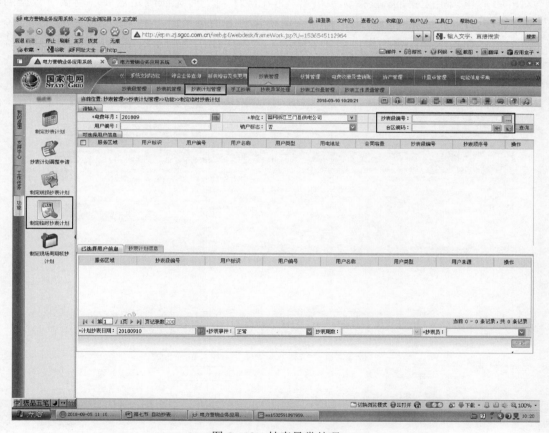

图 5-19 抄表异常处理

（3）上装现场红外抄表数据并发送。

五、周期核抄

（1）核抄周期。高压专变用户每半年核抄一次，低压用户每年核抄一次。

（2）核抄准备工作。提前一天把抄表掌机充满电，下载好核抄数据，将掌机抄表程序调到"浙江 186 国网"，带好手电筒、便携式短梯、工作牌等。

（3）现场核抄要求。头戴安全帽，身穿工作服，佩戴员工身份工作牌，礼貌用语，遵守用户场所规定及保密工作。核抄必须用掌机进行红外抄表，禁止手工录入。在核抄的同时，巡视核抄路径中的高低压线路、配电房、配电柜、计量箱、电能表等。发现缺陷，只做记录，不得操作。发现违章用电、窃电做好记录拍照，保护现场直到用电监察人员到现场处理。

六、数据核对

在抄表员对应工号的待办工作单内会自动生成异常用户清单，核查的重点用户包括：

（1）对新增用户，主要核查电价执行、基本电费计算方式、力率标准、行业分类、用电类别等是否正确，必须一一核对。

（2）对用电量波动幅度大的用户，上月有电量本月零电量、上月零电量本月有电量、本月与上月电量相比增加或减少较大的。

对异常清单确定无错的，直接选中单击"无异常"；对一时无法确定需要现场核对数据的，先进行工单拆分，把正常部分发送，待异常清单核对好后再发送。

对电价错误、功率因数错误、表计故障等，要及时出工作联系单给相关部门进行整改，并进行对应的退补流程，如图5-20所示。

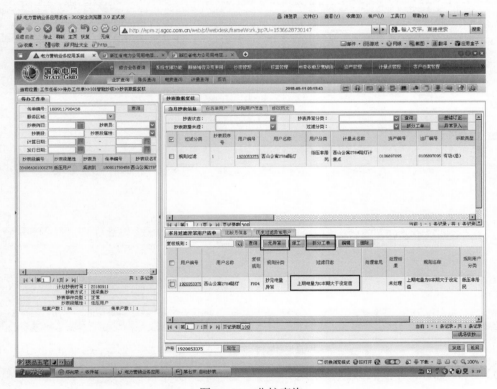

图5-20　业扩查询

第八节　分布式电源用户采集安装、调试、方案制定

一、现场勘察

（1）核对安装的现场是否正确。

（2）确认设备安装的位置。

（3）检查现场的通信信号。

（4）确定安装时的安全措施。

二、配终端

在营销系统中，发起分布式电源流程。其中，在现场勘察环节新增采集方案，并在配表环节配终端（打印装接单）。

三、准备材料和安全工具

在现场安装设备前，清点材料和工具是否齐全（无线采集设备、天线、RS485 线、电源线若干、安装工具和个人防护用品）。

四、现场安装

（1）根据装接单，与现场核对是否一致。

（2）在指定的位置固定采集设备，断电并接线，如图 5-4 所示。

（3）检查电源线和 RS485 线接线是否正确，如图 5-4 所示。

（4）送电并观察终端是否登录成功（"信号强度"灯和"在线"灯亮绿灯），如图 5-4 所示。

五、采集调试

在营销系统中，结束分布式电源流程并调试。

（1）在用电采集系统中，点击侧栏的终端视图。在逻辑地址一栏中输入终端逻辑地址并查询，根据查询结果查看终端报文和召测终端参数以确定终端登录成功。

（2）在"基本应用→面向对象协议→采集方案设置"页面中，双击查询结果，并确认该终端的采集方案已启用，如图 5-21 所示。

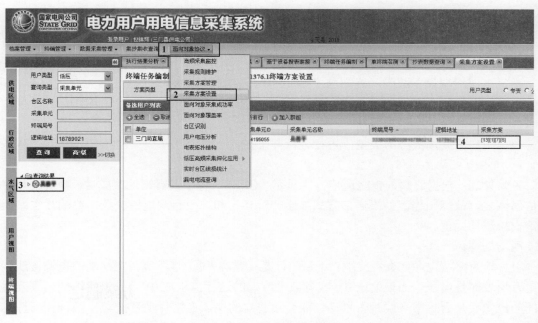

图 5-21 采集方案设置

（3）根据查询的结果，右击任务设置，确定采集任务已经启用，如图5-22所示。

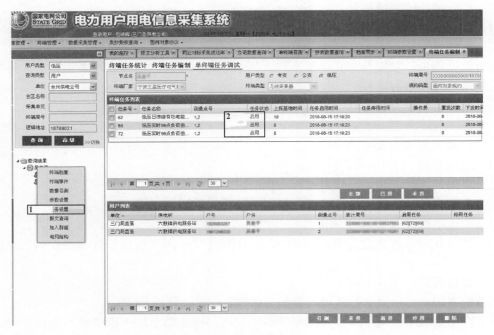

图5-22　终端任务调试

第九节　公变终端的维护与消缺

一、公变终端的故障

在智能公用配变系统中，依次点击：运行管理→终端运行工况终端→设备故障分析，进入系统相应工作界面进行终端故障分析。

确定出现终端设备故障（终端与主站无通信、终端时钟错误、有通信无有效任务、SIM卡号不一致等）的用户，如图5-23所示。

二、终端故障的维护与消缺

根据用户的终端故障的类型，进行分析并维护。

1. 终端与主站无通信

主站处理：根据终端的报文通信方式显示"GPRS"和参数召测返回成功，则终端与主站通信已恢复，故障归档。如果通信方式显示"SMS"和参数召测返回失败，终端与主站无通信，安排现场处理。

现场处理：

（1）检查终端电源。查看终端"电源"灯是否常亮：① 灯不亮，在终端的电源接线端口使用万用表测量电压。如果电压0V或者低于终端的运行电压220V，检查终端端口到互感器之间的电源线是否正常（线是否松动、联合接线盒的电压连接片是否拧紧）；如果电压正常，确定为终端本身故障，并安排人员更换终端。② 灯常亮，但是终端显示屏不亮，卡屏或者闪屏，可以断电重启终端后，观察终端是否登录成功；如果还是跟原来一样，确定为终端本身故障，并安排人员更换终端。

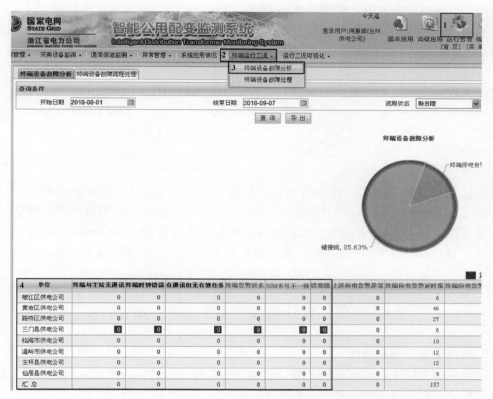

图 5-23　终端故障分析

（2）检查终端的参数。在终端的参数项中查看 IP 地址（10.137.253.11）和 APN（ZJDL.ZJ/ZJJC.ZJ）是否正确，核对终端的逻辑地址和采集系统中的逻辑地址是否一致。修改有问题的参数并重启终端，再观察终端是否登录成功。

（3）检查通信信号。检查现场信号是否覆盖，是否因终端安装的位置在配电房内或者地下室导致信号不良等情况存在。若信号未覆盖，请联系通信公司完成覆盖；若遮挡信号，应调整天线的位置（靠近窗口或者地面）。

（4）检查通信模块。通过插拔通信模块来检查电源灯是否正常亮着。① 电源灯灭，通过更换新的通信模块来检查电源灯是否正常亮着，如果更换通信模块以后，灯还是灭着，则可以确定该故障是因为终端本身故障导致的通信没电，安排人员更换终端。② 电源灯亮着，但是 NET 灯不亮，更换新的模块后电源灯和 NET 灯亮起，确定为模块故障；如果灯还是不亮，则检查 SIM 卡。

（5）检查 SIM 卡。检查 SIM 卡是否固定在通信模块的卡槽里。如果未固定，固定后再重启终端，确定终端登录成功；如果终端还是登录不成功，更换 SIM 卡再重启终端，确定终端登录成功。

（6）检查天线。检查天线是否拧紧，再检查天线有没有损坏。

2. 终端时钟错误

主站处理：

（1）在用电信息采集系统中，成功召测故障终端的时钟。如果系统的时钟和召测终端的时钟一致，则终端时钟回复，如果异常则归档；如果不一致，则对终端进行对时。

（2）再一次召测终端时钟，确认系统的时钟和终端的时间一致。如果不一致，则重复以上步骤。

3. 有通信但无有效任务

主站处理：在用电信息采集系统中，查看该用户终端的任务设置。在任务列表中，若任务显示"停用"或"启用"，则重投任务；如果任务未投，则新投任务。操作完成后，进行异常归档。

4. SIM 卡号不一致

主站处理：

在用电信息采集系统中，查询终端上报的报文的 IP 地址，并在营销系统中查询该 IP 所对应的 SIM 卡号，该 SIM 为实际在用的卡。如果和终端绑定的 SIM 卡号一致，直接在用电信息采集系统中的档案管理同步档案；如果和终端绑定的 SIM 卡号不一致，在营销系统中解绑，重启绑定在用的 SIM 卡，并在用电采集系统档案同步。操作完成后，进行异常归档。

第十节　无线采集设备的维护与消缺

一、无线采集设备的故障

在用电采集系统中，依次点击：统计查询→报表管理→省公司报表→同业对标采集成功率，进入同业对标采集成功率界面，如图 5-24 所示。

单位	采集成功率	合计	专变用户日均采集成功率	全用户采集成功率					合计
				合计	Ⅱ型集中器采集成功率	Ⅱ型集中器采集方式占比	其它采集方式采集成功率		
三门局直属	99.82	99.7			99.7	99.9	99.99%	94.87	100
滨海供电所	99.75	99.58		99.68	99.51	99.61	83.1%	100	100
珠岙供电所	99.92	99.86		99.75	99.93	99.57	1.47%	99.94	100
健跳供电所	99.84	99.74		99.66	99.79	99.72	18.06%	99.85	100
亭旁镇供电服务站	99.92	99.87		99.88	99.9	99.43	2.9%	99.88	100
花桥镇供电服务站	99.71	99.71			99.71	99.36	.67%	99.71	
沿赤供电所	99.91	99.85		99.79	99.89	99.76	4.92%	99.91	100
小雄供电所	99.84	99.73		99.65	99.79	98.45	1.2%	99.81	100
海润供电服务站	99.79	99.79			99.79	99.61	2.34%	99.8	
上叶供电服务站	99.66	99.66			99.66	99.74	48.23%	99.77	
沙柳镇供电服务站	99.92	99.92			99.92	99.47	1.14%	99.93	
六敖镇供电服务站	99.64	99.64			99.64	99.5	4.58%	99.66	
横渡镇供电服务站	99.79	99.79			99.79	99.62	2.54%	99.8	
汇总	99.84	99.74		99.71	99.76	99.75	28.33%	99.84	100

图 5-24　同业对标采集成功率

点击"同业对标采集成功率明细"，在供电区域双击供电所或者服务站，类型选择Ⅱ型集中器进行查询，出现故障用户，如图 5-25 所示。

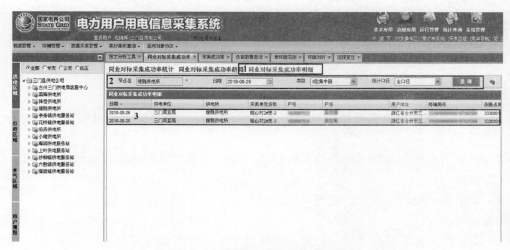

图 5-25 同业对标采集成功率明细

二、故障类型与维护

无线采集设备的故障类型有终端与主站无通信、采集下电表全无数据、终端抄表不稳定、电能表多天无数据。

1. 终端与主站无通信

主站处理：

（1）在用电信息采集系统中，故障用户所对应的终端报文通信方式 GPRS 并且参数召测返回成功，终端已恢复通信。

（2）故障用户所对应的终端报文通信方式为 SMS 并且参数召测返回失败，则需要现场处理。

现场处理：

（1）终端电源检查。查看终端"电源"灯是否常亮：① 灯不亮，在终端电源端口使用万用表仪器测量电压，如果电压显示 0V，排查终端端口到供电电源之间的线路；如果电压正常，终端故障，更换终端。② 灯亮，重启终端，查看终端是否登录成功。

（2）终端的参数检查。使用掌机召测终端的 IP 地址（10.137.253.11）和 APN（ZJDL.ZJ/ZJJC.ZJ）是否正确，核对终端的逻辑地址和采集系统中的逻辑地址是否一致。修改有问题的参数并重启终端，再观察终端是否登录成功。

（3）通信信号检查（参照第九节的通信信号检查）。

（4）通信模块检查（参数第九节的通信模块检查）。

（5）SIM 卡检查（参照第九节的 SIM 卡检查）。

（6）天线检查（参照第九节的天线检查）。

2. 终端抄表不稳定

主站处理：对于故障用户所对应的终端，如果终端报文、通信方式 GPRS 和 SMS 都存在，并且参数召测返回失败，则可以确定为终端通信不好，需要现场处理。

现场处理：参照终端与主站无通信的现场处理方式。

3. 终端采集下接电表全无数据

主站处理：

（1）确定用户所对应的终端登录成功。查看终端任务是否启用，如果无任务或任务停用，则重投任务。

（2）确定中继用户电表数据成功，则召测终端时钟。如果终端时钟错误，则进行终端对时。

（3）中继用户电表数据成功且终端时钟也正确，则召测用户测量点参数，对参数不一致的，下发参数。

（4）如中继失败的，需要到现场进行处理。

现场处理：

（1）用户在采集系统检查对应的终端逻辑地址和现场实际的逻辑地址是否一致，如果不一致，记录现场实际的逻辑地址，安排人员在营销流程中更换。

（2）检查终端和表计之间的 RS485 接线，接线口是否有松动或者掉落。

（3）只断开终端的 RS485 线，使用万用表仪器测量终端的 RS485 口的电压是否能正常抄表（正常抄表电压 +3～+5V），电压不正常，更换终端。测量断开终端后的 RS485 线电压，如果电压不正常（电压 0V 或者低于表计 RS485 口的电压），检查 RS485 线是否短路和 RS485 线接线接反。

（4）只断开表计的 RS485 线，在 RS485 线的末端端口测量的电压和终端端口的电压是否一致，如果不一致，RS485 线损坏并更换。

4. 电能表多天无数据

主站处理：

（1）确定用户所对应终端登录成功且任务已启用。

（2）确定中继用户电表数据采集成功，则召测用户测量点参数，对参数不一致的，下发参数。

（3）中继用户电表数据采集成功且测量点参数也一致，则召测表计时钟，对时钟异常的进行对时。

（4）中继用户数据采集失败，则需要到现场处理。

现场处理：

（1）检查用户在营销系统中的表计条形码和现场实际表计条形码是否一致，如果不一致，记录现场实际的表计条形码。

（2）断开该用户表计的 RS485 线，测量表计 RS485 端口的抄表电压是否正常（正常抄表电压为 3～5V）。如果不正常，则更换表计。

（3）断开用户表计端口的 RS485 线，测量 RS485 线的电压。如果电压显示是 0V，检查与前一个表计连接的这段 RS485 线接线是否松动或故障。

第十一节　载波采集设备的维护与消缺

一、载波采集设备的故障

在用电信息采集系统中，依次点击：统计查询→报表管理→省公司报表→同业对标采集成功率，进入同业对标采集成功率界面，如图5-26所示。

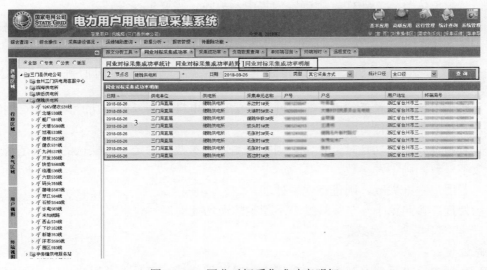

图5-26　同业对标采集成功率

点击"同业对标采集成功率明细"，在供电区域双击供电所或者服务站，类型"其他采集方式"并查询，出现故障用户，如图5-27所示。

图5-27　同业对标采集成功率明细

二、故障的类型与维护

载波采集设备的故障类型有终端与主站无通信、终端抄表不稳定、集中器下电表全无数据、采集器下电表全无数据。

1. 终端与主站无通信

主站处理：在用电信息采集系统中，召测终端的参数返回成功并且终端报文通信方式为 GPRS，终端通信恢复。如果故障用户所对应的终端参数召测返回失败，则安排现场处理。

现场处理：终端与主站无通信处理（参照第九节的终端与主站无通信的现场处理）。

2. 终端抄表不稳定

主站处理：

（1）在用电信息采集系统中，查看故障用户建档的终端所属台区和用户实际的台区是否一致，若不一致则重新建档到用户实际台区的终端。

（2）查询故障用户所对应的终端报文，若通信方式 GPRS 和 SMS 都存在，则确定终端通信不好，需要现场处理（参照第九节终端与主站无通信的现场处理）。

（3）故障用户所对应的终端，查询该终端是否还在上报除日冻结电量数据以外的报文，如果有，则等待上报结束再观察冻结电量数据情况。

（4）查询中继故障用户实时数据，如果中继查询失败，则需要到现场处理。

现场处理：

（1）在集中器接线端口处使用万用表测量三相电源电压，如果电压不正常（与公变输出电压不一致），则检查是否有电源线接触不好或者接错导致的抄表不稳定。

（2）更换集中器的载波模块，在集中器界面操作用户召测表计数据或者远程中继表计的数据。

（3）如果故障用户都出现在同一路出线或同一个分支线，则可以确认该供电线路是否调整到另外的台区。如果用户表计现场供电已经调整到另外台区，则可以记录正确的台区并调整用户到正确的台区和集中器。

（4）测量集中器的三相电力线信号，如果数值低于 42dBV，并且断开集中器三相电压后，电力线信号数值恢复到 78dBV，则确定为集中器故障，需要更换终端。

（5）测量支线用户的电力线信号。当电力通信信号值低于 42dBV 时，则需要找出干扰信号的用户，并装上滤波器。

3. 集中器下电表全无数据

主站处理：

（1）在用电信息采集系统中，当中继故障的用户电量召测返回成功时，需要召测终端的时钟，若时钟异常则进行对时。

（2）若中继召测成功且时钟正常，则需召测用户参数，确定系统默认的参数是否一致。如果参数不一致，则下发参数。

（3）若用户中继失败，则进行现场处理。

现场处理：参照第十一节终端抄表不稳定的现场处理。

4. 采集器下电表全无数据

主站处理：

（1）在用电信息采集系统中，中继用户实时数据成功。但是中继用户日冻结数据失败或冻结数据异常，确定为表计故障，应换表。

（2）中继用户实时数据和日冻结数据成功，召测表计时钟，若时钟异常，则进行对时。

（3）中继用户实时和日冻结成功，表计时钟正常。召测用户测量点参数，返回值和系统默认的设置是否一致，若不一致则下发参数。

（4）中继失败，则进行现场处理。

现场处理：

（1）确定用户现场实际表地址和营销的表地址是否一致。如果不一致，记录现场实际的表地址。

（2）使用电力线通信测试仪，断开用户的保护器，观察电力线的信号情况。如果电力线信号增强，说明用户处的电器有干扰，应安装滤波器。

（3）断开表计的 RS485 线，使用万用表测量表计的 RS485 端口抄表电压是否正常（正常抄表电压 3～5V）。如果不正常，则更换表计。

（4）断开连接端口，测量 RS485 线的电压。

（5）更换采集器，使用操控器中继用户的电量。

（6）通过以上操作，用户中继还是不成功，则确定为表计本身故障，需要更换表计。

第十二节 专变终端设备的安装与调试

一、现场勘查

（1）核对安装现场符合要求；

（2）确认终端的安装位置；

（3）检查现场有无通信信号；

（4）确定终端安装时的安全措施。

二、配领终端

在营销系统中发起配终端流程，打印电能计量装接单，派工和领用终端（以三相四线终端为例）。

现场安装终端前，填写带电装接电能表工作票，清点材料和工具是否齐全（专变终端 1 台、天线 1 根、不同相色的电源线和专用的 RS485 线若干、安全工具、个人工器具和个人防护用品）。

三、现场安装

（1）根据装接单，核对现场信息是否对应。

（2）将联合接线盒三相电压连接片和零线连接片断开，三相电流连接片短接。

（3）将专变终端固定在指定的位置并接线。

（4）接好线后，再次检查电源线接线是否正确，是否有接反或者接错线。

（5）连接与之对应表计的 RS485 线，安装天线并合上终端盖。

（6）送电，将联合接线盒上的三相电压连接片和零线连接片拧紧，并将电流连接片断开，盖上联合接线盒并拧紧。

（7）观察终端是否登录成功（终端屏幕的左上角显示符号"G"），如图 5-5 所示。

四、终端调试

现场设备安装完成后，结束营销流程，并调试。

（1）在用电信息采集系统中，点击侧栏的终端视图。在逻辑地址一栏中输入终端逻辑地址，并查询。右击查询结果，查看终端的报文和召测终端参数以确定终端是否登录成功（登录成功标志有上行报文）。

（2）点击任务设置，查看任务状态是否启用。

（3）中继用户，查看用户是否召测成功。

第十三节　专变终端设备的维护与消缺

一、专变终端设备的故障

用电采集系统中，依次点击：统计查询→报表管理→省公司报表→同业对标采集成功率进行终端设备故障查询。

点击"同业对标采集成功率明细"，在供电区域双击供电所或者服务站，查询该区域管辖范围内的专变终端清单。

二、故障类型

专变终端设备的故障类型包括终端与主站无通信、电能表持续多天无数据、负荷数据采集成功率低。

1. 终端与主站无通信

主站处理：参照公变终端的终端与主站无通信的处理。

现场处理：参照公变终端的终端与主站无通信的处理。

2. 电能表持续多天无数据

主站处理：

（1）确定用户所对应终端登录成功。检查终端任务是否启用，无任务或者停用请新投任务。

（2）确定中继用户电表数据采集成功，召测终端时钟。若终端时钟错误，则进行终端对时。

（3）确定中继用户电表数据采集成功，且召测终端时钟正确，则召测用户测量点参数，参数不一致下发参数。

（4）确定中继用户电表数据采集成功，且召测终端时钟正确，召测参数一致，则需要召测用户表计的时钟。若表计时钟有误差则进行对时。对时不成功的，进行表计更换。

（5）对中继失败的，需要到现场进行处理。

现场处理：

（1）检查用户在营销系统中的表计条形码和现场实际表计条形码是否一致，如果不一致，记录现场实际的表计条形码。

（2）检查用户和终端之间的 RS485 线，接线是否正常，是否有接反或者脱落。

（3）断开该用户表计的 RS485 线，测量表计 RS485 端口的抄表电压是否正常（正常抄表电压 3～5V）。如果不正常，则更换表计。

（4）断开终端的 RS485 线，测量终端 RS485 端口的抄表电压是否正常（正常抄表电压 3～

（5）断开终端的 RS485 线，测量与表计连接的 RS485 线的电压是否与表计端口的电压是否一致。如果电压为 0V，则为 RS485 线故障，请更换。

主站处理：

（1）对故障用户所对应的终端进行参数召测，召测成功并一致，且通信方式为 GPRS 的，执行终端硬件复位和数据区复位，然后参数和任务重新下发，观察负荷数据采集是否正常。

（2）查询故障用户所对应终端的报文，若通信方式 GPRS 和 SMS 都存在，并且参数召测返回失败，则确定为终端通信不好，需要现场处理。

现场处理：

（1）观察终端显示屏，如果登录成功后有自动复位重启和终端操作失败现象，或终端有卡屏、闪屏现象的，可以确定为终端故障，需要更换终端。

（2）若终端的信号强度弱，则更换 SIM 卡并重启。终端登录成功后，观察终端的信号强度。

（3）若更换 SIM 卡后信号还是弱，则更换天线。

（4）移动天线的位置，靠近户外的位置。

第六章

配电台区运行维护

第一节　柱上变压器倒闸操作

一、一般要求

柱上变压器倒闸操作主要是操作跌开式熔断器。操作跌开式熔断器至少应由两人进行，为了保证操作人员的安全，在操作跌开式熔断器时，应使用与线路额定电压相符并经试验合格的绝缘棒，操作人员应戴绝缘手套。雨天操作时，为满足绝缘要求，应使用带有防雨罩的绝缘棒。带负荷拉、合跌开式熔断器时会产生电弧，负荷电流越大，电弧越大，所以在操作100kVA以上容量变压器的跌开式熔断器前应先将低压侧负荷断开。拉、合跌开式熔断器应迅速果断，但用力不能过猛，以免损坏跌开式熔断器。拉、合分支线跌开式熔断器应由工作负责人统一指挥，操作人员按单台配电变压器操作顺序进行逐台操作。操作前，操作人员应根据操作任务认真核对线路的双重编号、分支线路名称、用户及变压器跌开式熔断器安装地点。跌开式熔断器停、送电操作应逐相进行，同时必须考虑跌开式熔断器在杆上的布置和操作时的风向。

二、操作顺序

1. 停电操作顺序

（1）跌开式熔断器水平排列且有风时，停电操作应逆风向进行，先拉开下风侧边相跌开式熔断器，再拉开中相跌开式熔断器，最后拉开上风侧边相跌开式熔断器。当跌开式熔断器水平排列而无风时，停电操作应先拉开中相跌开式熔断器，后拉开左、右边相跌开式熔断器。

（2）跌开式熔断器三角排列且有风时，停电操作应先拉开下风侧边相跌开式熔断器，再拉开上风侧边相跌开式熔断器，最后拉开中相跌开式熔断器。当跌开式熔断器三角排列而无风时，停电操作先拉开左右两边相跌开式熔断器，再拉开中相跌开式熔断器。

2. 送电操作顺序

跌开式熔断器无论三角排列或水平排列，送电操作均应先合中相跌开式熔断器，再合两边相跌开式熔断器。

3. 用跌开式熔断器停、送分支线线路及变压器操作顺序

（1）配电变压器停运操作。首先拉开变压器低压侧空气断路器或低压熔断器，停运配电变压器低压负荷，再拉开配电变压器高压侧跌开式熔断器。

（2）配电变压器投运操作。首先合上配电变压器高压侧跌开式熔断器，再合上变压器低压侧空气断路器或低压熔断器。

（3）分支线跌开式熔断器停运操作。操作人员按单台配电变压器停运操作顺序进行操作，

将分支线上的配电变压器逐台停运，最后拉开控制分支线的跌开式熔断器，取下熔丝管。送电程序与此相反。

三、危险点预控及安全注意事项

操作跌开式熔断器的危险点预控及安全注意事项见表 6-1。

表 6-1　　　　　　　　操作跌开式熔断器的危险点预控及安全注意事项

危险点	安全注意事项
弧光短路、灼伤	（1）必须有两人进行，一人操作一人监护。 （2）操作人员应带护目镜，使用合格的绝缘操作杆。 （3）拉合配电变压器跌开式熔断器时先断开配电变压器低压侧负荷，拉合分路跌开式熔断器时必须将支线上所有负荷断开。 （4）操作人员应站在跌开式熔断器背侧
触电	（1）操作人员应与同杆架设的低压导线和跌开式熔断器下引线保持不少于 2m 的安全距离。 （2）使用同电压等级且试验合格的绝缘杆，雨天操作应使用有防雨罩的绝缘杆。 （3）雷电时严禁进行跌开式熔断器倒闸操作
高处坠落	（1）操作时操作人和监护人应戴好安全帽，登杆操作应系好安全带。 （2）登杆前检查杆根、登杆工具有无问题，冬季应采取防滑措施
其他	（1）倒闸操作要执行操作票制度（除事故处理），严禁无票操作。 （2）倒闸操作应由两人进行，一人操作一人监护。 （3）操作前根据操作票认真核对所操作设备的名称、编号和实际状态。 （4）操作时严格按操作票执行，禁止跳项、漏项

四、案例

1. 配电变压器跌开式熔断器倒闸操作票（见表 6-2）

表 6-2　　　　　　　　配电变压器跌开式熔断器倒闸操作票

电力线路倒闸操作票				No：00003
单位：城区供电站				编号：08-05-03
发令人	张××	受令人	李××	发令时间：2008 年 5 月 12 日 13 时 30 分
操作开始时间：2008 年 5 月 12 日 14 时 28 分			操作结束时间：2008 年 5 月 12 日 14 时 35 分	
操作任务：××线路 ×号杆××配变跌开式熔断器运行转冷备用				

顺序	操 作 项 目	√
1	核对线路名称、杆号和设备编号	
2	通知用户拉开低压总刀闸	
3	拉开中相跌开式熔断器	
4	拉开与中相远的跌开式熔断器	
5	拉开与中相近的跌开式熔断器	
6	取下三相跌开式熔断器熔管	
7	在××线路 ×号杆 3.5m 处悬挂"禁止合闸，线路有人工作"警示牌一块	
备注	配电变压器跌开式熔断器水平排列方式，无风	
操作人：王××		监护人：李××

2. 支线跌开式熔断器倒闸操作票（见表 6-3）

表 6-3   **支线跌开式熔断器倒闸操作票**

电力线路倒闸操作票				No：00004
单位：城区供电站				编号：08-05-04
发令人	张××	受令人	李××	发令时间： 2008 年 5 月 12 日 13 时 30 分
操作开始时间： 2008 年 5 月 12 日 14 时 50 分			操作结束时间： 2008 年 5 月 12 日 14 时 56 分	
操作任务：××线路 ×号杆××支线跌开式熔断器运行转冷备用				
顺序	操 作 项 目			√
1	拉开××线路 ×号杆××支线上 T 接的所有配变跌开式熔断器			
2	核对线路名称、杆号和设备			
3	拉开中相跌开式熔断器			
4	拉开与中相远的跌开式熔断器			
5	拉开与中相近的跌开式熔断器			
6	取下三相跌开式熔断器熔管			
7	在××线路 ×号杆 3.5m 处悬挂"禁止合闸，线路有人工作"警示牌一块			
备注	（1）分支线只装有跌开式熔断器且水平排列方式，无风。 （2）分支线 T 接配变总容量超过 320kVA			
操作人：王××			监护人：李××	

【思考与练习】

1. 操作跌开式熔断器的一般要求是什么？
2. 操作跌开式熔断器的顺序是怎样规定的？
3. 操作跌开式熔断器时为预防弧光短路和灼伤应注意什么？

第二节　箱变倒闸操作

为了加快小型变电站的建设速度，减少变电站的占地面积和投资，将小型变电站的高压电气设备、变压器和低压控制设备、电气测量及计量等设备组合在一起，在工厂内成套生产组装成箱式整体结构。在变电站的基础完工后，将由一个或数个可吊装运输的金属箱体结构组成的变电站在现场组装完成。这种由可吊装运输的包含整个变电站设备的金属箱体组合而成的成套变电站，称为高压/低压预装箱式变电站。

箱式变占地面积少，一般为 5~6m²，甚至可以减少到 3~3.5m²；适合在一般负荷密集的居民小区和工矿企业等场所的供电，可使高压供电延伸到负荷中心；减少供电半径、缩短低压供电线路长度、减低线损，缩短施工周期、减少投资，延长设备检修周期，外形美观，与周围环境协调。

一、箱式变电站典型结构简介

箱式变电站的底架一般采用热轧型钢，框架采用冷弯型钢与底架焊接在一起，箱体采用单层或双层密封，分为数个间隔并各自有向外打开的门；内部采取有效冷却方法，可保证内部温度保持在允许范围内。箱式变电站结构一般包括以下四部分：

（1）高压室。一般包括进线电缆头、上下隔离开关或熔断器、高压母线和穿墙套管、高压断路器、电流、电压互感器。

高压进线一般采用电缆。隔离开关也可采用负荷开关或跌开式熔断器。高压断路器一般采用 SF_6 或真空断路器。高压母线采用热缩管和其他绝缘材料包覆。

（2）变压器室。变压器一般采用干式变压器，也有采用其他低损变压器的。

（3）低压室。装有低压刀闸、空气开关和熔断器等。一般有 4～6 路出线。

（4）继电保护、计量和自动化装置，可以集中安装，也可分散安装在各个间隔中。

二、箱式变电站典型操作

1. 箱式变电站操作的一般原则

进行电气操作必须：

（1）根据上级或调度命令执行。

（2）应由两人进行，由对设备较为熟悉者监护，另一人操作。

（3）必须有合格的操作票，操作时严格按操作顺序执行。

（4）事故处理可不用操作票，按上级或调度命令执行。

（5）系统出现异常、事故及天气恶劣情况下尽量避免操作。

2. 箱式变电站操作的技术要求

（1）操作隔离开关时，断路器必须在断开位置。

（2）设备送电前，继电保护或自动跳闸机构必须投入，不能自动跳闸的断路器不准送电。

（3）操作分相隔离开关（跌开式熔断器）时，拉闸先拉中相，后拉两边相。合闸时相反。

（4）断路器分、合闸后，应立即检查有关信号和测量仪表的指示，确认实际分合位置。

3. 箱式变电站送电的操作步骤

（1）确认线名、站名、设备等编号正确；确认中、低压隔离开关，断路器全部在断开位置；确认接地线等安全措施已完全拆除；确认继电保护或自动跳闸机构已经投入；确认跌开式熔断器安装正确到位及仪表指示正确。

（2）合上中压隔离开关（跌开式熔断器），确认电压表指示正确。

（3）合上变压器中压断路器，电流表应有轻微摆动，确认仪表指示正确。

（4）检查变压器无异声，温度等正常。

（5）确认变压器送电正确。

4. 箱式变电站低压线路送电的操作步骤

（1）确认变压器已送电，各仪表指示正确。

（2）确认待送电线路低压回路、开关（刀闸）等编号正确。

（3）确认待送电低压断路器脱扣保护动作正确。

（4）依次合上各低压断路器，确认电压表和电流表指示正确。

（5）确认低压线路送电正确，负荷无异常。

（6）箱式变电站停电操作步骤如下：

1）确认待停电线路低压回路、开关（刀闸）等设备编号正确，各仪器、仪表指示正确。

2）拉开全部低压断路器，确认电流、电压表指示正确。

3）拉开变压器中压断路器，确认电压表指示正确。

4）拉开中压隔离开关，确认操作到位、正确。

5）按规定和需要做好安全措施。

三、箱式变电站操作危险点分析及防止误操作的安全措施

1. 箱式变电站操作危险点分析

（1）箱式变电站结构紧凑、空间狭小，设备之间电气距离较小，操作时动作不宜过大，以免误碰相邻设备或引起相间短路。必要时可加绝缘隔离。

（2）箱式变电站运行环境较恶劣，应加强监督，防止外力破坏，操作前应详细检查设备健康状况。

（3）操作时应设置安全围栏，避免伤及行人和无关人员。

（4）操作时必须有合格的操作票，严格按操作顺序执行，不能走过场。

（5）具体注意事项参考《国家电网公司生产技能人员职业能力培训规范　第 3 部分：配电线路运行》配电所操作（ZY0300201001）模块有关部分。

2. 箱式变电站防止误操作的安全措施

（1）根据上级或调度命令执行，操作前严格核对线名、站名、设备编号正确无误，开关工作位置显示与状态相符。

（2）应由两人进行，由对设备较为熟悉者监护，另一人操作。

（3）必须有审查合格的操作票，操作时严格按操作顺序执行。单一低压线路操作和事故处理可不用操作票，按上级或调度命令执行。

（4）箱式变电站结构紧凑、电气距离较小，操作时动作宜小，必要时可以采取绝缘隔离措施。

（5）操作时无关人员应远离现场。

【思考与练习】

1. 箱式变电站设备的特点有哪些？

2. 试述箱式变电站送电（由检修转运行）的操作步骤。

3. 箱式变电站的停、送电典型操作步骤有哪些？

4. 箱式变电站防止误操作的安全措施有哪些？

第三节　配电所倒闸操作

配电所是变换供电电压、分配电力并对配电线路及配电设备实现控制和保护的配电设施。它与配电线路组成配电网，实现分配电力的功能。配电所接受电力的进线电压通常较高，经过变压之后以一种和两种较低的电压为出线电压，输出电力。中压（10kV）配电所中具备配电和变电功能的称为配电所，台架和变台也属于配电所范畴；不具备变压功能的中压配电所

称为开关站（开闭所）。如果整个配电所设备由一个或数个可吊装运输的金属箱体组合而成，则称为箱式变电站。

一、配电所典型接线

1. 单电源接线

（1）单母线。单母线接线具有简单清晰、设备少、投资小、运行操作方便且有利于扩建等优点，但可靠性和灵活性较差。当母线或母线隔离开关发生故障或检修时，必须断开母线的全部电源。

（2）单母线分段。单母线分段的两段母线可以分列运行，也可以并列运行，具有重要用户可用双回路接于不同母线段，以保证不间断供电，以及任意母线或隔离开关检修时只停该段，其余段可继续供电，减少停电范围等优点。但是分段的单母线增加了分段部分的投资和占地面积，扩建时需向两端均衡扩建；当某段母线故障或检修时仍有停电情况；某回路断路器检修时，该回路也需要停电。

2. 双（多）电源母线分段接线

双母线接线。双母线接线具有供电可靠、检修方便、调度灵活或便于扩建等优点。但这种接线所用设备（特别是隔离开关）多，配电装置复杂，经济性较差；在运行中隔离开关作为操作电器，容易发生误操作，且对实现自动化不便；尤其当母线系统故障时，须短时切除较多电源和线路，这对特别重要的大型发电厂和变电站是不允许的。

二、配电所典型操作

1. 设备的运行状态

电气运行操作是将电气设备由一种运行状态变换为另一种运行状态,运行状态分为运行、冷备用、热备用和检修四种。

（1）运行状态：指设备带标称电压，隔离开关及断路器都在合入位置，包括带负荷或不带负荷。

（2）热备用状态：指线路、母线等电气设备的断路器断开，其两侧隔离开关仍处于接通位置。

（3）冷备用状态：指线路、母线等电气设备的断路器断开，其两侧隔离开关和相关接地开关处于断开位置。

（4）检修状态：指设备停电，所有的设备断路器和隔离开关均断开，并做好安全措施，处于检修状态。

2. 配电所典型操作内容

电气设备由一种运行状态转变到另一种运行状态时，需要进行的一系列操作称为电气设备的倒闸操作。配电所经常进行倒闸操作包括线路的停、送电操作，变压器的停、送电操作，倒母线操作，自动装置和保护装置使用状态的改变，安全措施（接地线）的安装和拆除等，低压线路的停、送电操作。

为了保证操作任务的完成和工作人员的人身安全，某些断路器的操作熔断器和合闸熔断器有时需被取下和装上，这些一般称为保护电器的设备变动，也被视为操作。

3. 配电所典型操作的一般原则和基本要求

配电所经常进行的具有代表性的操作称为典型操作，其重点是线路和变压器的停、送电操作。

（1）配电所操作的一般原则。

1）操作隔离开关时，断路器必须在断开位置，核对编号无误后方可操作。

2）设备送电前，继电保护或自动跳闸机构必须投入，不能自动跳闸的断路器不准送电。

3）电动操作的断路器不允许就地强制手动合闸；不允许解除机械闭锁手动分断路器。

4）操作分相隔离开关（跌开式熔断器）时，拉闸先拉中相，后拉两边相，合闸时相反。

5）断路器分、合闸后，应立即检查有关信号和测量仪表的指示，确认实际分合位置。

（2）配电所进行电气操作的基本要求。

1）电气操作应根据上级或调度命令执行。

2）电气操作应由两人进行，由对设备较为熟悉者监护，另一人操作。

3）电气操作时必须有经"三审"合格的操作票，事故处理可不用操作票，按上级或调度命令执行。

4）操作时严格按操作票所列操作步骤顺序执行。

5）系统出现异常、事故及天气恶劣情况下尽量避免电气操作。

6）误合隔离开关时，不准将误合的隔离开关再拉开。误拉隔离开关时，不准将拉开的隔离开关再合上。

4. 配电所典型操作的技术要点

（1）高压断路器的操作要点。

1）扳动控制开关或按动控制按钮，不得用力过猛或操作过快，以免操作失灵。

2）高压断路器操作后，应立即检查有关信号和测量仪表的指示，确认分、合位置是否符合现场实际。

3）高压断路器送电或跳闸后试送时，人员应远离现场，以免出现故障危及人身安全。

4）SF_6断路器漏气时，因SF_6在电弧的作用下可分解出有毒气体，人员必须远离，室内人员必须立即撤到室外，站在上风侧并离开10m以上，进入现场必须采取安全措施。

5）弹簧储能的高压断路器停电后应及时释放机构中的能量，以免检修时伤人。

6）手车式高压断路器的机械闭锁必须灵活、可靠，防止带负荷拉出或推入引起短路。

7）故障跳闸累计次数达到规定次数的高压断路器，必须进行检修。严禁将不合格的断路器投入运行。

8）检修后的高压断路器必须保持在断开位置，防止带负荷合隔离开关。

（2）隔离开关的操作要点。

1）隔离开关的作用是在电气设备上形成明显的断开点，由于具备一定的自然灭弧能力，也常用在开、断电压互感器、避雷器等电流较小的设备上。

2）合入隔离开关时，开始缓慢，随后迅速果断，但在合闸终了时要避免冲击。

3）拉开隔离开关时，应迅速果断，特别是拉空载线路、空载变压器、空载母线等更要快速果断，以利灭弧。

4）拉、合隔离开关时，断路器必须在断开位置。

5）拉、合隔离开关后，必须现场核实触头的位置是否正确，合入后触头接触是否良好，拉开后张开的角度或距离是否符合要求。

6）隔离开关操作后，必须检查隔离开关操动机构的定位销是否到位，以防滑脱。

7）检修后的隔离开关必须保持在断开位置，防止送电时发生带地线合闸等人为短路故障。

（3）验电的操作要点。

1）验电操作时，必须戴合格的绝缘手套。

2）验电操作时，必须使用试验合格、在有效期内的、符合该等级电压的验电器。

3）使用前，按规定检查验电器，确认良好。

4）在停电设备的两侧和需要接地的部位进行逐相验电。

（4）挂、拆接地线的操作要点。

1）使用合格的接地线。

2）挂接地线时，先接接地端，连接良好后再接设备端。

3）将距离最近的导体放电，逐相将设备接地。

4）拆接地线的过程与此相反。

三、配电所中压设备的典型操作步骤

1. 线路停、送电的典型操作步骤

（1）线路停电（由运行转检修）的操作步骤。

1）断开线路断路器。

2）现场检查线路断路器三相确已断开，仪表显示正确。

3）拉开线路侧隔离开关。

4）拉开母线侧隔离开关。

5）向上级或调度汇报。

6）根据调度指示布置安全措施。

（2）线路送电（由检修转运行）的操作步骤。

1）根据调度指示拆除安全措施。

2）检查线路有关保护并按规定投入。

3）合上母线侧隔离开关。

4）合上线路侧隔离开关。

5）向上级或调度汇报，接受调度操作命令。

6）合上线路断路器。检查仪表显示正确，向调度汇报。

2. 配电变压器的停、送电典型操作步骤

（1）变压器停电（由运行转检修）的操作步骤。

1）调整、减少低压负荷。

2）断开变压器低压侧断路器，检查仪表显示正确。

3）断开变压器中压侧断路器，检查仪表显示正确。

4）拉开变压器低压侧线路侧隔离开关。

5）拉开变压器低压侧变压器侧隔离开关。

6）拉开变压器中压侧变压器侧隔离开关。

7）拉开变压器中压侧母线侧隔离开关。

8）做好安全措施（包括拆除断路器保险）。

9）向调度汇报。

（2）变压器送电（由检修转运行）的操作步骤。

1）拆除安全措施。

2）投入变压器保护（包括合上断路器保险）。

3）合上变压器中压侧母线侧隔离开关。

4）合上变压器中压侧变压器侧隔离开关。

5）合上变压器低压侧变压器侧隔离开关。

6）合上变压器低压侧线路侧隔离开关。

7）合上变压器中压侧断路器，检查变压器充电无异常。

8）合上变压器低压侧断路器。

9）检查变压器负荷应无异常。

10）向调度汇报。

四、配电所倒闸操作危险点分析及防止误操作的安全措施

配电所倒闸操作既有其典型性，又有其特殊性，电网不同的运行方式，变电站不同的主接线，继电保护及自动装置配置的差异以及不同的操作任务，都将影响到倒闸操作的每一具体步骤。因此，针对不同的典型操作，分析其潜在的危险点，即容易引起误操作的重要环节，掌握其正确的方法及步骤，对防范误操作事故的发生，有很现实的指导作用。

1. 配电所典型操作危险点分析

危险点分析应围绕易引起误操作的环节，着重在以下几方面进行：

（1）操作的合理性、正确性和可靠性。要使电气设备和继电保护装置尽可能处于最佳运行状态，务求负荷适当、潮流合理、运行方式灵活、操作简单、短路容量允许。

（2）调度命令是否明确任务和操作人员；操作票是否正确、是否逐项循序填写和经过三级严格审核、是否经过认真模拟操作。

（3）操作用具及安全用具是否准备齐全并经检查合格，是否正确使用。

（4）操作位置和设备编号是否核对正确，操作顺序是否正确，有无漏项和颠倒；监护是否到位，是否严格按票执行。

（5）操作完毕是否向上级或调度汇报。停电完毕是否按要求做好安全措施。

（6）是否按规定进行验电和挂、拆接地线。

2. 倒闸操作的危险点及其防范

（1）变压器操作的危险点及其防范。变压器的操作通常包括向变压器充电、带负荷、并列、解列、切断空载变压器等内容，是电气倒闸操作中最常见的典型操作之一。

变压器操作的危险点主要有：

1）切合空载变压器过程中可能出现的操作过电压，危及变压器绝缘。

2）变压器空载电压升高，使变压器绝缘遭受损坏。

变压器中性点接地，主要是避免产生操作过电压。在 110kV 及以上大电流接地系统中，为了限制单相接地短路电流，部分变压器中性点是不接地的，也就是说，变压器中性点接地数量和在网络中的位置是综合变压器的绝缘安全、降低短路电流、继电保护可靠动作等要求决定的。切合空载变压器或解、并列电源系统，若将变压器中性点接地，操作时断路器发生三相不同期动作或出现非对称开断，可以避免发生电容传递过电压或失步工频过电压所造成的事故。所以，为防范切合空载变压器产生操作过电压造成危害，应确保变压器中性点接地开关操作的正确性。

变压器中性点接地开关操作应遵循下述原则：

1）若数台变压器并列于不同的母线上运行时，则每一条母线至少需有 1 台变压器中性点直接接地，以防止母联断路器跳开后使某一母线成为不接地系统。

2）若变压器低压侧有电源，则变压器中性点必须直接接地，以防止高压侧断路器跳闸，变压器成为中性点绝缘系统。

3）若数台变压器并列运行，正常时只允许 1 台变压器中性点直接接地。在变压器操作时，应始终至少保持原有的中性点直接接地个数。例如 2 台变压器并列运行，1 号变中性点直接接地，2 号变中性点间隙接地，1 号变压器停运之前，必须首先合上 2 号变压器的中性点开关；同样地，必须在 1 号变压器（中性点直接接地）充电以后，才允许拉开 2 号变压器中性点开关。

4）变压器停电或充电前，为防止断路器三相不同期或非全相投入而产生过电压影响变压器绝缘，必须在停电或充电前将变压器中性点直接接地。变压器充电后的中性点接地方式应按正常运行方式考虑，变压器的中性点保护要根据其接地方式做相应的改变。

（2）母线倒闸操作的危险点及其防范。母线的操作是指母线的送电、停电，以及母线上的设备在两条母线间的倒换等。母线是设备的汇合场所，连接元件多，操作工作量大，操作前必须做好充分的准备，操作时严格按顺序进行。

母线操作潜在的危险点有：

1）可能发生的带负荷拉隔离开关事故。

2）继电保护及自动装置切换错误引起的误动。

母线操作的正确方法及需注意的事项有：

1）备用母线的充电。有母联断路器时应使用母联断路器向母线充电。母联断路器的充电保护应在投入状态，必要时要将保护整定时间调整到 0。这样，如果备用母线存在故障，可由母联断路器切除，防止事故扩大。如无母联断路器，在确认备用母线处于完好状态的情况下，也可用隔离开关充电，但在选择隔离开关和编制操作顺序时，应注意不要出现过负荷。

2）除用母联断路器充电之外，在母线倒闸过程中，母联断路器的操作电源应拉开，防止母联断路器误跳闸，造成带负荷拉隔离开关事件。

3）一条母线上所有元件须全部倒换至另一母线时，有两种倒换次序：一种是将某一元件的隔离开关合于一母线之后，随即拉开另一母线隔离开关；另一种是全部元件都合于一母线之后，再将另一母线的所有隔离开关拉开。这要根据操动机构位置（两母线隔离开关在一个走廊上或两个走廊上）和现场习惯决定。

4）由于设备倒换至另一母线或母线上的电压互感器停电，继电保护及自动装置的电压回路需要转换由另一电压互感器给电时，应注意勿使继电保护及自动装置因失去电压而误动作。避免电压回路接触不良以及通过电压互感器二次向不带电母线反充电而引起的电压回路熔断器熔断，造成继电保护误动等情况的出现。

5）进行母线操作时应注意对母差保护的影响，要根据母差保护运行规程做相应的变更。在倒母线操作过程中，无特殊情况母差保护应在投入使用中。母线装有自动重合闸的，倒母线后如有必要，重合闸方式也应相应改变。

3. 配电所防止误操作的安全措施

误操作事故较多发生在停、送电和倒闸操作中（如误拉合断路器、带负荷拉合隔离开关等）。其次发生在检修和测量工作中（如走错间隔、误碰运行设备、误接线、未拆试验接线和临时接地线等）。还有由于误调度指挥、操作次序错误、操作方法错误等因素导致的操作事故。事故的根本原因是违章作业。

防止误操作的安全措施有：贯彻安全生产责任制和各项规章制度，提高人员安全意识和责任心，严格管理倒闸操作制度和检修工作制度。

要通过各类培训提高人员技术素质，操作人员必须达到"三熟""三能"。"三熟"是：① 熟悉系统接线、设备和技术原理；② 熟悉操作方法和事故处理方案；③ 熟悉本岗位的规程和制度。"三能"是：① 能正确进行设备操作和分析运行状况；② 能及时发现和排除设备故障；③ 能掌握一般的设备维修技术。

在设备和系统的设计上实现"五防"措施。"五防"措施是：① 防止带负荷拉合隔离开关；② 防止误拉合断路器；③ 防止带电挂接地线；④ 防止带地线合闸；⑤ 防止误入带电间隔。

第四节　环网单元倒闸操作

环网单元倒闸操作一般是开关站（开闭所）的操作。开关站（开闭所）的一般操作要点如下：

（1）开关站（开闭所）高压设备进行操作时，必须要有上级命令及操作票，并确认无误后，方可进行操作。

（2）倒闸操作必须执行 1 人操作、1 人监护，重要的或复杂的倒闸操作，由值班负责人监护，由熟练的值班员操作。

（3）倒闸操作时操作人要填写操作票，每张操作票只准填写一个操作任务，用钢笔或圆珠笔填写，且字迹工整清晰。

（4）操作票填写下列内容：

1）应分、合的断路器和隔离开关。

2）应切换的保护回路。

3）应切换的控制回路或电压互感器的熔断器。

4）应装拆的接地线和接地开关。

5）应封线的断路器和隔离开关。

（5）操作人和监护人按操作顺序先在模拟图板上模拟操作，无误后经值班负责人审核签字后再执行实际操作。

（6）倒闸前应检查下列内容：

1）分合的断路器和隔离开关是否处在正常位置。

2）解列操作（包括母线、旁路母线）检查负荷分配情况。

3）检验电压，验明有无电压。

（7）操作要严肃认真，禁止做与操作无关的任何工作。

（8）操作时应核对设备名称、编号，操作中执行监护复诵制，按操作顺序操作，每操作完一项做一个记号"√"，全部操作完后进行复查，无误后向调度汇报。

（9）用绝缘棒分合断路器或经传动杆机构分合断路器时，均应戴绝缘手套、穿绝缘靴或站在绝缘台上。雨天在室外操作高压设备时绝缘棒应有防雨罩，雷雨天气禁止倒闸操作。

（10）装卸高压熔断器时，应戴护目眼镜和绝缘手套。必要时可用绝缘夹钳，并站在绝缘垫或绝缘台上。

（11）操作高压开关应按下列顺序操作：

1）送电合闸操作顺序应先合电源侧刀闸（隔离开关），后合负荷侧刀闸，最后合断路器。

2）停电拉闸操作顺序为先拉断路器，后接负荷侧刀闸（隔离开关），最后拉电源侧刀闸（隔离开关）。

3）禁止带负荷拉或合刀闸（隔离开关）。

4）操作刀闸（隔离开关）时应果断迅速。

（12）操作票应编号，按顺序使用，作废的操作票要盖"作废"印章，已执行的操作票盖"已执行"印章。

（13）电气设备停电（包括事故停电）后，在未拉开关和做好安全措施以前，不得触及设备或进入遮栏，以防突然来电。

（14）操作时注意事项：

1）停电时应将检修设备的高低压侧全部断开，且有明显的断开点，开关的把手必须锁住。

2）验电时必须将符合电压等级的验电笔在有电的设备上验电后，再对检修设备的两侧分别验电。

3）放电时应验明检修的设备确无电压后装设地线，先接接地端，后将地线的另一端对检修停电的设备进行放电，直至放尽电荷为止。

4）装设接地线应使用符合规定的导线，先接接地端，后接三相短路封闭地线。拆除地线时顺序与此相反。装拆地线均应使用绝缘棒或戴绝缘手套，接地线接触必须良好，接地线三相上缠绕。

5）悬挂标志牌和装设遮栏：① 在合闸即可将电送到工作地点的开关操作把手上，必须悬挂"禁止合闸、有人工作"的标志牌，必要时应加锁；② 部分停电时，安全距离小于规定距离的停电设备，必须装设临时遮栏，并挂上"止步、高压危险"的标志牌。

第五节　柱上开关设备倒闸操作

架空配电线路倒闸操作即对架空配电线路上连接的设备进行操作。架空配电线路上的常见设备有柱上断路器（真空、SF_6、油断路器）、隔离开关、负荷开关、跌开式熔断器等。

一、柱上断路器的操作

配电线路用柱上断路器又称柱上开关，是一种可以在正常情况下切断或接通线路，并在线路发生短路故障时，通过操作或在继电保护装置的作用下将故障线路手动或自动切断的开关设备。它没有明显的断开点，通常与隔离开关配合使用。柱上断路器按不同的灭弧介质，可分为油式、SF_6、真空三种形式，目前配电线路上主要使用的是真空和SF_6断路器。

操作柱上断路器至少应由两人进行，应使用与线路额定电压相符并经试验合格的绝缘棒，操作人员应戴绝缘手套。雨天操作时，为满足绝缘要求，应使用带有防雨罩的绝缘棒。登杆前，应根据操作票上的操作任务，核对线路双重编号、线路名称。

停电操作时，先拉开断路器，确认断路器在断开位置后，再拉开隔离开关，确认隔离开关在断开位置。送电时先合上隔离开关（双侧装有隔离开关时先合电源侧，后合负荷侧），确认隔离开关在合闸位置后，再合上断路器，确认断路器在合闸位置。

二、负荷开关的操作

负荷开关是介于断路器和隔离开关之间的电气设备。它与隔离开关相同之处是在开断的情况下有明显的断开点，不同之处是它有特殊的灭弧装置，可切断或闭合正常的负荷电流，但不能像断路器那样切断短路电流。一般情况下，负荷开关与熔断器配合使用，可以借助熔断器的熔断达到切断短路电流的目的。

操作柱上负荷开关至少应由两人进行，应使用与线路额定电压相符并经试验合格的绝缘棒，操作人员应戴绝缘手套。雨天操作时，为满足绝缘要求，应使用带有防雨罩的绝缘棒。登杆前，应根据操作票上的操作任务，核对线路双重编号、线路名称。

停电操作时，先拉开负荷开关，确认负荷开关在断开位置后，再拉开熔断器。送电时先合上熔断器，确认确已合好后，再合上负荷开关，确认负荷开关在合闸位置。

三、隔离开关的操作

隔离开关俗称隔离刀闸，用来在检修时隔离带电部分，保证检修部分与带电部分之间有足够的、明显的空气绝缘间隔。隔离开关一般和断路器配合使用，只能在电路被断开的情况下进行合闸或分闸操作。

操作隔离开关至少应由两人进行，应使用与线路额定电压相符并经试验合格的绝缘棒，操作人员应戴绝缘手套。雨天操作时，为满足绝缘要求，应使用带有防雨罩的绝缘棒。登杆前，应根据操作票上的操作任务，核对线路双重编号、线路名称。

隔离开关不管是合闸还是分闸，严禁在带负荷的情况下进行操作。操作前必须检查与之串联的断路器，应确认在断开位置。如果发生了带负荷分或合隔离开关的误操作，则应冷静地避免可能发生的另一种反方向的误操作，即：已发生带负荷误合闸后，不得再立即拉开；当发现带负荷分闸时，若已拉开，不得再合（若刚拉开，即发觉有火花产生时，可立即合上）。

四、跌开式熔断器的操作

跌开式熔断器是装于户外用来保护变压器等电气设备的一种电器。这种熔断器的熔体装在能分解气体的熔管内，它串联在电路中，正常情况下相当于一根导线，当电路一旦发生故障或出现过负荷，大电流通过熔体，熔体受热熔化，熔管依靠重力和接触部分的弹力跌落下来，电弧被迅速拉长，加之气体的灭弧作用，电弧被很快熄灭，从而将电路切断。

拉、合跌开式熔断器时，应使用与线路额定电压相符并经试验合格的绝缘棒，操作人员应戴绝缘手套。雨天操作时，为满足绝缘要求，应使用带有防雨罩的绝缘棒。登杆前，应根据操作票上的操作任务，核对线路双重编号、线路名称。

带负荷拉、合跌开式熔断器时会产生电弧，负荷电流越大电弧也越大，所以操作跌开式熔断器只能在设备、线路空载或较小的负载情况下进行。拉、合跌开式熔断器应迅速果断，但用力不能过猛，以免损坏跌开式熔断器。跌开式熔断器停、送电操作应逐相进行，同时必须考虑跌开式熔断器在杆上的布置和操作时的风向。

第六节　架空配电线路倒闸操作票的填写

一、倒闸操作票的填写

倒闸操作应使用倒闸操作票。倒闸操作人员应根据值班调度员（工区值班员）的操作指令（口头、电话或传真、电子邮件）填写或打印倒闸操作票。操作指令应清楚明确，受令人应将指令内容向发令人复诵，核对无误。发令人发布指令的全过程（包括对方复诵指令）和听取指令的报告时，都应录音并做好记录。

事故应急处理和拉合断路器的单一操作可不使用操作票。操作票应用钢笔或圆珠笔逐项填写。用计算机开出的操作票应与手写格式票面统一。操作票票面应清楚整洁，不得任意涂改。操作票应填写设备双重名称，即设备名称和编号。操作人和监护人应根据模拟图或接线图核对所填写的操作项目，并分别签名。

二、倒闸操作的原则

倒闸操作前，应按操作票顺序在模拟图或接线图上预演核对无误后执行。

操作前、后，都应检查核对现场设备名称、编号和断路器、隔离开关的断、合位置。电气设备操作后的位置检查应以设备实际位置为准，无法看到实际位置时，可通过设备机械指示位置、电气指示、仪表及各种遥测、遥信信号的变化，且至少应有两个及以上的指示同时发生对应变化，才能确认该设备已操作到位。

倒闸操作应由两人进行，一人操作，一人监护，并认真执行唱票、复诵制。发布指令和复诵指令都要严肃认真，使用规范术语，准确清晰，按操作顺序逐项操作，每操作完一项，应检查无误后，做一个"√"记号。操作中产生疑问时，不准擅自更改操作票，应向操作发令人询问清楚无误后再进行操作。操作完毕，受令人应立即汇报发令人。

操作机械传动的断路器或隔离开关时应戴绝缘手套。没有机械传动的断路器、隔离开关和跌开式熔断器，应使用合格的绝缘棒进行操作。雨天操作应使用有防雨罩的绝缘棒，并戴绝缘手套。

操作柱上断路器时，应有防止断路器爆炸时伤人的措施。

更换配电变压器跌开式熔断器熔丝的工作，应先将低压刀闸和高压隔离开关或跌开式熔断器拉开。摘挂跌开式熔断器的熔管时，应使用绝缘棒，并应有专人监护，其他人员不得触及设备。

雷电时，严禁进行倒闸操作和更换熔丝工作。

如发生严重危及人身安全情况时，可不等待指令即行断开电源，但事后应立即报告调度或设备运行管理单位。

第七节 柱上断路器的操作

一、柱上断路器的操作步骤

1. 接受命令

倒闸操作票应根据调度员、值班长或发令人的指令填写，指令必须使用正规的操作术语及设备双重名称。

2. 填写与审查操作票

操作票由操作人填写（或由操作人操作计算机自动生成操作票），填写时应字迹工整清晰。操作人根据接受的操作指令，将涉及的检查、操作和安全措施的装拆项目依照规定程序逐项进行填写。

操作人填写好操作票后，由监护人进行审核，并在每页操作票上手写签名。

3. 操作前准备

开始操作前，由监护人持票，会同操作人在系统模拟图逐项预演，确认操作项目和顺序正确无误，即可进行现场实际操作。

操作前、后，都应检查核对现场设备名称、编号和断路器、隔离开关的断、合位置。电气设备操作后的位置检查应以设备实际位置为准，无法看到实际位置时，可通过设备机械指示位置、电气指示、仪表及各种遥测、遥信信号的变化，且至少应有两个及以上的指示同时发生对应变化，才能确认该设备已操作到位。

4. 操作

操作人走在前，监护人持票走在后，到达操作现场后，进行首项操作项目前，填写操作开始时间。操作中监护人所站位置以能看到被操作的设备及操作人动作为宜。

监护人按操作票顺序逐项发布操作指令，操作人指明拟操作的设备，并复诵设备名称和编号，经监护人核对无误发出"对，执行"后，操作人方可操作。

每操作一项，由监护人在操作的项目后做"√"记号，然后方可进行下一步操作。操作中产生疑问时，不得擅自更改操作票，弄清情况，分析清楚后，再进行操作。

操作票所列项目全部执行完毕后，监护人填写操作终了时间，并进行全面检查。

5. 汇报

监护人将操作命令执行结果和终了时间立即汇报发令人，并记入运行工作记录本。

二、危险点预控及安全注意事项

危险点预控及安全注意事项见表6-4。

表6-4　　　　　　　　　　柱上断路器操作的危险点预控及安全注意事项

人员安排	工作前，要确认工作人员状态良好，技能适合本次工作要求
高处跌落	（1）登杆前，应先检查脚扣、安全带等登高工具完整、牢靠。禁止携带器材登杆或在杆上移位。 （2）上下杆及作业时，不得失去安全带保护；安全带应挂在牢固的构件上，不得低挂高用。移位时围杆带和后备保护绳交替使用
高处坠物	（1）杆塔上作业人员使用的工器具、材料等应装在工具袋里。 （2）在工作现场应设围栏，工器具用绳索传递，绑牢绳扣，传递人员离开重物下方，杆塔下方禁止人员逗留
电弧伤人	（1）严格遵守操作规程，按操作票顺序操作，不得跳项操作。 （2）工作人员在工作时，要戴护目镜，穿长袖全棉工作服
人身触电	（1）杆上工作人员与相邻10kV带电体的安全距离不小于0.7m，严禁作业人员穿越低压带电导线。 （2）操作前要确认绝缘工具合格。 （3）雨天操作应穿绝缘靴，戴绝缘手套，并使用防雨操作杆，严禁雷雨天操作
误拉（合）断路器	（1）倒闸操作应使用倒闸操作票。倒闸操作前，应按操作票顺序在模拟图或接线图上预演核对无误后执行。 （2）倒闸操作应由两人进行，一人操作，一人监护，并认真执行唱票、复诵制

三、案例

一侧装有三相分离式隔离开关的柱上断路器倒闸操作票见表6-5。

表 6-5 柱上断路器倒闸操作票

电力线路倒闸操作票					NO：00005
单位：城区供电站					编号：08-05-05
发令人	张××	受令人	李××	发令时间：2008 年 5 月 12 日 13 时 30 分	
操作开始时间：2008 年 5 月 12 日 14 时 28 分				操作结束时间：2008 年 5 月 12 日 14 时 35 分	
操作任务：××线路××断路器运行转冷备用					
顺序	操 作 项 目				√
1	核对线路名称和设备编号				
2	检查断路器和隔离开关确在合闸位置				
3	拉开柱上断路器				
4	检查断路器确在分闸位置				
5	拉开 B 相隔离开关				
6	拉开 A 相隔离开关				
7	拉开 C 相隔离开关				
8	检查隔离开关确已断开				
9	在××线路×号杆 3.5m 处悬挂"禁止合闸，线路有人工作"警示牌一块				
备注	断路器一侧装有三相分离式隔离开关				
操作人：王××			监护人：李××		

第八节　跌开式熔断器的操作

跌开式熔断器的操作参见本章第一节。

第九节　剩余电流动作保护器的运行和维护及调试

一、剩余电流动作保护器安装后的调试

（1）安装漏电总保护的低压电力网，其漏电电流应不大于剩余电流动作保护器额定漏电动作电流的 50%，达不到要求时应进行整修。

（2）装设漏电保护的电动机及其他电气设备的绝缘电阻应不小于 0.5MΩ。

（3）装设在进户线上的漏电断路器，其室内配线的绝缘电阻，晴天不宜小于 0.5MΩ，雨季不宜小于 0.08MΩ。

（4）保护器安装后应进行如下检测：

1）带负荷分、合开关 3 次，不得误动作。

2）用试验按钮试验 3 次，应正确动作。

3）各相用试验电阻接地试验 3 次，应正确动作。

二、剩余电流动作保护器的运行管理工作

为使剩余电流动作保护器正常工作，始终保持良好状态，从而起到应有的保护作用，必须做好下列各项运行管理工作：

（1）剩余电流动作保护器投入运行后，使用单位或部门应建立运行记录和相应的管理制度。

（2）剩余电流动作保护器投入运行后，每月需在通电状态下按动试验按钮，以检查保护器动作是否可靠。在雷雨季节，应当增加试验次数。由于雷击或其他不明原因使剩余电流动作保护器动作后，应仔细检查。

（3）为检验剩余电流动作保护器在运行中的动作特性及其变化，应定期进行动作特性试验。其试验项目包括：① 测试漏电动作电流值；② 测试漏电不动作电流值；③ 测试分断时间。剩余电流动作保护器的动作特性由制造厂整定，按产品说明书使用，使用中不得随意变动。

（4）凡已退出运行的剩余电流动作保护器在再次使用之前，应按（3）规定的项目进行动作特性试验。试验时应使用经国家有关部门检测合格的专用测试仪器，严禁利用相线直接触碰接地装置的试验方法。

（5）剩余电流动作保护器动作后，经查验未发现故障原因时，允许试送一次；如果再次动作，应查明原因找出故障，必要时对其进行动作特性试验而不得连续强送；除经检查确认为剩余电流动作保护器本身发生故障外，严禁私自撤除保护器强行送电。

（6）定期分析剩余电流动作保护器的运行情况，及时更换有故障的保护器；剩余电流动作保护器的维修应由专业人员进行，运行中遇有异常现象应找电工处理，以免扩大事故范围。

（7）在剩余电流动作保护器的保护范围内发生电击伤亡事故，应检查剩余电流动作保护器的动作情况并分析未能起到保护作用的原因。在未进行调查前应保护好现场，不得拆动剩余电流动作保护器。

（8）除了对使用中的剩余电流动作保护器必须进行定期试验（其漏电保护特性）外，对断路器部分亦应按低压电器的有关要求进行定期检查与维护。

三、剩余电流动作保护器误动、拒动分析

1. 误动作原因分析及解决办法

（1）低压电路开闭过电压引起误动作。由于操作引起的过电压，通过负载侧的对地电容形成对地电流，在零序电流互感器感应脉冲电压并引起误动作。此外，过电压也可以从电源侧对保护器施加影响（如触发晶闸管的控制极）而导致误动作。

（2）当分断空载变压器时，高压侧产生过电压，这种过电压也可导致保护器误动作。

解决办法有：

1）选用冲击电压不动作型保护器。

2）用正反向阻断电压较高的（正反向阻断电压均大于 1000V 以上）晶闸管取代较低的晶闸管。

（3）雷电过电压引起误动作。雷电过电压通过导线、电缆和电器设备的对地电容，会造成保护器误动作。

解决办法是：

1）使用冲击过电压不动作型保护器。

2）选用延时型保护器。

（4）保护器使用不当或负载侧中性线重复接地引起误动作。三极剩余电流动作断路器用于三相四线电路中，由于中性线中的正常工作电流不经过零序电流互感器，因此只要一启动单相负载，保护器就会动作。

此外，剩余电流动作断路器负载侧的中性线重复接地，也会使正常的工作电流经接地点分流入地，造成保护器误动作。

避免上述误动作的办法是：

1）三相四线电路要使用四极保护器，或使用三相动力线路和单相分开，分别单独使用三级和两极的保护器。

2）增强中性线与地的绝缘。

3）排除零序电流互感器下口中性线重复接地点。

2. 拒动作原因分析及解决办法

（1）自身的质量问题。若保护器投入使用不久或运行一段时间以后发生拒动，其原因大概有：

1）电子线路板某点虚焊。

2）零序电流互感器二次线圈断线。

3）线路板上某个电子元件损坏。

4）脱扣线圈烧毁或断线。

5）脱扣机构卡死。

解决的办法是及时修理或更换新保护器。

（2）安装接线错误。安装接线错误多半发生在用户自行安装的分装式剩余电流动作断路器上，最常见的有：

1）用户把三极剩余电流动作断路器用于单相电路。

2）把四极剩余电流动作断路器用于三相电路中时，将设备的接地保护线（PE 线）也作为一相接入剩余电流动作断路器中。

3）变压器中性点接地不实或断线。

解决办法是：纠正错误接线。

四、农网内剩余电流动作保护器的维护管理要点

（1）农村电网中，每年春季乡电管站应对保护系统进行一次普查，重点检查项目是：

1）测试保护器的漏电动作电流值是否符合规定。

2）检查变压器和电动机的接地装置，有否松动或接触不良现象。

3）测量低压电网和电器设备的绝缘电阻。

4）测量中性点漏电电流，消除电网中的各种漏电隐患。

5）检查剩余电流动作保护器运行记录。

（2）农村电工每月至少要对保护器试验 1 次，每当雷击或其他原因使保护器动作后，也应做一次试验；农业用电高峰及雷雨季节要增加试验次数以确认其完好；对停用的剩余电流动作保护器，在使用前都应试验一次。注意在进行动作试验时，严禁用相线直接触碰接地装置。平时应加强日常维护、清扫与检查。

（3）剩余电流动作保护器动作后应立即进行检查。若检查后未发现事故点，则允许试送一次。若再次动作，便要查明原因找出故障。使用中严禁私自撤除剩余电流动作保护器而强行送电。

（4）建立剩余电流动作保护器运行记录，内容包括安装、试验及动作情况等。要及时认真填写并定期查看分析，除县电力部门要经常抽查记录外，乡电管站每月应该查看一次，提出意见并签字。全年要统计辖区内剩余电流动作保护器的安装率、投运率、有效动作次数及拒动次数（指发生事故后保护器不动作的次数）。

（5）在保护范围内发生电击伤亡事故后，应检查剩余电流动作保护器的动作情况，分析未能起到保护作用的原因并保护好现场。此外应注意：不得改动剩余电流动作保护器；运行中若发现剩余电流动作保护器有异常现象时，应拉下进户开关找电工修理，防止扩大停电范围；不准有意使剩余电流动作保护器误动或拒动，更不准擅自将剩余电流动作保护器退出运行。

第十节　台区线路及设备巡视检查

一、配电线路巡视的一般规定

以下内容着重介绍配电线路巡视的目的、方法及要求、周期和分类。

（一）配电线路巡视的目的

（1）及时发现缺陷和威胁线路安全的隐患。

（2）掌握线路运行状况和沿线的环境状况。

（3）通过巡视，为线路检修和消缺提供依据。

（二）配电线路巡视的方法和要求

（1）巡线工作应由有电力线路工作经验的人员担任。单独巡线人员应考试合格并经工区（公司、所）主管生产领导批准。电缆隧道、偏僻山区和夜间巡线应由两人进行。暑天、大雪天等恶劣天气，必要时由两人进行。单人巡线时，禁止攀登电杆和铁塔。

（2）雷雨、大风天气或事故巡线，巡视人员应穿绝缘鞋或绝缘靴；暑天、山区巡线应配备必要的防护工具和药品；夜间巡线应携带足够的照明工具。

（3）夜间巡线应沿线路外侧进行；大风巡线应沿线路上风侧前进，以免万一触及断落的导线；特殊巡视应注意选择路线，防止洪水、塌方、恶劣天气等对人伤害。

（4）事故巡线应始终认为线路带电。即使明知该线路已停电，亦应认为线路随时有恢复送电的可能。

（5）巡线人员发现导线、电缆断落地面或悬吊空中，应设法防止行人靠近断线地点8m以内，以免跨步电压伤人，并迅速报告调度和上级，等候处理。

（三）配电线路巡视周期

（1）定期巡视：市区中压线路每月一次，郊区及农村中压线路每季至少一次；低压线路每季至少一次。

（2）特殊巡视：根据本单位情况制定，一般在大风、冰雹、大雪等自然天气变化较大时进行。

（3）夜间巡视：一般安排在每年高峰负荷时进行，1～10kV 每年至少一次，对于新线路投运初期应进行一次。

（4）故障巡视：在发生跳闸或接地故障后，按调度或主管生产领导指令进行。

（5）监察性巡视：根据本单位情况制定，对重要线路和事故多发线路，每年至少一次。

（四）配电线路巡视分类

巡视的种类一般有定期巡视、特殊巡视、夜间巡视、故障巡视、监察性巡视五种。

1. 定期巡视

定期巡视也叫正常巡视，由专职巡线员按规定的巡视周期巡视线路，主要是检查线路各元件运行情况，有无异常损坏现象，掌握线路及沿线的情况，并向群众做好防护宣传工作。

2. 特殊巡视

特殊巡视主要是在节日以及气候突变（如导线覆冰、大雾、大风、大雪、暴风雨等特殊天气情况以及河水泛滥、山洪、地震、森林起火等自然灾害）、线路过负荷以及特殊情况发生时进行。特殊巡视不一定要对全线路进行检查，只是对特殊线路的特殊地段进行检查，以便发现异常现象采取相应措施。

3. 夜间巡视

夜间巡视是利用夜间对电火花观察特别敏感的特点，有针对性地检查导线接点及各部件接点有无发热、绝缘子因污秽或裂纹而放电的现象。

4. 故障巡视

故障巡视主要是为了查明线路故障原因，找出故障点，便于及时处理并恢复送电。

5. 监察性巡视

监察性巡视由各单位负责人及技术员进行，目的除了解线路和沿线情况，还可以对专职巡视员的工作进行检查和督导。监察性巡视可全线检查，也可对部分线路进行抽查。

二、配电线路巡视的流程

（1）核对巡视线路的技术资料，做到心中有数。

（2）根据巡视线路的自然状况，准备巡视所需的工器具。

（3）召开班前会，交代巡视范围、巡视内容，落实责任分工。

（4）做好危险点分析，采取周密的安全控制措施。

（5）学习标准化作业指导卡后，到巡视地段后核对线路名称和巡视范围，进行巡视。

（6）巡视结束后记录巡视手册。

三、配电线路巡视项目及要求

线路巡视的内容包括杆塔、导线、电缆、横担、拉线、金具、绝缘子及沿线情况。

（一）杆塔

（1）是否倾斜，根部是否有腐蚀，基础是否缺土，有无冻鼓现象，杆塔有无被车撞、被水淹的可能性。

（2）混凝土杆是否有裂纹、水泥脱落及钢筋外露等情况，铁塔构件是否弯曲、变形、锈蚀、丢失。

（3）木杆有无腐朽、烧焦、开裂，绑桩有无松动，木楔是否变形或脱出。

（4）各部件螺栓是否松动，焊接处有无开焊或焊接不完整、锈蚀。

（5）杆号牌或警示牌是否齐全、明显。

（6）杆塔周围有无杂草及攀附物，有无鸟巢等。

（二）导线

（1）各相导线弧垂是否平衡，有无过松或过紧，对地距离是否符合规程规定。

（2）导线有无断股、锈蚀、烧伤等痕迹，接头有无过热、氧化现象。

（3）跳线或引线有无断股、锈蚀、过热、氧化现象，固定是否规范。

（4）绑线有无松动、断开现象。

（5）绝缘导线外皮有无鼓包变形、受损、龟裂现象。

（6）导线邻近、平行、交叉跨越距离是否符合规程规定。

（7）导线上是否有杂物悬挂。

（三）横担

（1）铁横担是否锈蚀、变形、松动或严重歪斜。

（2）木横担是否腐朽、烧损、变形、松动或严重歪斜。

（3）瓷横担有无污秽、损伤、裂纹、闪络、松动或严重歪斜。

（四）拉线

（1）拉线有无松弛、破股、锈蚀现象。

（2）拉线金具是否齐全，有无锈蚀、变形，连接是否可靠。

（3）水平拉线对地距离是否符合规程规定，有无妨碍交通或易被车撞等危险。

（4）拉线有无护套。

（5）拉线棒及拉线盘埋深是否符合规程规定，有无上拔，基础是否缺土。

（五）金具及绝缘子

（1）金具是否锈蚀、变形，固定是否可靠。

（2）开口销有无锈蚀、断裂、脱落，垫片是否齐全，螺栓是否坚固。

（3）绝缘子有无污秽、损伤、裂纹或闪络现象。

（4）绝缘子有无歪斜现象，铁脚有无锈蚀、松动、变形。

（六）标识

（1）杆塔编号悬挂或刷写是否规范，是否符合规程规定。

（2）警示标识是否齐全、规范，是否符合规程规定。

（3）设备标识、调度编号是否齐全、规范，是否符合规程规定。

（4）标识固定是否可靠。

（七）沿线情况

（1）防护区内有无堆放的柴草、木材、易燃易爆物以及其他杂物。

（2）防护区内有无危及线路安全运行的天线、井架、脚手架、机械施工设备等。

（3）防护区内有无土建施工、开渠挖沟、植树造林、种植农作物、堆放建筑材料等危害线路的运行。

（4）防护区内有无爆破、土石开方损伤导线的可能。

（5）线路附近的树木、建筑物与导线的间隔距离是否符合规程规定。

（6）邻近的电力、通信、索道、管道及电缆架设是否影响线路安全运行。

（7）河流、沟渠边线的杆塔有无被水冲刷、倾倒的危险。

（8）沿线是否有污染源。

（9）线路巡视和检修通道是否畅通。

四、危险点分析及安全控制措施（见表6-6）

表6-6　　　　　　　　　　危险点分析及安全控制措施

危险点	控 制 措 施
狗咬、蜂蜇、交通意外、溺水、摔伤	巡线路过村屯和可能有狗的地方先吆喝，备用棍棒，防备被狗咬
	发现蜂窝时不要触碰。随身携带治疗蜂蜇、蛇咬药及防中暑的药品
	横过公路、铁路时，要注意瞭望，遵守交通法规，以免发生交通意外事故
	过河时，不得趟不明深浅的水域，不得踩薄或疏松的冰。过没有护栏的桥时，要小心防止落水
	巡线时应穿工作鞋，路滑，过沟、崖和墙时防止摔伤，沿线路前进，不走险路
	单人巡视时禁止攀登杆塔
触电伤害	线路外侧行走，大风巡线应沿线路上风侧前进
	发现导线断落地面或悬吊空中，应设法防止行人靠近落地点8m以内
	登杆塔检查时与带电体保持足够的安全距离，带电体上有异物时严禁用手直接取下

五、案例

巡视任务：某低洼地段10kV线路1～10号特殊巡视。

巡视人：两人同时进行巡视。

工器具准备：绝缘靴2双、绝缘手套2双、绝缘棒1组、干木棒1根、绝缘绳1条。

危险点及安全措施：2～3号间跨越小河流，手挂干木棒试探泥水深度。

大雨过后，两人核对某低洼地段10kV线路技术资料，准备好工器具，对危险点进行准确分析，穿绝缘靴，戴绝缘手套，拿绝缘棒和干木棒对线路进行巡视。步行到达巡视地段，按巡视指导卡程序对线路进行巡视。经巡视，线路杆根无泥土流失，电杆没有倾斜，拉线底把没有上拔现象，导线、金具、绝缘子等无雷击放电现象。巡视结束后记录在巡视手册中。

第十一节　低压设备运行标准及维护方法

一、低压设备运行标准

（一）低压开关类控制设备的运行标准

1. 常用低压开关类控制设备种类

常用低压开关类控制设备包括低压隔离开关，低压熔断器组合电器，如熔丝熔断器式刀开关、刀熔开关、开关熔断器组，组合开关（也称转换开关）。

2. 低压开关类控制设备的运行标准

（1）应选用国家有关部门认定的定型产品，严禁使用明文规定的淘汰产品。

（2）各项技术参数须满足运行要求。其所控制的负荷必须分路，避免多路负荷共同一个开关设备。

（3）各设备应有相应标识，并统一编号。

（4）各种仪表、信号灯应齐全完好。

（5）动触头与固定触头的接触应良好。

（6）应定期进行清扫。

（7）操作通道、维护通道均应铺设绝缘垫，通道上不准堆放杂物。

（二）低压保护设备的运行标准

1. 低压保护设备的种类

低压保护设备的种类有低压保护设备、剩余电流动作保护器、交流接触器、启动器、热继电器和控制继电器。

2. 低压保护设备的运行标准

（1）应选用国家有关部门认定的定型产品，严禁使用明文规定的淘汰产品。

（2）各项技术参数须满足运行要求。

（3）低压保护设备的选择和整定，均应符合动作选择性的要求。

（4）应定期进行传动试验，校验其动作的可靠性。

（5）应定期进行清扫。

（6）操作通道、维护通道均应铺设绝缘垫，通道上不准堆放杂物。

二、低压设备的维护要求

（一）人员要求

（1）低压设备维护人员应持证上岗。

（2）低压设备维护人员应由工作经验的人员担任。

（3）低压设备维护人员维护过程中严格执行规程标准、规定。

（二）周期要求

（1）低压配电设备巡视周期宜每月进行一次，最多不超过两个月进行一次。根据天气和负荷情况可适当增加巡视次数。

（2）低压设备维护工作可根据巡视情况确定。

（三）巡视要求

（1）巡视工作应由有电力线路工作经验的人担任。新人员不得单独巡线，暑天、大雪天必要时由两个人进行。

（2）单人巡线时不得攀登电杆和铁塔。

（3）巡线人员发现导线断落地面或悬吊空中，应设法防止行人靠近断线地点 8m 以内，并迅速报告领导，等候处理。

（4）巡线发现缺陷及时记录，确定缺陷类别，及时上报管理部门。

三、危险点预控及安全注意事项（见表6-7）

表6-7 危险点预控及安全注意事项

危险点	控 制 措 施
误入带电设备	维护设备与相邻运行设备必须用围栏明显隔离，并悬挂"止步，高压危险"标示牌，标示牌应面对检修设备
	中断维护工作，每次重新开始工作前，应认清工作地点、设备名称和编号，严禁无监护单人工作
高处作业	正确使用安全带，戴好安全帽
零部件跌落打击	应使用传递绳和工具袋传递零部件，严禁抛掷
	不准在开关等设备构架上存放物件或工器具

第十二节　低压配电线路及设备缺陷管理

一、低压配电线路及设备缺陷管理的重要性

线路设备缺陷管理是重要的基础工作之一，是保证设备应有的健康水平和做好线路安全运行的重要环节。为了确保线路设备安全运行，有必要对低压配电线路及设备缺陷进行管理。

二、配电线路及设备缺陷的分类、消缺的期限

（一）缺陷类型

线路及设备缺陷根据其严重程度，一般分为如下三类：

（1）一般缺陷：指线路、设备状况不符合规程要求，但近期内不影响线路、设备和人身安全。

（2）重大缺陷：指线路、设备有明显损坏、变形，近期内可能影响线路设备和人身安全。

（3）紧急缺陷：指线路、设备缺陷直接影响线路、设备安全运行，威胁人身安全，随时有可能发生事故，必须迅速处理的缺陷。

（二）缺陷标准

1. 导线

（1）紧急缺陷。

1）单一金属导线断股或截面损伤超过总截面的25%。

2）钢芯铝线的铝线断股或损伤超过铝截面的50%。

3）钢芯线的钢芯独股钢芯有损伤或多股钢芯有断股。

4）受张力的直线接头有抽筦或滑动现象。

5）接头烧伤严重、明显变色，有温升现象。

（2）重大缺陷。

1）单一金属导线断股或截面损伤超过总截面的17%。

2）钢芯铝线的铝线断股或损伤截面超过总截面的25%。

3）导线上悬挂杂物。

4）交叉跨越处导线间距离小于规定值的50%。

（3）一般缺陷。

1）单一金属导线断股或截面损伤为总截面的17%。

2）钢芯铝线的铝线断股或损伤为总截面的25%以下。

3）导线有松股。

4）不同金属、不同规格、不同结构的导线在一个耐张段内。

5）导线接头接点有轻微烧伤并有发展的可能。

6）导线接头长度小于规定值。

7）导线在耐张线夹或茶台处有抽筦现象。

8）固定绑线有损伤、松动、断股。

9）导线间及导线对各部距离不足。

10）导线弧垂不合格、不平衡。

11）金属导线过引接续无过渡措施。

12）铝线或钢芯铝线在立式绝缘子、耐张线夹处无铝包带。

13）引下线、母线、跳接引线松弛。

14）绝缘线老化破皮。

2. 杆塔

（1）紧急缺陷。

1）水泥杆倾斜度超过 15°。

2）水泥杆杆根断裂。

3）水泥杆受外力作用产生错位变形，露筋超过 1/3 周长。

4）铁塔主材料弯曲严重，随时有倒塔危险。

（2）重大缺陷。

1）水泥杆倾斜度超过 10°。

2）木杆杆根截面缩减至 50% 及以下。

3）水泥杆受外力作用露筋超过 1/4 周长或面积超过 10cm^2。

4）水泥杆严重腐蚀、酥松。

（3）一般缺陷。

1）杆塔基础缺土或因上拔及冻鼓使杆塔埋深小于标准埋深的 5/6。

2）水泥杆倾斜度超过 5°。

3）水泥杆露筋、流铁水，保护层脱落、酥松，法兰盘锈蚀。

4）水泥杆纵向裂纹长度超过 1.5m、宽度超过 2mm，横向裂纹超过 2/3 周长、宽度超过 1mm。

5）木杆腐朽，水泥杆脚钉松动。

6）铁塔保护帽酥松，塔材缺少、锈蚀。

7）无标志牌、相位牌、警告牌。

3. 拉线

（1）紧急缺陷。指受外力作用，接线松脱对人身和设备安全构成严重威胁的缺陷。

（2）重大缺陷。指张力拉线松弛或地把抽出。

（3）一般缺陷。

1）拉线或拉线棒锈蚀截面达到 20% 以上。

2）拉线或拉线棒小于实际承受接力。

3）拉线松弛。

4）拉线对各部距离不足。

5）UT 线夹装反、缺件。

6）穿越导线的拉线无绝缘措施。

7）拉线地锚坑严重缺土。

4. 绝缘子

（1）紧急缺陷。

1）绝缘子击穿接地。

2）悬式绝缘子销针脱落。

（2）重大缺陷。

1）绝缘电阻为零。

2）瓷裙破损面积达 1/4 及以上。

3）有裂纹。

（3）一般缺陷。

1）瓷裙缺口，瓷釉烧坏，破损表面超过 $1cm^2$。

2）铁件弯曲，螺母松脱。

3）绝缘子电压等级不符合要求。

5. 横担、金具及变压器台

（1）重大缺陷。

1）横担变形导致相间短路。

2）木横担腐朽断面积超过 1/2。

3）落地式变压器台无围栏。

（2）一般缺陷。

1）铁横担歪斜度超过 15/1000，木横担超过 1/50。

2）木横担腐朽断面积超过 1/3。

3）横担变形，金具、横担严重锈蚀，深度达到 1/3。

4）横担缺件。

6. 线路防护

（1）重大缺陷。指导线对地（公路、铁路、河流等）距离不符合规程要求，与建筑物的水平距离小于 0.5m，垂直距离小于 1m，导线距树很近，使树木烧焦等缺陷。

（2）一般缺陷。

1）导线与建筑物、树木等的水平或垂直距离不足。

2）在线路防护区内存在堆放、修筑、开挖、架线等威胁线路安全的现象。

（三）设备缺陷消除的期限

（1）紧急缺陷：必须尽快消除（一般不超过 24h）或采取必要的安全技术措施进行临时处理。

（2）重大缺陷：视其严重程度在 1 个月内安排处理，处理前应加强监视。

（3）一般缺陷：可列入年、季、月工作计划内进行处理或在日常维护工作中消除。

三、配电线路及设备缺陷处理的工作内容

1. 缺陷处理及报告程序

事故隐患排查治理应纳入日常工作，按照"排查（发现）—评估—报告—治理（控制）—验收—注销"的流程形成闭环管理，如图 6-1 所示。

运行单位巡视人员发现缺陷后，应详细记入"配电线路巡视记录"，当发现重大、紧急缺陷时，应立即向班组长及运行单位有关负责人汇报。班组长及运行单位有关负责人听取汇报后，应立即到现场进行鉴定，检查、评估缺陷严重程度，按照设备缺陷消除的期限安排计划进行处理；对一时难以处理的必须采取相应防范措施，防止事故发生，同时应加强监视，针对缺陷发展做出分析和事故预想。

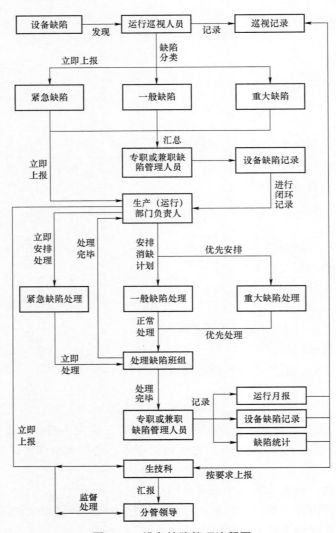

图 6-1 设备缺陷管理流程图

2. 缺陷处理后的验收

运行单位检修人员在一般缺陷处理后，应及时向设备主人（台区责任人）交代处理情况以及有关事项；设备主人（台区责任人）应对处理结果认真进行验收，确认缺陷已被消除，处理后若缺陷依然存在，应由验收人员负责。

运行单位应对重大事故隐患治理结果进行预验收，预验收合格后向上级部门提出验收申请。

运行单位应建立设备缺陷管理台账，在巡视中发现的缺陷应及时记录，写明缺陷情况，提出处理意见，发现缺陷和消除缺陷均应将时间、内容、运行巡视人员和缺陷消除人员姓名填入，完成缺陷处理流程的闭环管理。

3. 缺陷处理分工职责

（1）供电营业所：负责安排消缺计划进行消缺，每月将缺陷内容及处理情况上报上级生产办。对不能按时完成整改的事故隐患，及时向上级归口职能部门汇报，提出进一步的整改建议。

（2）生产办：应及时协助运行单位鉴定紧急缺陷性质，协助运行单位拟订消缺技术措施，督促运行单位消缺计划的实施，对重大隐患治理结果进行验收，在上级安全生产分析会上通报月度消缺情况。针对共性、苗头性、倾向性事故隐患，及时组织开展专项排查治理活动。

4. 重大缺陷跟踪处理单制度

对于重大缺陷，由运行单位负责启动填写"重大缺陷跟踪处理单"（见图6-2），做到一患一档；上级归口职能部门负责动态跟踪直至彻底消除。

重大缺陷跟踪处理单至少应包括以下信息：隐患简题、隐患内容、隐患编号、隐患所在单位、整改期限、整改完成情况、整改前后照片（整改前后照片的拍摄角度应相同）等。

各运行单位应严格按照单位（名称简写）+年号+顺序号格式编制事故隐患编号，在本单位内保持统一编号。一个年度内，无论事故隐患是否消除，编号始终保留。跨年度事故隐患，在新年度应重新编号。上级汇总"一览表"时隐患编号直接沿用各单位编号。

上级归口职能部门组织对重大事故隐患治理结果进行验收。验收后在相应的"重大缺陷跟踪处理单"中填写隐患治理验收意见，做出验收结论。事故隐患治理情况的验收工作应在运行单位提出申请后7天内完成。

各运行单位每月25日将当月新确定的，以及当月完成治理并注销的重大缺陷跟踪处理单（见表6-8）与重大事故隐患排查治理一览表（见表6-9），报送上级生产办；生产办汇总、建立档案。

表6-8 重大缺陷跟踪处理单

××××年度 单位名称：×××××

发现	事故隐患简题						
	隐患编号			隐患所在单位			
	隐患发现人			发现人单位		发现日期	
	事故隐患内容						
	可能导致后果						
治理	治理责任单位					治理责任人	
	治理督促部门					督促人	
	治理期限		自 年 月 日至 年 月 日				
	治理完成情况						
	附照片		整改前			整改后	
验收	验收申请单位			负责人		日期	
	验收组织部门						
	验收意见						
	结 论						
	验收组长				日期		

注：1. 事故隐患按发现顺序编号，格式为：单位汉字名称简写+年号+顺序号。
　　2. 本表由事故隐患所在单位负责填写、流转和管理，验收结束后报上级生产办建档。

表 6-9 　　　　　　　　　重大事故隐患排查治理一览表
（××××年××月）

填报单位：　　　　　　　　　　　　　　　　　　　　　　　　　　单位负责人：

序号	隐患编号	事故隐患简题	整改单位	治理期限	是否消除	整改责任人	未消除的隐患说明 未消除的原因及当月整改进展情况

填报日期：　　年　　月　　日

第七章

配电台区综合管理

第一节 台区经理制

按照国家电网有限公司"全能型"乡镇供电所建设要求，打造一支集农村低压配电运维、设备管理、台区营销管理和用户服务于一体的复合型员工队伍，供电所结合自身实际情况，全面推行营配融合的台区经理模式，并逐步完善，实现用户服务快速响应、日常运维规范智能、信息调度快捷有效。每个台区采取一个设备主人加一个台区经理的"1+1"管理模式。

一、主要工作内容

1. 整合班组和岗位，实现末端融合

供电所的运检和营业班人员重新整合，组建低压供电服务班，班员统称台区经理。打破专职抄表、专职装表、专职用电检查、专职配电运维等传统单一业务岗位设置方式，引导员工向多能型台区经理转变，使台区经理兼具营销管理和低压运检管理技能，实现台区内所有低压营销、运维、检修等业务由所属台区经理就地处理，相关指标落实并考核到台区经理。

2. 实行网格化管理，组团式服务

对所有台区实施网格化管理。将所有台区按地域、用户数、线路长度、管理难易度、台区经理居住地等方面进行综合考虑。将所辖台区划分为 N 个网格，每个网格内的设置 1 名台区经理，负责网格内的低压配电运维、设备管理、台区营销管理和用户服务。

考虑所有的台区经理的技能水平还无法独立承担网格内的所有工作任务，因此将若干个相邻的台区经理组成一个小组，由具备一定组织能力、有责任心的人员担任组长。组团时充分考虑成员年龄结构、技能水平、性格差异等方面因素，确保小组内有 1 名原从事生产的成员、1 名原从事营销的成员、1 名具有杆上作业能力的成员、1 名有一定电脑操作技能的成员。组长接收工作任务并进行统一安排日常工作，尽可能每项工作由原台区经理加设备主人协同完成，使所有员工能在日常工作中相互学习、相互交流，从而快速向一专多能的全能型员工过渡。

3. 统筹安排，协同作业

遇台区经理无法独立完成的工作时，如业扩安装、表计装拆、故障抢修、优质服务等可报组长，由组长调配本组其他台区经理进行配合实施；遇整个小组无法完成的工作时可上报班长，由班长调配其他小组协助完成；遇班组无法独立完成时可上报所部，由所长统一调配其他班长协助完成；遇所里无法完成的工作时上报公司专业部室，由专业部室协助实施。

4. 人员减员和用户增量分配

当发生小组成员调离或退休时，该小组所剩人员应尽量承担离开人员的台区和用户，当无法承担时应将离开人员台区和用户进行重新分配，由原所受任务较少的台区经理、小组承担。同时绩效考核也做相应调整。

当新增小区投运时，首先满足原分配任务较少的台区经理，然后考虑相邻的台区经理。承担新台区后绩效考核同步做相应调整。

二、考核评价

按照"全能型"供电绩效考核办法，依托台区经理乡镇供电所管理平台，实行工作积分制，对台区经理开展公正、透明的考核评价。其中考核分为三个部分，分别为基准工量分、工作质量分和综合评价分。

第二节　台区配电线路施工现场安全管理

对整个配电线路工程的安全措施的制定同样应分段进行，就配电线路工程而言，其安全应重点地放在立杆、立塔及架线分段工程中。

安全措施的所有规定、限制性的要求应以相应的安全操作规程为依据，进行安全措施的编制时，其语言的表达应准确、规范且符合规程的要求。

一、基础工程的主要安全事项

基础工程的主要安全事项为避免土石塌方可能对人体造成的伤害；其次若基础采用爆破施工时，应强调爆破作业的安全注意事项。

二、杆塔组立主要安全措施

杆塔组立施工在线路施工中的性质属于起重作业，因此杆塔组立措施应通过对施工过程中主要工器具的使用安全要求、使用方式及使用条件、使用场合的强调，同时对杆上作业人员的站位、安全带及个人保安线的正确使用，上、下杆的安全事项，杆下工作人员的工作范围及杆上、杆下人员的配合要求等，重点强调起重作业现场的安全。

三、架线工程的主要安全措施

架线工程同样存在大量的杆上、线上的高处作业安全要求，因此围绕架线工程的操作安全措施编制在重点强调杆、线上高处作业安全的同时，还应突出强调收、紧线过程中各种工器具的使用安全，既要强调工器具使用过程中的安全系数，又要强调工器具的使用方式。

第三节　低压配网工程施工质量管理与验收

一、配电线路竣工验收的主要内容

1. 工程项目的验收

配电线路竣工验收的主要项目包括：

（1）导线型号、规格应符合设计要求。

（2）电杆组合的各项误差应符合规定。

（3）电器设备外观完整无缺损，线路设备标志齐全。

（4）拉线的制作和安装应符合规定。

（5）导线的弧垂、相间距离、对地距离及交叉跨越距离符合规定。

（6）导线上无异物。

（7）配套的金具、卡具应符合规定的要求。

2. 工程资料的交接

线路工程结束后，需要移交的工程资料主要有：

（1）施工中的有关协议及文件。

（2）设计变更通知单及在原图上修改的变更设计部分的实际施工图、竣工图。

（3）施工记录图。

（4）安装技术记录。

（5）接地记录，记录中应有接地电阻值、测试时间、测验人姓名。

（6）导线弧垂施工记录，记录中应明确施工线段、弧垂、观测人姓名、观测日期、气候条件。

（7）交叉跨越记录，记录中应明确跨越物设施、跨越距离、工作质量负责人。

（8）施工中所使用器材的试验合格证明。

（9）交接试验记录。

（10）隐蔽工程记录。

二、配电线路施工竣工验收的基本流程

配电线路施工竣工验收的基本操作流程如图 7-1 所示。

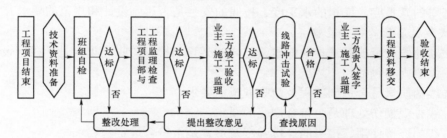

图 7-1　配电线路施工竣工验收基本操作流程

三、配电线路施工竣工验收的方法

1. 隐蔽工程的验收

架空电力线路隐蔽工程的项目有基础工程、接地工程、导线连接。

隐蔽工程的特点在于工程项目的施工结束便进入隐蔽状态，其施工过程的部分技术指标无法直接进行检查验收，即便发现问题也无法纠正或纠正过程的难度极大。因此，根据线路工程验收规范的规定，对隐蔽工程的验收应与工程项目的进行过程同步进行，以便及时发现问题及时纠正，做到工程项目结束，验收结束。

（1）基础工程检查验收的主要方法。

1）原材料的检查验收。重点检查水泥、砂、石、钢筋的材质是否达到工程设计要求，且符合验收规范的要求。

2）内部结构的检查验收。重点检查基础的坑深、内部配筋的数量、规格，混凝土的配比、和易性及混凝土的搅拌、捣固等浇制过程中的技术指标是否达到设计和验收规程的要求。

3）外观质量的检查验收。重点检查基础的外部结构尺寸、基础坑中心的偏移、根开对角线，检查混凝土的保养过程及拆模后的外观质量是否符合设计和验收规范的要求。

（2）接地工程的检查验收要点。

1）检查接地体的材料及接地体的加工制作质量是否达到设计和验收规范的要求。

2）检查接地槽（沟）的深度是否达到施工规定的要求。

3）检查接地体的埋设结构是否符合设计和验收规范的要求。

（3）导线连接检查验收的关键环节。

1）检查接头处导线、接续管的清洗是否符合规定的要求，是否按要求对接头处导线及接续管表层涂了导电脂。

2）检查导线连接的操作过程（如缠绕绑扎的紧密程度、压接压模后的停留时间等）是否符合操作规程的要求。

3）检查导线连接后的外观尺寸、接头表面的外观质量是否达到设计和验收规范的要求。

2. 杆塔结构的验收

杆塔工程的验收，通常主要在外观结构上，主要内容包括：

（1）有无材料缺陷、缺件。

（2）各主要部件有否受力不合理而导致的结构变形。

（3）构件外观有无损伤、锌皮脱落等现象。

（4）连接螺栓的穿向是否符合规定的要求，螺栓的紧固力度是否达到设计和规范的要求。

（5）杆塔的垂直度、横担的水平度、拉线的安装是否达到设计和规范的要求。

3. 导线架设质量的检查验收

根据线路验收规范的要求，对配电线路导线架设的检查验收，重点是导线架设质量的检查、验收。主要内容包括：

（1）导线的质量是否达到工程及验收规范的要求。

（2）导线外观损伤处理是否符合规范的要求。

（3）导线的连接使用、接头的连接强度及位置是否符合规定的要求。

（4）导线与杆塔构件及周边环境的电气距离是否达到运行规定的要求。

（5）导线架设后的弧垂及导线对线路下方跨越物的安全距离是否达到设计和验收规程的要求。

四、配电线路的交接试验

1. 线路绝缘测试

线路绝缘测试是通过测量绝缘电阻进行的，主要内容及要求如下：

（1）中压架空绝缘配电线路使用 2500V 绝缘电阻表测量，电阻值不低于 1000MΩ。

（2）低压架空绝缘配电线路使用 500V 绝缘电阻表测量，电阻值不低于 0.5MΩ。

（3）测量线路绝缘电阻时，应将断路器或负荷开关、隔离开关断开。

2. 相位检查

通过外观及相位测试仪检查相位是否正确。

3. 冲击合闸试验

线路工程验收的最后环节是对线路进行冲击合闸试验。

按规定，进行冲击合闸试验应在额定电压下对空载线路冲击合闸 3 次，以合闸过程中线路绝缘无损坏为合格。

五、配电线路竣工验收的注意事项

进行配电线路竣工验收，应严格按照国家有关工程验收的技术标准、规范进行，验收过程中应注意以下事项：

（1）线路工程竣工验收应由本工程的主要技术、项目负责人与工程监理及业主三方共同进行。

（2）参与验收的人员必须是专业人员。

（3）应实事求是地进行验收。

（4）验收的主要依据是国家相应的验收规范、设计原始技术资料及工程施工记录、设计更改通知书等具备法律效果的文件。

第四节　低压线路事故抢修

一、配电线路事故抢修流程

正确的事故抢修流程是事故抢修质量的保证，是正确指挥的理论依据。应以"时间短、动作快、抢修准、质量高"为原则，按照"接收事故信息，查找事故点，启动抢修预案，事故处理，恢复送电，总结分析"的流程进行。

（1）接到故障通知后，立即通知运行管理单位人员进行巡线，查找故障点。

（2）在故障现场看守，防止行人误入带电区域而造成人员伤亡，已造成人员伤亡的要及时向领导汇报，并联系相关救护人员。

（3）进行现场勘查，做好抢修计划，并向领导汇报。

（4）启动事故抢修预案，做好人员分工以及工器具、材料的准备，填写事故应急抢修单。

（5）确认线路已停电，在故障线路两端做好安全措施后，开始抢修作业。

（6）抢修作业结束后，技术人员对现场进行验收，与作业人员一起在事故应急抢修单上签字确认，并带回单位保存。

（7）召开事故分析会，总结事故教训。

配电线路事故抢修流程如图 7-2 所示。

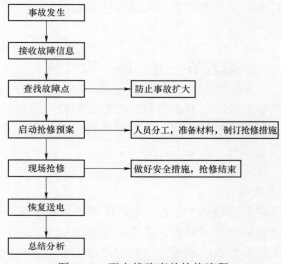

图 7-2　配电线路事故抢修流程

二、配电线路事故抢修要求

配电线路事故报修要制订事故抢修预案，建立健全抢修机制，明确启动条件，明确人员分工，做好事故抢修准备工作，保证抢修质量和时间，做好现场危险点分析和安全控制措施，抢修结束后做好事故分析。

抢修预案内容应包括：

（1）成立事故抢修领导小组，明确抢修小组总指挥，明确相关抢修人员的职责。

（2）明确事故抢修原则，保证尽快消除事故，减少停电时间。

（3）明确事故抢修标准，达到安全可靠运行。

（4）明确事故抢修保证措施，如人员组织要得力，车辆安排要充足，使用合格的工器具和材料。

（5）建立健全抢修相关人员与政府、医疗、保险等部门的联络机制，保证沟通顺畅，便于解决因事故带来的其他影响。

（6）明确事故抢修启动条件，避免盲目进行事故抢修，造成人员或设施受损及材料的浪费。

三、配电线路故障点查找

正确分析和判断故障点是故障抢修的关键，及时准确查找故障点是故障抢修的保障。

（1）通过报修电话或停电通知，对停电线路进行确认。

（2）对于发生接地的线路要从变电站出线开始巡视查找故障点，采取分级测试的方法查找。

（3）人工巡视时要向群众搜集故障信息，并按线路巡视要求进行。

（4）查到故障点后，应保护好现场，防止故障扩大，做好故障处理的前期工作。

（5）当故障点没有找到时，可采用分段排除法判断。停分支线，送主干线，逐级试送，判断故障线路，缩小故障面积，然后查找故障点。

（6）可以通过线路安装的故障指示仪来判断故障线路，查找故障点。

（7）断路故障点查找重点要考虑导线接点是否断开、外力破坏等因素。

（8）短路故障点查找重点要考虑导线引流、树害及外力破坏等因素。

（9）接地故障点查找重点要考虑避雷器或绝缘子是否击穿，导线是否与树接触，过引线是否与横担相接等因素。

第五节 主 动 抢 修

主动抢修在线监测数据与故障研判，是借助智能公变终端信息的采集，通过电源追溯和拓扑关系，实现配变及分支线的故障研判。借助生产管理系统进行人工触发式的故障研判，根据研判结果人工发布停电信息，人工发起主动工单。

一、目标描述

1. 主动抢修的理念或策略

配网故障抢修一直以来都是遵循"停电—用户报修—故障查找—现场抢修"的流程开展。随着智能公用配电变压器和剩余电流动作保护器监测系统的全面应用，所有公用配电变压器和智能总保的运行工况能够得到及时的监控。通过这些监控数据，就可以获取公用配电变压器高低压停电的第一手资料，结合合理的故障研判方法，就可以分析出配网故障跳闸开关和停电范围，主动组织配网抢修，实现抢在用户报修前安排故障处理的"主动抢修"模式。

2. 主动抢修的范围和目标

（1）适用范围：适用于所有 10kV 公用线路故障和低压总保闭锁故障。

（2）管理目标：实现 10kV 公用线路停电 100% 故障研判，低压总保闭锁停电的 100% 故障研判。

3. 主动抢修的指标体系及目标值

利用营配调贯通平台推送的智能公用配电变压器和剩余电流动作保护器监测系统的监测数据，通过合理的故障研判方法和流程，实现配网高低压故障的主动研判，减小故障查找范围，节省故障查找时间，提升配网故障抢修效率。通过主动抢修实现全年高低压配网故障平均修复时间缩短 10min 以上，高低压故障引起的用户报修工单减少 10% 以上。

二、流程和人力资源保证

充分应用营配调贯通成果，通过整合智能公变监测终端、智能剩余电流动作保护器、用电信息采集、地理信息等系统数据，按照"异常能定位、故障能隔离、设备能监控、抢修能指挥、过程能跟踪"的主动抢修服务思路，在配网抢修指挥平台上实现线路、公用配电变压器、低压总保、表计异常信息的综合监控。通过汇总各类监控系统上报的设备故障信息，结合电网 GIS 拓扑进行分析研判，在第一时间感知故障或异常的发生，定位异常或故障设备位置，先于用户报修自主形成故障工单，进行派工处理。提高配网抢修的事前预控、事中处置和事后跟踪能力，建立一套完整的配网运行监测、分析、决策、控制的"主动抢修"管理机制。为抢修人员故障处理提供依据，真正实现配网故障"主动抢修"模式，极大地提升配网故障抢修效率。

1. 主动抢修的流程图

（1）10kV 配网故障主动抢修流程如图 7-3 所示。

（2）10kV 配网故障研判流程如图 7-4 所示。

2. 主要流程说明

（1）10kV 配网故障主动抢修流程说明。

1）配网抢修指挥平台获取公用配电变压器停电信息后，确认非计划停电范围内公用配电变压器，自动生成内部故障工单。

2）抢修指挥员接单，并根据各系统数据综合研判出线路跳闸开关和停电范围。

3）抢修指挥员将研判结果通知调控值班员和抢修班组，并及时发布故障停电信息。

4）抢修人员现场巡线，查找故障点。

5）若经巡线无异常，在调控员许可下试送开关。

6）若巡线发现故障点，经调控员许可故障处理。

7）试送成功或故障修复送电后，抢修人员将抢修情况反馈抢修指挥员。

8）抢修指挥员通过智能终端系统查询线路上公用配电变压器是否已来电。

9）仍有未来电公用配电变压器，判断出还有其他开关跳闸，重复第 6）步，直到公用配电变压器全部显示来电。

10）故障处理结束，做好记录，并将停电信息送电闭环。

（2）10kV 配网故障研判流程说明。

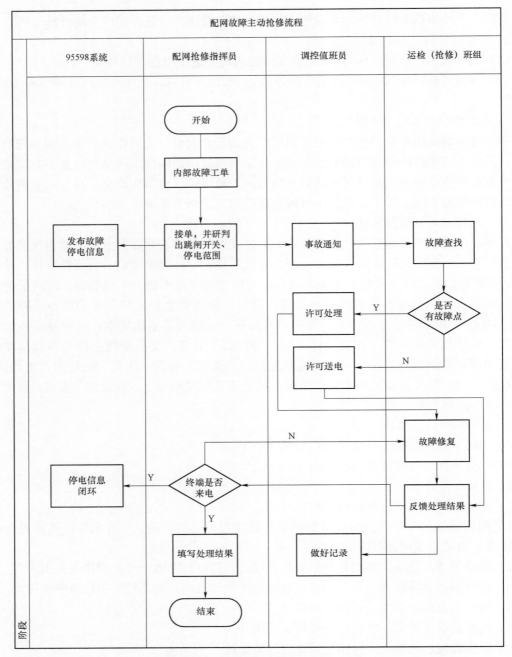

图 7－3 　10kV 配网故障主动抢修流程

1）配网抢修指挥平台生成公用配电变压器停电的内部故障工单后，抢修指挥员 3min 内完成接单。

2）检查若为单台公用配电变压器停电，在智能公用配变监测系统检查该公用配电变压器报文中告警编码为 0141 的异常告警。

3）确认后，在配网 GIS 系统单线图中查找出该公用配电变压器在线路上所处位置，将故障信息通知抢修人员。

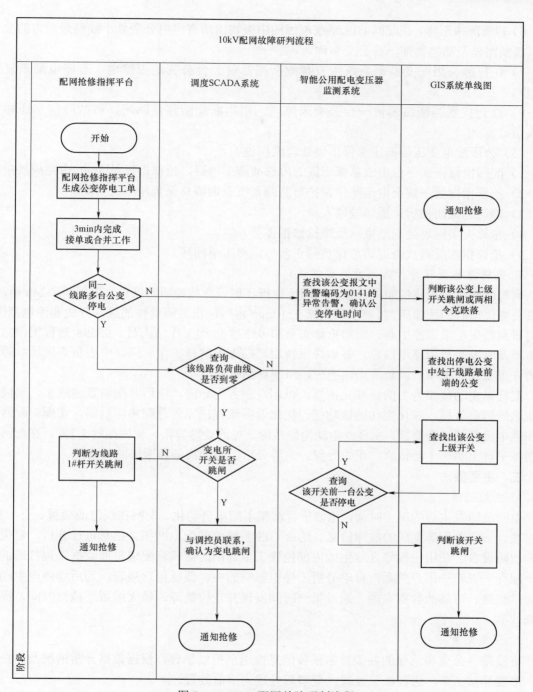

图 7-4 10kV 配网故障研判流程

4）检查若为同一线路上多台公变同时停电，首先打开调度 SCADA 系统查找该线路的负荷曲线是否有骤降至零。

5）若骤降至零，可判断变电站断路器跳闸或线路 1 号杆开关跳闸，通过 SCADA 系统查看变电站断路器是否跳闸，将跳闸故障信息通知抢修人员。

6）若骤降未至零，在配网 GIS 系统单线图中查找出所有停电公变处于线路最前方的公变上一级断路器及断路器前一台公变名称。

7）在智能公用配变监测系统中查找此断路器前一台公变是否停电，若停电则重复第 6）步。

8）直到找到某断路器前一台公变未停电，则判断此断路器跳闸，将故障信息通知抢修人员。

（3）公用配电变压器低压总保闭锁处理流程说明。

1）配网抢修指挥平台生成总保闭锁的内部故障工单后，抢修指挥员 3min 内完成接单。

2）抢修指挥员在剩余电流动作保护器监测系统查询该总保负荷电流情况。

3）确认总保闭锁后，通知抢修人员。

4）抢修人员现场处理结束后反馈抢修指挥员。

5）抢修指挥员再次查询该总保负荷正常后，将工单闭环。

3. 确保流程正常运行的人力资源保证

明确配网主动抢修的职责分工。配网抢修指挥班设立故障研判席位，采用 7×24h 值班，负责公变停电时的故障研判。要求研判席在 10min 内判断出故障具体的跳闸开关和停电范围，并将研判结果汇报调控中心、通知抢修人员和 95598 远程工作站人员。95598 远程工作站人员负责及时发布故障停电信息，并做好报修用户的停电解释工作。调控中心负责现场故障抢修的许可工作。抢修班组负责迅速响应，组织现场抢修。

推行以主动抢修为主的标准化抢修，以用户服务为导向，应用营配调贯通成果，集成各专业系统信息数据，深化主动抢修功能，优化业务流程，完善营配协同机制，实现对配网设备和供电服务的综合监控，实现"主动抢修故障、提前处理异常、预先控制态势"。在配网抢修指挥平台上实现主动抢修、预先处置、态势分析、辅助决策和服务监督功能。

三、主要做法

1. 主动抢修

电网故障发生后的第一时间，抢修平台汇集了配电自动化、配网在线监测装置、公（专）变终端、智能总保等生成的故障信息，结合 GIS 系统内的配电网拓扑信息进行分析，定位具体的故障设备、在用户报修之前生成内部抢修工单。同时依托营配调贯通数据工程打通的线路—配变—表箱—用户关系，自动分析出停电影响的中、低压用户列表，为后续停电主动通知提供快捷、可靠的数据来源。通过第一时间发现并定位故障，极大缩短了抢修时间，提高抢修效率。

2. 预先处置

将线路、公变和总保的各类异常预警信息推送至抢修平台，根据数据异常情况及用户特性，形成异常工单，进行派工处理，变事后处理为事前处置。

3. 态势分析

开展工单态势分析，有针对性落实措施。① 分析设备故障率，通过工单统计开展运行设备情况分析，查找运行中设备的薄弱环节；② 分析区域报修率，以责任区为单位，分析各台区设备主人的运检质量情况，查找运行管理人员的薄弱环节；③ 将工单处理流程划分为七个环节，分析工单各环节完成率，跟踪各阶段时间节点的完成情况，查找运行中管理的薄弱环节。

4. 辅助决策

开展基于营配调贯通的多系统数据整合分析。① 实现故障研判和定位，自动区分高低压故障，精确定位故障设备，完成停电分析到户；② 实现基于地理信息的停电范围可视化展示，实现计划停电、故障停电在地理图构面精确展示；③ 实现抢修定位功能，通过用户户号或地址实现报修用户与已知停电范围的比对，提醒合并工单；④ 实现敏感用户提醒功能，及时掌握停电范围内的敏感用户清单，有效提升服务品质；⑤ 实现抢修资源可视化，实现抢修人员、抢修车辆实时在线地理位置展示，为抢修指挥提供重要信息。

5. 服务监督

实现基于指标跟踪的服务质量管控，实现对用户报修情况、抢修进展情况、配网设备运行情况的实时数据展示和关键指标分析，对可能影响到供电服务的情况进行工作督办。

四、典型案例

10 月 10 日 12:15，配网抢修指挥平台跳出步桥 937 线上多台公变停电，抢修指挥员立即开展故障研判，记录如下：

（1）10 月 10 日 12:15，配网抢修指挥平台同时跳出 11 台公变停电信息，均为步桥 937 线路上变压器。抢修指挥员合并接单后，初判为步桥 937 线上断路器跳闸，第一时间通知调控值班员和抢修人员。

（2）抢修指挥员立即打开调度 SCADA 系统，查看该线路负荷情况，发现步桥 937 线间隔断路器虽然在合位，但是线路负荷电流从 86.13A 突降至 3.52A（见图 7-5），初步判断可能步桥 937 线路上可能断路器跳闸。

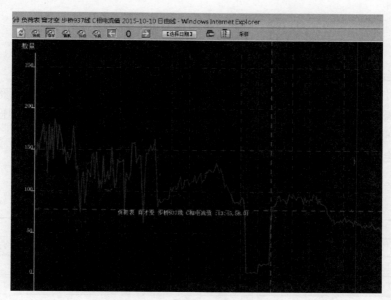

图 7-5 线路负荷电流曲线

（3）打开配网 GIS 系统步桥 937 线单线图，找出线路上第一台公变"步桥村 5 号何家头公变"和最后一台公变"步桥村 2 号窑厂边公变"，在智能公用配变监测系统查询两台公变的终端报文，发现 12:12 两台公变均发出编码为 0141 的异常告警报文，根据编码可判断该公变终端 12:12 失电，结合 SCADA 系统线路仍有负荷和系统接线情况，可判断可能是步桥 937

线 6 号杆 2 号分段断路器跳闸。抢修指挥员将研判结果告知抢修人员。

（4）12:31，抢修指挥员通过抢修指挥平台发布故障停电信息。

（5）抢修人员经过巡线发现步桥937线17号与18号杆间村民砍树时造成树枝放电。13:43试送 2 号分段断路器成功，恢复供电。抢修指挥员在智能公用配电变压器监测系统查询刚才两台公变终端均发出编码为 01C1 的报文，显示终端来电。经查 SCADA 系统负荷曲线（见图7-6），13:45 线路负荷已恢复至 58.01A，故障处理结束。

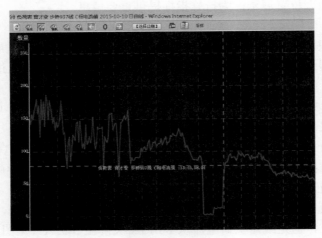

图 7-6　系统负荷曲线

第六节　低压台区指标管理

一、低压台区指标管理的重要性

低压台区指标管理能使相同班组、相同岗位评价、实现经济技术指标、服务指标全方位的比较；便于持续查找薄弱环节和突出问题，提出改进措施；能用数据传递压力和动力，不断提高供电所的管理水平、技术水平、服务水平和整体素质。

二、低压台区管理主要指标分类

（一）安全管理指标（见表 7-1）

表 7-1　　　　　　　　　　　　安 全 管 理 指 标

序号	指标名称	定义及计算方法
1	"两票"合格率	已执行合格票数/应执行的总票数（操作票、工作票合计数）
2	安措计划完成率	已完成项目数/计划项目数×100%
3	安全工器具合格率	安全工器具合格率＝合格件数/总件数×100%
4	违规外联事件数	"内网桌面终端违规外联次数"是指内网桌面管控系统监测到的本单位统计周期内内网桌面终端连接外网的次数
5	上级查处的问题整改情况	省、地市公司单位通报，如春、秋季安全检查以及相关安全专项检查中发现的问题
6	同责及以上重大交通事故；全责一般交通事故	按公安部《关于修订道路交通事故等级划分标准》，依据公安机关事故调查结论
7	火灾事故	按《国家电网公司安全事故调查规程》

（二）生产管理指标（见表 7-2）

表 7-2 　　　　　　　　　生 产 管 理 指 标

序号	指标名称		定义及计算方法
1	设备完好率		设备完好率=（一类线路长度+二类线路长度）/线路总长度×100% 其中：高、低压线路合并计数
2	设备缺陷消缺及时率		设备缺陷消缺及时率=已按时整改缺陷数/期限内应整改缺陷总数×100% 紧急缺陷消缺时限24h；重大缺陷消缺时限30天（部分可以规定3个月，因为停电计划要提前1个月，另还需要计划安排时间等）；一般缺陷消缺时限1年
3	电压监测点设置合格率		电压监测点设置合格率=实际正确设置电压监测点数/应设置电压监测点数×100%；根据《供电监管办法》要求设置
4	D类电压合格率		D类电压合格率（380/220V低压用户电压合格率）=（D类电压超上限时间+D类电压超下限时间）/电压监测总时间×100%
5	剩余电流动作保护运行指标	安装率	总保护器安装率=总保实际安装台数/总保应安装台数×100%
6		投运率	总保护器投运率=总保投运台数/总保安装台数×100%
7		故障处理及时率	总保护器故障处理及时率=（1-超过24h未处理告警数/告警总数）×100%
8		试跳率	总保护器试跳率=考核期内按规定试跳的总保台数/总保台数×100%
9		在线监测覆盖率	总保在线监测覆盖率=已实现在线监测总保台数/总保台数×100%
10	公用变压器（简称公变）管理指标	公变终端采集覆盖率	公变终端覆盖率=已安装公变终端并接入省公司用电信息采集平台的台区数/公用配用变压器台区总数×100%
11		公变终端信息采集率	公变终端信息采集率=考核期内累计在线运行总时间+累计停电总时间占累计运行总时间，应大于99.9%
12		公变终端数据完整率	公变终端数据完整率=实际采集成功的数据点数/已安装公变终端应采集数据点数×100%
13		公变超载、过载	（1）超载：公变计量点的视在功率≥变压器额定容量的1.3倍，且连续两个负荷数据采集点均发生超载，判定为公变超载。考核期内只要发生一次超载运行，即将该公变计量点纳入计算。 （2）过载：公变计量点的视在功率≥变压器额定容量的1.1倍，且连续两个负荷数据采集点均发生超载，判定为公变超载。考核期内只要发生一次超载运行，即将该公变计量点纳入计算
14		公变重载率	公变重载率=重载运行的公变数/已安装终端的公变总数×100% 若：（1）变压器额定容量的80%≤公变计量点视在功率<变压器额定容量的110%，每年6～9月期间重载下限提高到95%，连续4个负荷数据采集点均发生重载，判定为公变重载； （2）已判断为公变超载、过载的，不再重复计算重载。考核期内只要发生一次重载运行，即将该公变计量点纳入计算
15		公变低电压率	公变低电压率=存在低电压情况的公变数/已安装终端公变总数×100% 若考核期内存在连续两个数据采集点电压高于154V且低于198V，即判定为低电压公变
16		公变无功补偿合格率	公变无功补偿合格率=无功补偿合格的公变数/已安装终端公变总数×100%。 若：（1）（一象限无功总电量-四象限无功总电量）为负，且四象限无功总电量/正向有功总电量>0.1，连续3个点均发生无功过补且视在功率大于配变容量的20%，判定为无功过补。 （2）功率因数<0.85，连续5个点均发生无功欠补且视在功率大于配变容量的80%，判定为无功欠补。 （3）已判断为无功过补的，不再进行无功欠补判断，考核期内只要发生一次无功过补或欠补，即将该公变计量点纳入计算
17	三相负荷不平衡度		

（三）营销管理指标（见表7-3）

表7-3　　　　　　　　　　　营销管理指标

序号	指标名称		定义及计算方法
1	业扩指标	业扩服务时限达标率	业扩服务时限达标率=（未超时限的当月已归档新装、增容流程数/当月已归档新装、增容流程数总和）×100% 以营销系统中的数据为基础数据源。按月提取已归档的新装、增容业务的供电方案答复、受电工程设计审核、中间检查、工程验收、装表接电 5 个流程节点，以上各业务环节时限均达标的业务为业扩时限达标业务。 （1）各节点时限标准如下： 1）供电方案答复期限：自受理用户申请之日起，居民用户不超过 3 个工作日；低压电力用户不超过 7 个工作日；高压单电源用户不超过 15 个工作日；高压双电源用户不超过 30 个工作日。 2）设计审核期限：自受理申请之日起，低压供电用户不超过 8 个工作日；高压供电用户不超过 20 个工作日。 3）启动中间检查期限：自接到用户申请之日起，低压供电用户不超过 3 个工作日；高压供电用户不超过 5 个工作日。 4）竣工检验期限：自受理之日起，低压供电用户不超过 3 个工作日；高压供电用户不超过 5 个工作日。 5）装表接电期限：自受电装置检验合格并办结相关手续之日起，一般居民用户不超过 3 个工作日；低压供电用户不超过 5 个工作日；高压供电用户不超过 7 个工作日。 （2）超时限流程是指供电方案答复、设计文件审查、中间检查、竣工检验、装表接电等流程环节中的任一时限超过标准时限的
2		非居民供用电合同签订率	非居民供用电合同签订率=统计期内（已签订供用电合同的非居民用户数/应签订供用电合同的非居民用户数）×100% 剔除存在变更、窃电违约等在途流程相应用户后，当年需续签非居合同的用户数
3	抄表指标	抄表准时率	（1）数据准备时间不得早于抄表例日前 24h，不得晚于抄表例日当日 24 点； （2）抄表数据上装必须在抄表例日内完成
4		周期现场核抄	
5	收费及账务指标	月末应收余额占月均应收电费比例	（1）应收账款余额以月末 24 点财务口径实际完成值为准； （2）月末应收余额占月均应收电费比例=月末应收余额/月均应收电费总额×100%
6		电费回收率	按规定截止时间单位电费回收率
7		低压用户自动抄表结算应用率	低压用户自动抄表结算应用率=当月采用采集系统抄表数据计算电费的低压用户数/当月营销业务系统应抄低压用户数×100%
8	核算指标	电费差错率	电费差错率=（当月累计电费差错笔数/当月累计电费笔数）×1000‰ （1）按《浙江省电力公司电费安全责任事故及差错考核管理办法》统计。一般电费差错：退（补）电费金额在 5000 元以下或退（补）电量在 1 万 kWh 以下的差错；重大电费差错：退（补）电费金额在 5000 元及以上或退（补）电量在 1 万 kWh 及以上的差错。 （2）以稽查监控系统统计退补清单为依据，剔除因表计故障、系统原因、用户原因等非工作质量差错导致的退补和后台数据修改。 （3）稽查监控中心专项稽查发现、未退补的电费差错，计入电费差错
9		电价执行正确率	电价执行正确率=核查范围电价执行正确户数/核查范围总户数×100%
10		故障表鉴定不合格需要退补未予以退补户数	当月故障表鉴定不合格需要退补未予以退补户数。原因不属实或少报、未报的，视为需退补未予以退补户数
11		自动抄表结算率	自动抄表结算率=当月采用采集系统抄表数据计算电费的用户数/当月营销系统应抄用户数×100%

序号	指标名称		定义及计算方法
12	计量指标	采集覆盖率	采集覆盖率=累计采集已覆盖用户数/本所管辖用户总数×100%
13		数据采集完整率	数据采集完整率=考核期内实际采集数据点数/考核期内应采集数据点数×100%
14		低压表箱和用户表计对应关系建档率	低压表箱和用户表计对应关系建档率=已建立对应关系数量/总数量
15		计量异常告警处理率	计量异常告警处理率=在规定时限内完成处理的异常告警条数/纳入考核的异常总条数×100% 非误报异常应在异常发生后14天之内完成处理(异常恢复)并归档;误报异常应在异常发生14天内作出判断
16		月均采集成功率	月均采集成功率取当月每日日均采集成功率指标平均值 日均采集成功率=用电信息采集系统主站当日成功采集全部用户总数/本单位当日应采集的全部用户总数×100% 其中全部用户指本单位所有专变和低压用户
17	用户档案管理规范性		用户档案管理规范性=档案环节完成及时率×0.5+档案归档及时率×0.5 其中:档案环节完成及时率=当月及时完成档案环节数/产生档案环节总数;档案归档及时率=在规定时间内发出的流程环节数/营销系统已完成产生档案的环节数
18	线损指标	台区线损可正确计算率	台区线损正确可算率=(通过采集系统计算的台区用户数/总的集抄覆盖用户数)×100%
19		线损率	线损率=[(供电量-售电量)/供电量]×100%

(四)供电服务指标(见表7-4)

表7-4 供电服务指标

序号	指标名称	定义及计算方法
1	优质服务无投诉	95598服务热线、12398监管热线属实投诉事件
2	故障报修到达现场及时率	根据《国家电网公司十项承诺》第八条规定确定,提供24h电力故障报修服务,供电抢修人员到达现场的时间一般不超过:城区范围45min;农村地区90min;特殊边远地区2h
3	平均故障抢修时间	平均故障抢修时间=故障抢修时间总数/故障抢修总数

三、低压台区指标提升措施

(一)提高安全管理类指标措施

1. 严格履行各级安全责任

始终把安全生产工作放在一切工作的首位,正确处理安全与进度、质量之间的关系,明确并严格履行各级安全责任,把安全责任层层落实到每项工作、每个环节、每个岗位和每位员工,充分发挥关键岗位人员的把关作用和安全生产保证体系的作用,特别是要加强对现场执行安全措施的监督。确保各项措施落到实处,提高安全管理的执行力。

2. 重点加强作业现场安全管控

针对低压配电作业特点,加强对现场作业的全过程管理,要以安全规章制度为准绳,认

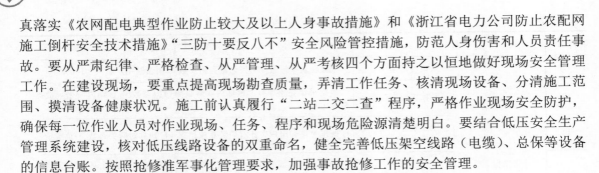

真落实《农网配电典型作业防止较大及以上人身事故措施》和《浙江省电力公司防止农配网施工倒杆安全技术措施》"三防十要反八不"安全风险管控措施，防范人身伤害和人员责任事故。要从严肃纪律、严格检查、从严管理、从严考核四个方面持之以恒地做好现场安全管理工作。在建设现场，要重点提高现场勘查质量，弄清工作任务、核清现场设备、分清施工范围、摸清设备健康状况。施工前认真履行"二站二交二查"程序，严格作业现场安全防护，确保每一位作业人员对作业现场、任务、程序和现场危险源清楚明白。要结合低压安全生产管理系统建设，核对低压线路设备的双重命名，健全完善低压架空线路（电缆）、总保等设备的信息台账。按照抢修准军事化管理要求，加强事故抢修工作的安全管理。

（二）提升设备完好率指标措施

按安全规程、运行规程的规定对低压配电网设备和线路开展各类巡视和维护工作，对各类缺陷、隐患，严格按照"排查—评估—报告—治理—验收—消缺"的流程，形成闭环管理，确保线路、设备处于健康运行状态，防止出现由设备原因造成的安全事故。

重视巡视、测量和检查结果的分析应用工作。加大对负荷重、线路长、线径细等容易引发低电压问题的低压线路首末端的电压测量，主动发现电压超限问题；要加强公用配电变压器三相电流的监测，及时割接低压负荷，保持各相平衡。要按月、按季、按年分析和总结台区线损，并制定和落实针对性改进措施。做好农村集体农用电力线路移交改造工作。

发动社会力量共同保护配网运行安全。发现影响电网安全稳定运行的外力破坏隐患，在采取制止、警示、应急防护等应急措施的同时，及时向地方政府相关职能部门和电力监管机构汇报，积极配合公安部门开展打击盗窃和破坏电力设施专项行动。

（三）电压监测点的设置

对低压供电用户，每百台配电变压器选择具有代表性的用户设置1个以上电压监测点，所选用户应当是重要电力用户和低压配电网的首末两端用户。

电压监测点的设置重点是：

（1）推进电压质量监测网络和管理平台建设，确保电压监测点布置规范合理。

（2）加强电压监测仪日常维护和检查，发现运行异常的监测仪及时进行维修或更换。

（3）开展低压用户典型日电压曲线绘制分析，不定期开展"低电压"情况普查和走访工作。

（四）加强总保运行管理

1. 贯彻落实三个文件精神

（1）GB 13955—2005《剩余电流动作保护装置安装和运行》对剩余电流保护装置的应用、选用、安装、运行和管理提出了规范性要求。

（2）DL/T 736—2010《农村电网剩余电流动作保护器安装运行规程》规定了农村低压电网剩余电流动作保护器的技术要求和使用条件。

（3）GB/Z 6829—2008《剩余电流动作保护电器的一般要求》规定了剩余电流动作保护电器动作特性。

在学习领会剩余电流动作保护器相关标准、规程基础上，应针对各自工作实际，查找剩余电流动作保护器安装、运行、管理工作中的不足，并严格按照标准、规程进行整改。

2. 强化对农户家用剩余电流动作保护器的管理

按照"政府主导、电力推动、用户选择、市场运作"的原则，积极与当地政府沟通协调，争取政府出台支持政策，完善农村居民表后服务方式，尝试推出居民表后有偿服务，建立"职责清晰、运作规范、报修方便、响应快捷、多方共赢、发展持续"的表后服务模式，构建农村居民表后电力服务体系，进一步破解表后服务难题，促进城乡一体化、均等化服务。对不装或装而不投的用户，应按用户用电安全隐患治理的要求书面通知居委会（村委会）或其上级主管部门。

（五）加强配变无功补偿运行管理

1. 配变无功配置原则

配电变压器的无功补偿装置容量可按变压器最大负载率为 75%，负荷自然功率因数为 0.85 考虑，补偿到变压器最大负荷时其高压侧功率因数不低于 0.95，或按照变压器容量的 20%～40%进行配置。配变容量为 315kVA 及以上，三相负荷不平衡度较大时，宜采用分组分相投切补偿方式。

2. 运行管理要求

运行巡视须观察：① 装置的仪器仪表显示是否正常；② 电容器套管是否清洁完整，有无裂纹放电现象；③ 电容器是否鼓肚渗漏，内部有无异常响声；④ 装置引线连接各处有无脱落或断线，进出线各处有无烧伤过热变色现象；⑤ 接地线连接状况；⑥ 雨雪天有无雨雪侵入等。对运行电压偏高而又缺乏无功的配变，应及时调整配变分接头位置，使电容器经常性地投入运行。对安装在电压偏高负荷较小地方的装置，应考虑更换到合适地点安装。

3. 无功装置检修维护

运行中的无功装置运行维修、缺陷处理，必须两人或两人以上工作，专人监护。工作中应注意核查与带电设备的距离，防止误碰。接触停电的电容器导电部分前，必须将电容器逐个多次放电并接地。无功装置与配变二次引线上接有 TA，在运行维护中，如 TA 任一接线有脱落现象，应视其接线处有高电压，必须将低压刀闸和高压跌开式熔断器全部拉开，做好接地后方可处理。

（六）加强电费差错管控

所有用户原则上统一采用自动抄表方式抄表；需要现场补抄的用户，现场抄表必须使用红外功能，同时要防止红外串号的发生；要求用抄表机"帮助"键抄录；不得估抄、漏抄；做好现场抄表数据核对工作；对表计异常、门闭户的处理要符合省公司抄核收工作标准要求。抄表数据上装后，数据复核要认真，杜绝翻电量等现象；起止度校对清单须签字确认，并至少保留 6 个月。

重点复核电量波动大、平均电价过低、功率因数异常、非居零电量等异常情况，发现异常应及时督促责任部门进行整改，尽量在出门前纠正，避免差错性退补电量电费的发生。

在处理业务特抄流程时必须准确到位，录入拆表止度要谨慎，避免录入错误引发退补。对远程集抄用户，所抄表班应定期组织现场示数校对，周期不超 3 个月。

对涉及电费计算的电价类别、电压、定量比、倍率、功率因数标准等计费参数的设置必须正确，避免计费参数错误而引起电费差错。归档审核把关人员要对每个流程仔细把关，发现异常及时反映。

（七）加强单位抄表准时率管控

依照浙江省电力公司抄核收工作标准，按固定日期和周期抄录用户电能计量装置数据信息。

公式：抄表准时率 =（按抄表例日完成的抄表户数）/ 实抄户数 × 100%

抄表例日完成的抄表户数 = 在规定的抄表日期内完成的抄表用户数

实抄户数 = 在规定的抄表日内实际抄录的用户数

（1）数据准备时间不得早于抄表例日前 24h，不得晚于抄表例日当日 24 点。

（2）抄表数据上装必须在抄表例日内完成。

抄表准备应在抄表日或者抄表日前 24h 内由计算机系统自动完成，抄表工作必须在规定的抄表日完成，若系统无法自动生成，应及时进行手工生成抄表计划。

（八）提升低压用户自动抄表结算应用率

（1）供电（营业）所每月安排专人，提高低压载波数据采集完整率。

（2）抄表员严格抄表纪律，严禁手工修改，尤其是小电量情况。

（3）对于采集数据和现场不符的应分析原因，尽早处理。

（4）加快维护进度，对故障载波采集器、集中器及时更换和调试。

（九）加强台区线损管理

1. 降损手段

降损手段分为技术降损和管理降损。技术降损措施得当可以带动理论线损值的降低；管理降损措施得当可以促使实际线损值向理论线损值逼近。一般而言，技术降损以优化电压等级、改善网络结构、缩短供电半径、优化无功配置等方式来达到降压的目的，而管理降损通过加强管理，减少供电环节人为因素造成的"跑、冒、滴、漏"电量损失来达到降损的目的。

2. 技术降损

（1）做好供电和配网的长期规划，避免因规划问题导致的线路改造频繁。

（2）严格按照电网的运行水平调整运行电压，避免因电压的超额度导致的线损过高。

（3）要科学选择和安装变压器。

（4）合理设置、选择无功设备和确定补偿容量。

3. 管理降损

（1）定期开展台区线损理论计算，制定降损计划指标。

（2）加强基础资料管理，防止低压台区用户资料缺失和系统数据错误。

（3）加强抄表管理。减少抄表差错及不同步抄表对线损的影响。

（4）定期开展台区零电量用户分析及异常电量分析，对高线损台区进行重点检查。

4. 提高台区线损准确可计算率

（1）采集班负责分析台区线损。每周必须制定周调试计划，每日按照周计划进行运维调试。遇到问题，及时提出整改措施。

（2）营业所安排专人负责现场系统数据运维调试，出现异常及时处理。

（3）优先处理因缺失或估算造成线损偏差不大的台区，确保维护一个，线损正常一个。

（4）各部门定期做好台区线损的分析，做好技术降损和管理降损等工作。

（5）不得为提高台区线损指标，随意修改台区档案信息。

四、某市供电公司供电所同业对标指标评价体系（2018 版）（见表 7-5）

表 7-5　　　　　　　　　供电所同业对标指标评价体系表（2018 版）

序号	指标名称	权重	指标单位	数据精确度	指标解释（定义和计算方法）	数据来源	评价方法
一、运维检修相关检修相关							
1	配电线路重、过载率	3	%	小数点后两位	配电线路重、过载率=本单位线路重、过载数量/本单位线路总条数	供电服务指挥系统	排名 1~15 名的得 100%该项分数；16~30 名的得 80%该项分数；31~40 名的得 60%该项分数；41~50 名的得 40%该项分数；51~60 名的得 20%该项分数；61 名及以后不得分
2	超载、过载公用配变比率	3	%	小数点后两位	超载、过载公用配变比率=超载、过载配变台数/配变总台数×100%（包括公变终端故障引起的误报）	智能公变终端系统	
3	低电压台区比率	3	%	小数点后两位	低电压公用配变比率=低电压配变台数/配变总台数×100%（包括首端及用户端发现的低电压台区，包括公变终端故障引起的误报）	智能公变终端系统	
4	三相不平衡率	2	%	小数点后两位	三相不平衡比率=三相不平衡配变台数/配变总台数×100%（包括公变终端故障引起的误报）	智能公变终端系统	
5	公变终端指标	3	%	小数点后两位	公变终端指标=0.2×公变终端安装覆盖率+0.2×公变终端任务投运率+0.3×公变终端数据完整率+0.3×公变终端停电告警上送及时率	智能公变终端系统	公变终端指标为 99.97%及以上的，得指标权重的 100%；指标为 99.94%~99.97%的，得指标权重的 75%；指标为 99.9%~99.94%的，得指标权重的 50%；低于 99.9%的，得指标权重的 25%
6	公变终端故障处理率	3	%	小数点后两位	公变终端 7 类终端故障处理率未达 100%该项不得分	智能公变终端系统	达到 100%得指标权重的 100%，未达 100%该项不得分
7	运检类投诉工单	4	件	整数	运检类投诉工单数=系统统计的运检类投诉工单的件数	95598 营销业务系统	出现一张运检类投诉工单扣 1 分，扣完为止
8	重复停电情况	4	件	整数	重复停电次数=60 天内累计停电三次及以上台区数量（包括计划停电、故障停电）	供电服务指挥系统	同上 1
9	停电原因反馈质量	2	件	整数	供电服务指挥系统停电原因管控模板中停电原因反馈及时性和质量	供电服务指挥系统	反馈质量和及时性不满足要求的每条次扣除该项得分的 25%，扣完为止
10	配电线路百公里故障率	4	%	小数点后两位	配电线路百公里故障率=配电线路故障总数/（本单位线路公里总数/100）	供电服务指挥系统	同上 1
11	配变停电指数	4	%	小数点后两位	配变停电指数=Σ 公变停运时间/（PMS公变总数×时间）	供电服务指挥系统	同上 1
二、安全相关							
12	"两票"合格率	4	%	小数点后两位	"两票"合格率=已执行合格票数/应执行总票数×100%　注：应执行总票数包括《市供电公司"两票"管理手册》规定应使用的工作票、操作票、抢修单，包括已执行的合格票数、已执行的不合格票数、应开而未开的票数	各单位每月"两票"统计、分析材料；省、市公司及各单位违章处理记录、通报	按统计值获得对应百分比的权重分值

续表

序号	指标名称	权重	指标单位	数据精确度	指标解释（定义和计算方法）	数据来源	评价方法
13	作业风险管控指数	4	%	小数点后两位	作业安全风险管控指数＝（作业项目管控覆盖指数＋管控流程执行效率指数＋管控过程质量指数）×100% （1）作业项目管控覆盖指数＝（纳入平台管控生产类作业数/已实施生产类作业数×0.6＋纳入平台管控营销类作业数/已实施营销类作业数×0.3＋纳入平台管控基建类作业数/已实施基建类作业数×0.1）×0.4； （2）管控流程执行效率指数＝（管控流程及时闭环作业数/已实施作业数）×0.4； （3）管控过程质量指数＝（管控过程痕迹化管理规范作业数/已实施作业数）×0.2	公司安全生产云管控平台数据	按统计值获得对应百分比的权重分值
14	习惯性违章行为	4	次	整数	查处的违章行为（次）＝$2N_1+N_2+N_3$ N_1—浙江公司通报次数； N_2—地市公司通报次数； N_3—县公司通报次数	省、市公司及各单位违章处理记录、通报	查处违章每次扣除权重分值10%
三、发展策划相关							
15	同期台区线损精益化管理指数	4	%	小数点后二位	台区同期线损达标率：0.3×台区典型日同期线损合格率＋0.7×（月线损率达标的台区对应的配变数量＋白名单审核通过的线路数量）/配变档案数量×100% 其中： （1）轻载、空载、备用通过系统白名单报备（供、售电量均可计算，且电量值均大于等于0，小于等于X）； （2）每月随机取3天台区同期线损合格率取平均作为典型日合格率	国网一体化电量与线损管理系统	将指标平分为多个档位进行排名得分
16	配电线路同期线损管理指数	4	%	小数点后二位	10kV分线线损达标率：0.5×10kV分线典型日同期线损合格率＋0.5×（月线损率达标的线路数量＋白名单审核通过的线路数量）/线路档案数量×100% 其中： （1）轻载、空载、备用通过系统白名单报备； （2）每月随机取3天配电线路同期线损合格率取平均作为典型日合格率	国网一体化电量与线损管理系统	
四、营销（农电）相关							
17	电费回收率	3	%	小数点后四位	当月电费回收率＝（1－实收当年电费欠费总额/应收当月电费总额）×100%	营销业务应用系统的欠费日报	将指标平分为多个档位进行排名得分
18	电费电价规范率	3	%	小数点后四位	电费电价规范率＝抄表规范率×0.6＋电费规范率×0.2＋电价执行规范率×0.2 （一）抄表规范率 抄表规范率＝抄表准时率×0.3＋周期核抄规范率×0.3＋结算电费非手工抄表比例×0.4。	抄表准时率82014、周期核抄红外抄表率03053、周期核抄完成比例61001、手工抄表比例61004、电费解款及时性05450	

续表

序号	指标名称	权重	指标单位	数据精确度	指标解释（定义和计算方法）	数据来源	评价方法
18	电费电价规范率	3	%	小数点后四位	（1）抄表准时率＝（1－当月抄表不准时户数/当月总户数）×100，每下降0.1%扣0.5个百分点，按实际完成值比例统计。 （2）周期核抄规范率＝周期核抄红外抄表率×0.5＋周期核抄完成比例×0.5，其中： 1）周期核抄红外抄表率＝（当年实抄周期核抄红外抄表总户数/当年应抄周期核抄红外抄表总户数）×100%，达到目标值99%，按100%计；未达到目标值的，按实际完成值计。 2）周期核抄完成比例＝（1－超期开展周期核抄总户数/应开展周期核抄总户数）×100%，每下降0.1%扣0.5个百分点，按实际完成值比例统计。 （3）结算电费非手工抄表比例＝（1－结算电费手工抄表户数/当月总户数）×100%，达到目标值99.95%，按100%计；每下降0.1%扣0.5个百分点，按实际完成值比例统计。 （二）电费规范率 主要考核电费解款及时性，电费解款未及时每条记录扣0.5个百分点。 （三）电价执行规范率 地市公司内部检查发现电价执行错误及不规范情况，扣指标的0.2个百分点，其他媒体曝光或上级部门检查、审计、监管、监督发现的，扣指标的0.5个百分点。 （四）其他减分项 对于属实的95598抄核收类投诉，每发现一起直接扣指标的0.5个百分点	抄表准时率82014、周期核抄红外抄表率03053、周期核抄完成比例61001、手工抄表比例61004、电费解款及时性05450	将指标平分为多个档位进行排名得分
19	低压采集成功率	3	%	小数点后二位	低压采集成功率＝用电信息采集系统主站成功采集低压用户总数/低压用户总数×100%，月低压采集成功率＝当月各日低压采集成功率之和÷当月天数×100% （1）对载波用户超过50%的供电所，低压采集成功率99.6%及以上的，得指标权重的100%；低压采集成功率99.5%及以上，得指标权重的90%；低压采集成功率99.4%及以上的，得指标权重的60%；低压采集成功率99.3%及以上的，得指标权重的40%；低压采集成功率低于99.3%的直接为0。 （2）其他供电所低压采集成功率99.8%及以上的，得指标权重的100%；低压采集成功率99.7%及以上的，得指标权重的90%；低压采集成功率99.6%及以上的，得指标权重的60%；低压采集成功率99.5%及以上的，得指标权重的40%；低压采集成功率低于99.5%的直接为0。 注：目前载波用户超过50%的供电所有12个	用电采集系统—采集质量分析—低压采集成功率	按目标值得

序号	指标名称	权重	指标单位	数据精确度	指标解释（定义和计算方法）	数据来源	评价方法
20	用电信息采集运维规范率	3	%	小数点后二位	每出现 1 例低压异常处理超期，扣 1%。其他按照《国网浙江省电力公司计量精益化管控量化评价体系》采集部分指标要求，被省、市公司统计考核，按照问题清单数每个扣 0.5%	用电信息采集系统—计量异常处理情况等	将指标平分为多个档位进行排名得分
21	台区线损管理水平	3	%	小数点后二位	月台区线损管理水平 = 月台区线损日均正确可算率 − 扣分项。 （1）月台区线损日均正确可算率 = 考核月的日台区线损准确可算率之和÷考核日期数（考核日期数是指当月剔除日线损率最高 3 天和最低 3 天之后的天数）。 （2）扣分项包括：营配贯通系统自定义查询 30001 疑似"变 − 户"挂接错误、其他弄虚作假情况，根据数量和问题严重程度酌情扣 0.1%～2%。 月台区线损管理水平指标达 98%及以上的，得指标权重的 100%；指标为 97.5%及以上的，得指标权重的 90%；指标为 97%及以上的，得指标权重的 80%；指标为 96.5%及以上的，得指标权重的 60%；指标为 96%及以上的，得指标权重的 50%；指标为 95.5%及以上的，得指标权重的 40%；指标为 95%及以上的，得指标权重的 30%；指标为 95%以下的，直接为 0	用电信息采集系统—台区（配电房）线损准确可算率	按目标值得分
22	计量资产全寿命周期管理规范率	3	%	小数点后两位	计量资产和装接管理规范率满分为 100%。其中： （1）考核期内，每发生 1 起错接线投诉扣 10%，2015 年以后批量新装、表箱更换以及电能表轮换引起户表关系错误等投诉，每发生 1 起投诉扣 20%；每发生 1 起供电所原因非现场申校属实投诉扣 10%。 （2）考核期内，发生电能表超期问题（智能表当前状态为合格在库、预配待领、预领待装且距上次检定时间超期 170 天以上）即扣 0.1%，最高扣 10%。 （3）考核期内，每发生 1 只电能表领超 7 天未装的，扣 0.1%，最高扣 10%。 （4）考核期内，每发生 1 只拆回电能表超 20 天未入库，扣 0.1%，最高扣 10%。 （5）考核期内，每发生 1 起智能表一个日历年内换表 3 次及以上且无法给出合理解释的，扣 2%。 （6）考核期内，现场抽查表箱安装、更换流程规范性，每发现一起现场已安装，流程未按要求在营销系统中完成，扣 0.5%，最高扣 10%。 （7）考核期内，封印未规范应用并录入系统，扣 1%。 （8）考核期内，三级智能库未规范应用，扣 1%。 （9）考核期内，每出现 1 起非现场申校流程、计量装置故障超期的，扣 1%。	1. 营销业务应用系统、用电信息采集系统、营销业务管理平台、95598 业务支持系统。 2. 上级检查和通报、市公司检查和抽查	将指标平分为多个档位进行排名得分

续表

序号	指标名称	权重	指标单位	数据精确度	指标解释（定义和计算方法）	数据来源	评价方法
22	计量资产全寿命周期管理规范率	3	%	小数点后两位	（10）考核期内，在省、市公司检查通报中发现未定期开展盘点、账实不一致、虚假出入库等严重问题，每发现1起扣5%。 （11）其他计量资产和装接管理规范率方面存在未按规要求，被省、市公司通报，扣1%～10%。 （12）表计未先检先出比率超过10%，扣2%	1. 营销业务应用系统、用电信息采集系统、营销业务管理平台、95598业务支持系统。 2. 上级检查和通报、市公司检查和抽查	
23	营配调贯通管理成效	3	%	小数点后两位	低压变户一致率按市公司每月目标值进行考核，达到目标值为100%	低压用户资源一致率：营销业务管控平台	
24	低压用户业扩服务时限达标率	4	%	小数点后二位	低压用业扩服务时限达标率=0.5×流程环节时限处理达标率+0.5×380V流程时长达标率－扣分项。 （1）流程环节时限处理达标率=业务办理时限达标的已归档业扩新装、增容流程数/已归档的业扩新装、增容流程数总和×100%。以营销业务应用系统中的数据为基础数据源。 （2）380V流程时长达标率=流程时长达标的已归档380V业扩新装、增容流程数/已归档的380V业扩新装、增容流程数总和×100%。 （3）扣分项：1起业扩诉低压用户业扩服务时限达标率扣减1个百分点；发现流程机外流转情况，扣5个百分点；发现流程已归档现场未装表，若属实扣5个百分点；对于长时限在途变更类流程长期通报无改进的单位扣1个百分点。 （4）业扩程环节时限标准执行《国网营销部关于印发变更用电及低压居民新装（增容）业务工作规范（试行）的通知》（营销营业〔2017〕40号）、《关于进一步提升业扩报装服务水平的意见》（国家电网办〔2015〕1029号）、《国家能源局关于印发《压缩用电报装时间实施方案》的通知》（国能监管〔2017〕110号）、《关于开展业扩全流程信息公开与实时管控平台建设推广应用的通知》（国家电网营销〔2016〕550号）、"十项承诺"及公司最新相关规定。380V业扩新装、增容流程时长不大于30天	（1）发生一起属实投诉扣1%。 （2）营销系统自定义查询"82170"中，出现一条数据扣1%	将指标平分为多个档位进行排名得分
25	用户档案录入规范率	3	%	小数点后二位	（1）用户档案录入规范率=归档及时率×50%+档案录入质量合格率×50%。 （2）发现1户智能档案系统档案录入质量不合格，扣减档案录入质量合格率0.01个百分点。 （3）扣分项：省、市公司组织的各类检查中，发现1户纸质档案不规范，扣0.01个百分点	该数据由智能档案系统内的"归档及时率"以及省、市公司各类检查中获取	

序号	指标名称	权重	指标单位	数据精确度	指标解释（定义和计算方法）	数据来源	评价方法
26	优质服务评价指数	4	%	小数点后二位	优质服务评价指数满分为100%。其中：（1）优质服务评价指数＝[1－用户对同一事件重复致电两次及以上的事件数÷（用电户数÷500）]×100%。（2）存在业务处理属实性认定错误，被国家电网有限公司发现一起减优质服务评价指数2个百分点；被省公司发现一起减总指标1个百分点，减至零分止。（3）每发生一起供电企业责任的负面服务类舆情数，减优质服务评价指数10个百分点，减至零分止。（4）存在业务处理属实性认定错误，被国家电网有限公司发现一起减优质服务评价指数2个百分点；被省公司发现一起减总指标1个百分点，减至零分止。（5）每发生一起投诉举报属实性认定错误、业扩报装"三指定"、乱收费、吃拿卡要、屏蔽、旁路95598、营业场所无人值班、未执行"一次性告知""一证受理""同城受理""首问负责制"、业务流程机外流转、临柜服务未邀请用户评价等事件，被国家电网有限公司明察暗访发现的，每起扣减总指标1个百分点，被省公司明察暗访发现的，每起扣减总指标值0.5个百分点，被市公司明察暗访发现的，每起扣减总指标值0.2个百分点，扣完为止	相关数据来源于95598业务支持系统、省公司供电服务周报、月报数据等	将指标平分为多个档位进行排名得分
27	营销服务规范率	4	%	小数点后二位	营销服务规范率＝[1－一类服务不规范投诉数/（营业户数/500）]×0.7+[1－二类服务不规范投诉数/（营业户数/500）]×0.2+[1－服务不规范举报数/（营业户数/500）]×0.1。其中：（1）被市公司督办的事项（包括音视频监控、投诉、业务抽查等督办事项），每件扣0.2个百分点，下发督办单后再次发生同类问题的，每件扣0.5个百分点。（2）服务不规范投诉数包含投诉和其他业务分类中应派为投诉的服务不规范工单数，其中：1）一类服务不规范投诉包括5项三级投诉：营业厅服务，收费标准，收费项目，业扩报装超时限，抄表。2）二类服务不规范投诉包括19项三级投诉：营业厅、计量、用电检查、勘测、抄催人员服务态度和服务规范，电费，电价，环节处理不当，业务办理超时限，环节处理问题，计量装置，表计线路接错，验表，轮换户表改造。3）服务不规范举报包括4个二级举报：以电谋私，服务行为，里勾外联，三指定。4）催缴费，欠费停复电2项不纳入指标考核。	相关数据来源于95598业务支持系统、省公司供电服务周报、月报数据。服务投诉工单查询：95598系统—工单查询—投诉查询	

续表

序号	指标名称	权重	指标单位	数据精确度	指标解释（定义和计算方法）	数据来源	评价方法
27	营销服务规范率	4	%	小数点后二位	5）其他由于公司新业务推广引发的投诉原则上不纳入指标考核（按省公司口径）。 6）对应派为营业厅、计量、用电检查、勘测、抄催人员服务态度和规范但错派为其他人员服务态度和规范的投诉，营销部将按照用户诉求重新归类。 （3）每发现一起违约用电和窃电举报处理不规范（通过举报工单答复质量、与营销系统内处理传票信息比对获取），扣减总指标0.2个百分点	相关数据来源于95598业务支持系统、省公司供电服务周报、月报数据。服务投诉工单查询：95598系统—工单查询—投诉查询	将指标平分为多个档位进行排名得分
28	用户服务基础信息准确性	3	个	小数点后四位	用户服务基础信息准确性是指省市两级管理部门通过电话回访对各单位用户基础信息数据质量按照一定比例进行抽检，发现确认基础信息不准确情况（包括户名、联系信息、身份证号码等信息的不准确情况），按月发布各单位不准确信息个数	根据每周95598对用户基础信息核查报表，次月5日对上月核查情况进行统计	
29	业务预警处理及时率	3	%	小数点后3位	业务预警处理及时率=（同一个考核周期内总预警数－同一个考核周期内三级及以上预警数和未处理预警）/总用户数。按月考核，次月统计，考核数据以精益化系统数据为准	营销精益化管控平台数据	
30	综合能源服务业务推广成效	3	%	小数点后二位	综合能源服务业务推广成效=系数A×（储备项目完成率×0.15＋实施项目完成率×0.35＋项目营收金额完成率×0.5） 其中： （1）储备项目完成率=（上报储备项目列入市公司储备库数/全市储备库项目数×100%） 注：供电所储备项目数以市公司营销部核定入库的储备项目数为准。 （2）实施项目完成率=（通过省综合能源服务公司实施项目/全市通过综合能源服务公司实施项目数×100%） 注：实施项目数仅统计通过省综合能源公司实施的社会化项目，不包括营销综合计划项目。 （3）项目营收金额完成率=（通过省综合能源服务公司实施项目年度营收/全市通过综合能源服务公司实施项目年度营收×100%） （4）系数A=（全市总用户数－供电所用户数）/全市总用户数	电能服务平台、省综合能源服务公司项目月报	

第七节 低压电能质量管理

一、低压电能质量概述

电能质量即电力系统中电能的质量，是指通过公用电网供给用户端的交流电能的品质。理想的电能应该是完美对称的正弦波，即用电网应以恒定的频率、正弦波形和标准电压对用户供电。同时，在三相交流系统中，各相电压和电流的幅值应大小相等、相位对称且互差120°。但由于系统中的发电机、变压器和线路等设备非线性或不对称，负荷性质多变，加之调控手段不完善及运行操作、外来干扰和各种故障等原因，这种理想的状态并不存在，因此产生了电网运行、电力设备和供用电环节中的各种问题，使波形偏离对称正弦波，由此便产生了电能质量问题。

从严格意义上讲，衡量电能质量的主要指标有电压、频率和波形；从普遍意义上讲，指优质供电包括电压质量、电流质量、供电质量三个方面的相关术语和概念。

电能质量的主要指标有谐波、电压偏差、三相电压不平衡、供电可靠性等。围绕电能质量含义，从不同角度理解通常包括：

（1）电压质量：是以实际电压与理想电压的偏差，反映供电企业向用户供应的电能是否合格的概念。这个定义能包括大多数电能质量问题，但不能包括频率造成的电能质量问题，也不包括用电设备对电网电能质量的影响和污染。

（2）电流质量：反映了与电压质量有密切关系的电流的变化，是电力用户除对交流电源有恒定频率、正弦波形的要求外，还要求电流波形与供电电压同相位以保证高功率因数运行。这个定义有助于电网电能质量的改善和降低线损，但不能概括大多数因电压原因造成的电能质量问题。

（3）供电质量：其技术含义是指电压质量和供电可靠性，非技术含义是指服务质量，包括供电企业对用户投诉的反应速度以及电价组成的合理性、透明度等。

（一）电压偏差

供电系统在正常运行下，某一节点的实际电压与系统标称电压（通常电力系统的额定电压采用标称电压去描述，对电气设备则采用额定电压的术语）之差对系统标称电压的百分数称为该节点的电压偏差。数学表达式为：

$$电压偏差 = （实际电压 - 系统标称电压）/系统标称电压 × 100\%$$

电压偏差又称电压偏移，指供配电系统改变运行方式和负荷缓慢地变化使供配电系统各点的电压也随之变化，各点的实际电压与系统的额定电压之差。

对10kV及以下高压供电和低压电力用户，允许的电压偏差为额定电压的+7%～-7%；低压照明用户（220V）为额定电压的+7%～-10%。电压偏差调节一般采取无功就地平衡的方式进行无功补偿，并及时调整无功补偿量，从源头上解决问题。从技术上考虑，无功补偿只宜补偿到功率因数在0.90～0.95区间，仍有一部分无功需要电网供应。目前采用最广泛、最有效的措施是采用有载调压变压器，采取对电压偏差及时调整的方式。

影响电压偏差的原因有：

（1）供电距离超过合理的供电半径。

（2）供电导线截面选择不当，电压损失过大。

（3）线路过负荷运行。

（4）用电功率因数过低，无功电流大，加大了电压损失。

（5）冲击性负荷、非对称性负荷的影响。

（6）调压措施缺乏或使用不当，如变压器分接头位置不当等。

（7）用电单位装用的静电电容器补偿功率因数没采用自动补偿。

总之，无功电能的余缺状况是影响供电电压偏差的重要因素。

（二）谐波

1. 谐波的定义

从严格的意义来讲，谐波是指电流中所含有的频率为基波的整数倍的电量，一般是指对周期性的非正弦电量进行傅里叶级数分解，其余大于基波频率的电流产生的电量。从广义上讲，由于交流电网有效分量为工频单一频率，因此任何与工频频率不同的成分都可以称之为谐波，这时"谐波"这个词的意义就变得与原意有些不符。正是因为广义的谐波概念，才有了分数谐波、间谐波、次谐波等说法。

2. 谐波产生的原因

在电力系统中，谐波产生的根本原因是由于非线性负荷所致，由于正弦电压加压于非线性负荷，基波电流发生畸变产生谐波。

所有的非线性负荷都能产生谐波电流，产生谐波的设备类型有：开关模式电源、电子荧光灯镇流器、调速传动装置、不间断电源（UPS）、磁性铁芯设备及某些家用电器如电视机等。

3. 谐波的危害

谐波使电能的生产、传输和利用的效率降低，使电气设备过热、产生振动和噪声，并使绝缘老化，使用寿命缩短，甚至发生故障或烧毁。谐波可引起电力系统局部并联谐振或串联谐振，使谐波含量放大，造成电容器等设备烧毁。谐波还会引起继电保护和自动装置误动作，使电能计量出现混乱。对于电力系统外部，谐波对通信设备和电子设备会产生严重干扰。

常见谐波对居民生活用电的影响有：

（1）谐波对电动机的影响。谐波电流通过电动机，使谐波附加损耗明显增多，引起电动机过热、机械振动和噪声大。当谐波电压通过电动机产生的电压波动的主要低频分量与电动器机械振动的固有频率一致时，会诱发谐振，使电动机损坏。

（2）引起照明灯光和电视画面忽明忽暗的闪烁，造成视觉疲劳。

（3）引起冰箱、空调的压缩机承受冲击力，产生振动，降低使用寿命。

（4）影响有线电视、广播新号的正常传输，可能通过电磁感应和辐射造成干扰。

（5）引起电能计量误差，造成不必要的电费损失等。

4. 谐波治理基本方法

目前常用的谐波治理的方法有无源滤波、有源滤波两种。

无源滤波器的主要结构是用电抗器与电容器串联起来，组成 LC 串联回路，并联于系统中。LC 回路的谐振频率设定在需要滤除的谐波频率上，例如 5 次、7 次、11 次谐振点上，达到滤除 3 次谐波的目的。无源滤波成本低，但滤波效果不太好，如果谐振频率设定得不好，会与系统产生谐振。

有源谐波滤除装置是在无源滤波的基础上发展起来的，它的滤波效果好，在其额定的无功功率范围内，滤波效果为百分之百。其主要由电力电子元件组成电路，使之产生一个与系统的谐波同频率、同幅度，但相位相反的谐波电流，与系统中的谐波电流抵消。

（三）三相电压不平衡

三相电压不平衡是指三相系统中三相电压的不平衡，用电压或电流负序分量与正序分量的均方根百分比表示。三相电压不平衡（即存在负序分量）会引起继电保护误动、电机附加振动力矩和发热。额定转矩的电动机，如长期在负序电压含量 4% 的状态下运行，由于发热，电动机绝缘的寿命会减少一半，若某相电压高于额定电压，其运行寿命下降将更加严重。

目前我国执行的标准规定了电力系统公共连接点正常电压不平衡度允许值为2%,同时规定短时不平衡度不得超过4%。短时允许值的概念是指任何时刻均不得超过的限制值，以保证继电保护和自动装置的正确动作。对接入公共连接点的每个用户，引起该点正常电压不平衡度允许值一般为1.3%。

（四）供电可靠性

供电可靠性是指供电系统持续供电的能力，是考核供电系统电能质量的重要指标，反映了电力工业对国民经济电能需求的满足程度，已经成为衡量一个国家经济发达程度的标准之一。供电可靠性可以用如下一系列指标加以衡量：供电可靠率、用户平均停电时间、用户平均停电次数、用户平均故障停电次数。

我国供电可靠率目前一般城市地区达到了3个9（即99.9%）以上，用户年平均停电时间小于3.5h；重要城市中心地区达到了4个9(即99.99%)以上，用户年平均停电时间小于53min。随着用户对供电可靠性的要求越来越高，我国供电可靠率指标也在不断变化。

（1）供电可靠率=（用户有效供电时间/统计期间时间）×100%=（1−用户平均停电时间/统计期间时间）×100%

（2）用户平均停电时间即用户在统计期间内的平均停电小时数，计算式为：

用户平均停电时间=Σ（每次停电时间×每次停电用户数）/总供电用户数

（3）用户平均停电次数即用户在统计期间内的平均停电次数，计算式为：

用户平均停电次数=Σ每次停电用户数/总供电用户数

（4）用户平均故障停电次数即用户在统计期间内的平均故障停电次数，计算式为：

用户平均故障停电次数=Σ每次故障停电用户数/总供电用户数

二、电压和无功管理

1. 电压和无功管理的意义

（1）电压是电能质量的重要指标。电压质量对电网的稳定、安全、经济运行及用户安全生产和产品质量、经济效益和人民生活等，都有直接影响。无功电力是电压质量的重要因素。因此，各级供电部门都应加强对电压和无功管理工作，切实改善电网和用户受电电压，保证电能质量符合规定标准。

（2）为使各级电压质量符合国家标准，要做好电网的规划、设计、建设和管理，使电网结构、布局、供电半径、潮流分布经济合理，各级电压质量符合国家标准。

（3）当配电网线路供电半径过大或者用户负荷本身的功率因数较低时，将增加供电部门的线损率，同时也影响电压质量（一般来说会使线路的电压下降）。解决问题的有效办法之一就是采用无功补偿技术，可以根据实际情况采用各种灵活的补偿方式（如集中补偿、分散补偿，杆上补偿、随器补偿、随机补偿等）。无功补偿技术的应用，对电网安全、优质、经济运行发挥了重要作用。各级电压的电力网和电力用户都要不断提高功率因数，并按无功电力分层、分区，就地平衡和便于调整电压的原则，安装无功补偿设备和必要的调压装置。

（4）设计部门在进行电源和电网设计时，要进行正常方式和主要检修方式的调压计算和无功平衡计算。

因此，必须加强对电压和无功管理以及供电可靠性的管理，以提高电能质量。

2. 电压和无功管理工作的内容

（1）贯彻执行上级有关电压和无功管理专业方面的文件、规程和管理制度；制定本供电所电压和无功管理工作计划；完善改进电压质量及提高无功补偿的技术措施。

（2）对整个供电区域电网的电压质量和设备情况进行定期巡视检查，做好基础数据的统计、分析和上报。

（3）建立定期分析例会，对电压质量进行定期及时分析，加强电压和无功管理设备的运行管理，提高设备健康水平和投运率。

3. 电压和无功管理的工作要求

（1）电压质量标准按照原电力部颁发的《电力系统电压和无功电力管理条例（试行）》的有关规定执行。

居民用户端电压合格率按网省公司承诺标准执行，10kV 线路电压允许波动范围为额定电压的 +7%，低压线路到户允许波动范围：380V 为额定电压的 +7%，220V 为额定电压的 +7%、−10%。

（2）供电所农村居民用户端电压合格率考核指标根据各地的供电所承诺的指标而定。

（3）电压监测和统计以及无功补偿容量的确定按照《国家电网公司农村电网电压质量和无功电力管理办法》的有关规定执行，电压监测点按要求定期轮换。

（4）加强对电压监测装置的运行、巡视检查，发现问题及时上报，提高监测的准确性。

（5）低压（380/220V）用户，城镇中监测点应设在有代表性的低压配电线路首端和末端及重要用户；农村电压监测点应每 1 个供电站至少设一点，城镇公用变压器线路首端和末端的用户应设置至少一个电压监测点。

（6）无功补偿方式应采用集中补偿与分散补偿相结合，以分散补偿为主，高压补偿与低压补偿相结合，以低压补偿为主，调压与降损相结合，以降损为主的方式。

（7）对无功补偿设备进行定期巡视检查，发现问题及时处理，确保设备可投运率 95% 及以上。

（8）掌握配电网络的电压情况，当电压变化幅度超过规定指标时，要求采取措施提高电压质量。

三、供电可靠性管理

配网是电网服务用户的"最后一公里"。目前，电网公司正在大力推行不停电作业，提高供电可靠性，提升供电服务能力，因此，在实际工作中要切实加强供电可靠性的管理。

1. 供电可靠性管理的工作内容

（1）贯彻执行上级有关供电可靠性管理专业方面的文件、规程和管理制度。

（2）对电网的供电可靠性进行定期分析，做好基础数据的统计、分析、汇总，并按时上报。

2. 供电可靠性管理的工作要求

（1）供电可靠性的计算方法按照《供电系统用户供电可靠性管理办法》执行。

（2）供电可靠性指标根据各地供电承诺指标而定。

（3）做好设备缺陷登记及检修计划上报，加强计划停电的管理，充分利用 10kV 线路检修停电及变电站检修停电期间进行设备维护和缺陷处理。对影响同一电源线路的缺陷要进行集中处理，尽量减少停电次数和停电时间。

（4）进行配网施工和检修时，要做好施工方案优化和施工前准备工作，尽量缩短停电时间。

（5）加强故障抢修管理，保证检修工具和检修材料的及时充足供应；加强临时停电管理，控制停电时间。

（6）大力推行不停电作业，减少停电时间，提高供电可靠性。

（7）加强对配电设备的巡视、预防性试验和缺陷管理，做好配变的负荷监测工作。

（8）加强配电设备的防护工作，防止发生外力破坏事故。

（9）认真做好用户的技术服务，指导用户提高设备的安全可靠性。

（10）定期召开例会，对供电可靠性进行定期及时分析，使供电可靠率得到保证并不断提高。

第八节　台区经理用户关系维护

为加强"国家电网"供电服务品牌建设，全面提升优质服务水平，台区经理负责组织开展本供电区域范围内的台区供电服务用户关系维护工作。

一、工作要求

台区经理必须具备《供电服务规范》规定的基本道德和技能规范的要求：

（1）严格遵守国家法律、法规，诚实守信、恪守承诺。爱岗敬业，乐于奉献，廉洁自律，秉公办事。

（2）真心实意为用户着想，尽量满足用户的合理要求。对用户的咨询、投诉等不推诿、不拒绝、不搪塞，及时、耐心、准确地给予解答。

（3）遵守国家的保密原则，尊重用户的保密要求，不对外泄露用户的保密资料。

（4）工作期间精神饱满，注意力集中。使用规范化文明用语，提倡使用普通话。

（5）熟知本岗位的业务知识和相关技能，岗位操作规范、熟练，具有合格的专业技术水平。

台区经理的姓名、照片、联系方式及职责范围必须在供电服务台区内的社区公告栏进行"点对点"公示，以建立紧密联系。台区经理信息印制成便民服务卡片在服务台区分发，让用户需要服务和办理相关用电事项或是遇有用电疑难时，能够第一时间联系到台区经理。

定期（每月不少于1次）走访台区内的社区居委会、台区用户，了解有关服务需求，征求工作意见并记录。

不断完善共建服务内容，协调与台区内的社区合作关系，提升社区电力工作质量，使居民对电力工作的配合度提高，使社区电力工作持续顺利展开。

大力进行"科学用电，依法用电，诚信用电"的宣传，提高居民电力知识水平，关心社区公益事业，积极参与社区公益活动。

二、工作内容

（1）停电预告。社区供电服务经理在接到停电通知后，及时将停电时间、停电原因、复电时间、注意事项在社区主要出入口张榜公告，提前向社区居民告知停复电信息。

（2）咨询（查询）。社区供电服务经理及时将有关宣传资料送达社区并做好定期更新，随时帮助社区电力用户查询有关用电信息，提供电价和相关用电政策等资料。

（3）业务受理。随时接受社区提交的用户用电申请，并认真核对资料的完整性和正确性，在规定时间内办结用电申请手续。代理台区用户办理好用电业务后，将有关办理情况和资料及时告知社区用户相关联系人，并交代有关事项，由社区用户相关联系人通知用户或台区经理直接将有关资料送到用户手上。

（4）故障报修。随时接受台区用户的故障反映，及时向相关部门报修，并督促相关人员及时到达现场处理。

（5）调表核对。对供电部门按规定轮换（或故障处理）的电表，逐一核对并填写《社区居民电力用户电能计量表调换情况核对表》。调表时如遇居民不在现场而无法核对存度时，请求社区用户相关联系人给予帮助联系或确认，确保旧表的存度准确无误。

（6）公益服务。根据台区内困难群体的实际情况，建立本台区电力用户低保户、孤寡老人、残疾人等困难群体清册，熟悉这些用户的用电情况，免费上门为他们安装、维修室内配电装置，实行贴身贴心服务。

（7）安全巡视。台区经理应不定期巡视检查小区内的公用配电设施、户外宣传牌，接受居民反映，发现设施故障或存在安全隐患时，及时告知供电部门，并督促处理。

（8）电力宣传。在社区内设置宣传橱窗（宣传牌），广泛宣传"科学用电、依法用电、诚信用电"新理念，送发有关电力政策、法规及安全用电、节约用电指导方面的宣传资料，指导用户科学用电、依法用电、诚信用电。大力推进实名制、微信、支付宝支付等便民举措的宣传。

（9）交费提醒。每期电费产生后，将提醒交费的"温馨提示"公告牌放在小区的主要出入口，在社区配合下做好欠费提醒工作，减少因欠费停电产生的纠纷。

（10）信息收集。通过社区收集用户联系电话、入住率等相关信息；收集社区电力用户的服务需求；甄选出社区内的重要用户以及特困居民或残障人士的清册；对收集的信息进行归类梳理、登记在相应记录表单上，并提交相关部门及时处理。

（11）纠纷协调。当用户发生用电纠纷时，调查核实用户反映内容，提出解决方案，对不能马上解决的纠纷告知用户需要进一步核实或转交相关部门解决。

（12）优化用电。收集用户用电信息，并帮助用户进行优化分析。针对用户用电特点，提供优化用电方案建议。引导用户使用节能低耗电器设备。

三、监督与考核

负责牵头做好社区公告栏内容的更新工作。每半年一次，收集公司有关优质服务、电力营销政策、电价电费政策、法律法规的内容，并进行图版制作工作，及时将相关资料上墙公告，接受用户监督。

对台区经理供电服务工作的监督与考核。定期或抽查台区供电服务情况，按年度考核。对得到社区和用户好评的台区经理，优先评选年度先进个人，对出现投诉的台区经理，经查情况属实且情节较严重的，取消所属单位年度先进单位评选资格。

考核标准参照《国家电网公司员工道德规范》《供电营业职工文明服务行为规范》《供电服务规范》《国家电网公司员工服务"十个不准"》《国家电网公司供电服务"十项承诺"》等有关制度执行。

参 考 文 献

［1］ 贺令辉. 电工仪表与测量. 北京：中国电力出版社，2005.

［2］ 吴琦，李惊海. 抄表核算收费员岗位业务与技能培训教材. 北京：中国电力出版社，2009.

［3］ 李国胜. 电能计量及用电检查实用技术. 北京：中国电力出版社，2009.

［4］ 中华人民共和国建设部. 工程设计资质标准. 北京：中国建筑工业出版社，2007.

［5］ 国家电网公司. 国家电网公司电力安全工作规程（配电部分）. 北京：中国电力出版社，2014.

［6］ 电力行业职业技能鉴定指导中心. 装表接电. 北京：中国电力出版社，2008.

［7］ 陈向群. 电能计量技能考核培训教材. 北京：中国电力出版社，2003.

［8］ 陈向群. 电力用户用电信息采集系统. 北京：中国电力出版社，2012.

［9］ 本书编委会. 电力营销一线员工作业一本通（用电检查）. 北京：中国电力出版社，2016.

［10］ 本书编委会. 电力营销一线员工作业一本通（装表接电）. 北京：中国电力出版社，2016.

［11］ 本书编委会. 电力营销一线员工作业一本通（抄表催费）. 北京：中国电力出版社，2016.

［12］ 本书编委会. 电力营销一线员工作业一本通（营业窗口）. 北京：中国电力出版社，2016.

［13］ 本书编委会. 电力营销一线员工作业一本通（业扩报装）. 北京：中国电力出版社，2016.

［14］ 本书编委会. 电力营销一线员工作业一本通（现场稽查）. 北京：中国电力出版社，2016.

［15］ 本书编委会. 电力营销一线员工作业一本通（电费核算）. 北京：中国电力出版社，2016.

［16］ 本书编委会. 电力营销一线员工作业一本通（电费财务）. 北京：中国电力出版社，2016.

［17］ 本书编委会. 电力营销一线员工作业一本通（反窃电）. 北京：中国电力出版社，2016.

［18］ 本书编委会. 电力营销一线员工作业一本通（计量资产管理）. 北京：中国电力出版社，2016.